职业教育理实一体化教材

机械加工安装调试

王进业 刘东顺 主 编

中国纺织出版社有限公司

内 容 提 要

本书是根据《国家职业教育改革实施方案》(简称"职教20条")中针对三教改革的相关要求编写而成的新型模块化教材。本书融合了《电工电子技术与技能》《液压与气动系统安装与调试》《电气控制技术》《电气系统安装与调试》四本教材的主要内容,按照企业岗位技能、结合最新课程标准、运用行动导向的教学方法进行整合开发。通过项目式的教学,将工作标准与教学标准有机结合。每个项目都有成果展示,项目设计由浅入深、循序渐进、理实结合,注重学生知识结构、技能、非专业能力的培养。本书适合作为机电一体化专业及相近专业高端技能人才培养的机械加工安装调试教材,也可作为中职院校相关专业学生的实践教材。

图书在版编目(CIP)数据

机械加工安装调试 / 王进业,刘东顺主编 . -- 北京:中国纺织出版社有限公司,2022.11

职业教育理实一体化教材 / 王进业主编

ISBN 978-7-5229-0083-4

Ⅰ.①机… Ⅱ.①王…②刘… Ⅲ.①金属切削—中等专业学校—教材②机械设备—安装—中等专业学校—教材③机械设备—调试方法—中等专业学校—教材 Ⅳ.①TG506②TH

中国版本图书馆 CIP 数据核字(2022)第 219789 号

责任编辑:柳华君 责任校对:王蕙莹 责任印制:储志伟

中国纺织出版社有限公司出版发行
地址:北京市朝阳区百子湾东里 A407 号楼 邮政编码:100124
销售电话:010—67004422 传真:010—87155801
http://www.c-textilep.com
中国纺织出版社天猫旗舰店
官方微博 http://weibo.com/2119887771
北京虎彩文化传播有限公司印刷 各地新华书店经销
2022 年 11 月第 1 版第 1 次印刷
开本:787×1092 1/16 印张:16.875
字数:360 千字 定价:138.00 元

凡购本书,如有缺页、倒页、脱页,由本社图书营销中心调换

目 录
Contents

项目 1　机械概述——手动冲压机的认识 ······ 1
　　任务 1　机械概述 ······ 2
　　任务 2　手动冲压机的认识 ······ 10
　　任务 3　板类零件手绘 ······ 26

项目 2　手动冲压机板类零件的制作 ······ 33
　　任务 1　板类零件的测量 ······ 34
　　任务 2　板类零件的绘制 ······ 41
　　任务 3　板类零件的连接 ······ 68
　　任务 4　板类零件的制作 ······ 86

项目 3　手动冲压机轴类零件的认识 ······ 127
　　任务 1　轴类零件的支撑 ······ 128
　　任务 2　轴类零件的连接 ······ 142
　　任务 3　轴类零件的绘制 ······ 158

项目 4　手动冲压机手柄零件的认识 ······ 177
　　任务 1　平面机构的认识 ······ 178

任务 2　其他机构类型的冲压机 ································· 193

项目 5　常见机械传动方式 ································· 201

任务 1　带传动、链传动 ································· 202

任务 2　齿轮传动、蜗杆传动 ································· 220

任务 3　齿轮绘制 ································· 238

项目 6　手动冲压机装配 ································· 241

任务 1　手动冲压机装配图绘制 ································· 242

任务 2　手动冲压机的装配 ································· 249

项目1 机械概述——手动冲压机的认识

本项目目标是了解常见机电产品的类型、功能及机电技术的发展和应用,对作为本项目载体的手动冲压机有基本认识并熟悉其结构特点,理解常用碳钢的分类、牌号、性能和应用,掌握制图的国家标准。

任务1 机械概述。了解常见机电产品的类型、功能及机电技术的发展和应用,通过对组成手动冲压机的零部件说明引出对机械基本组成结构的讲解,了解机械零件摩擦、磨损和润滑的基本要求。

任务2 手动冲压机的认识。熟悉手动冲压机的结构及各部分的功能,掌握手动冲压机基本零部件的分类方法。了解主要工程材料分类依据,了解常用碳钢的分类、牌号、性能和应用。

任务3 板类零件手绘。熟悉简单零件的图线画法,掌握基本尺规作图方法。

任务1 机械概述

为满足生产和生活的需要,人类创造并进一步发展了机械。随着社会的发展和科学技术的进步,机械已成为替代人类劳动或减轻人类劳动强度、提高劳动生产率的重要手段,人类越来越离不开机械,因此学习机械知识,掌握一定的机械运用方法和技能是十分必要的。

机电技术是将机械技术、电工电子技术、微电子技术、信息技术、传感器技术、接口技术、信号变换技术等多种技术进行有机结合,并应用到实际中的综合技术。现代化的自动生产设备几乎都是机电一体化设备。

知识目标:
①了解常见机电产品的类型、功能及机电技术的发展和应用;
②了解机械的基本组成结构;
③了解机械零件摩擦、磨损和润滑的基本原理。

能力目标:
①能够区分机械的基本组成结构;
②掌握机械零件摩擦、磨损和润滑的基本要求;
③了解常见机电产品的类型及功能。

学习内容:

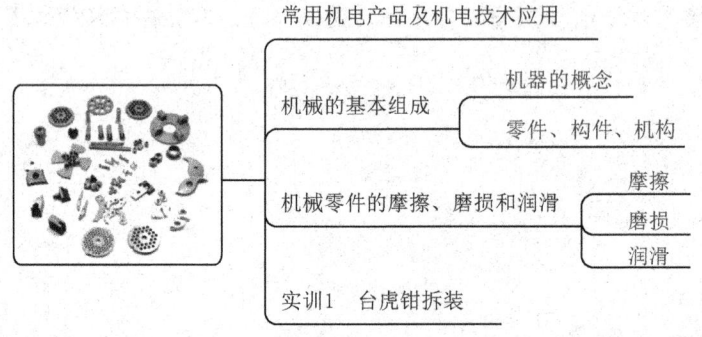

一、常用机电产品及机电技术应用

从古至今,浣洗衣物都是一项难以逃避的家务劳动,而在洗衣机出现以前,这项工作对许多人而言,并不像田园诗描绘得那样充满乐趣,手搓、棒击、冲刷、甩打……这些不断重复的简单的体力劳动,留给人的感受常常是辛苦和劳累。

洗衣机的出现是人类洗衣史上的突破。1858年,一个叫汉密尔顿的美国人,创造出世界上第一台洗衣机械装置,桶内一根带有桨状叶子的直轴连接了桶外的另一根曲柄,通过手摇曲柄带动桶内的直轴转动达到洗衣效果,但是使用过程很费劲且容易损伤衣物,并未在市场上得到应用,因为申请了专利,这也算是真正意义上的第一台手摇洗衣机,如图1-1-1所示。

项目1 机械概述——手动冲压机的认识

图1-1-1 第一台洗衣机械装置

1874年，美国人比尔·布莱克斯发明了真正省力的"木桶手摇洗衣机"，虽然仍是通过手摇，但是有了机械装置辅助后，很大程度上实现了省力的目标，让洗衣服的过程变得很舒适，这个装置极大地推动了洗衣机技术的发展。后来随着科学技术的进一步发展，陆续出现了蒸汽动力洗衣机、水力洗衣机和内燃机洗衣机，1880~1890年各种不同形式的不需要人力的洗衣机相继出现，但都没有大规模投入使用。直到1910年，世界上第一台电动洗衣机发明，才让洗衣机具备了走入家庭的条件。后来在搅拌机的基础上再次进行了改进，1928年诞生了第一台理论意义上的波轮洗衣机，已经初具现代洗衣机雏形了，但到1955年日本才把波轮洗衣机定型并沿用至今。

20世纪70年代，中国开始生产家用洗衣机，此后洗衣机开始进入中国普通百姓家庭，最初的洗衣机只能浣洗衣物而不能脱水，而后期的双缸半自动洗衣机，即一个桶洗衣服，另一个桶脱水，需要人工把衣服从洗衣桶放到脱水桶。现在全自动波轮洗衣机已经获得广泛应用，它不仅具有洗衣和脱水的基本功能，还可以自动烘干衣物，如图1-1-2所示。

图1-1-2 全自动滚筒洗衣机

机电产品是指使用机械、电器、电子设备所生产的各类农具机械、电器、电子性能的生产设备和生活用机具。一般包括机械设备、电气设备、交通运输工具、电子产品、电器产品、仪器仪表、金属制品等及其零部件、元器件。

机电产品广泛应用于工业、农业、交通运输业、科研、国防以及人们的日常生产和生活中。工业生产中使用的发电机、纺织机、冲压机；农业生产中使用的拖拉机、联合收割机等农机设备；交通运输中使用的汽车、火车、飞机等各种运输工具；工作中使用的打印机、一体机等办公设备；日常生活中使用的空调、冰箱、洗衣机等家用电器；科学研究领域中使用的各种显微镜、光谱分析仪以及国防领域中使用的火箭、坦克、军舰等都属于机电设备。

> **思考：**
> 举例说明身边常见的机电设备，并分析说明其中属于机械的部分。

二、机械的基本组成

> **分组讨论：**
> 图1-1-3为台虎钳实物图，分析思考，台虎钳由哪些零部件组成？

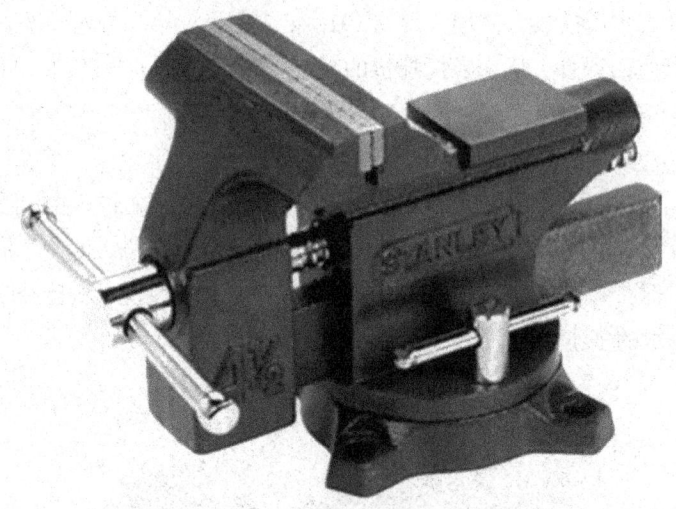

图 1-1-3 台虎钳实物图

（一）机器的概念

机械是指机器与机构的总称。机械就是能帮人们降低工作难度或省力的工具装置，像筷子、扫帚以及镊子一类的物品都可以称为机械，它们是简单机械。而复杂机械是由两种或两种以上的简单机械构成的，通常把这些比较复杂的机械叫作机器。

机器是执行机械运动的装置，用来变换或传递能量、物料和信息。人类通过长期生产实践创造了机器，并使其不断发展形成当今多种多样的类型，如自行车、摩托车、汽车（图1-1-4）、内燃机、电动机、洗衣机、机床、汽车、起重机、手动冲压机等。常见的机器种类很多，哪些属于机构呢？这些机构是如何组成的？它们又是如何工作的呢？

图 1-1-4 汽车

（二）零件、构件、机构

如图 1-1-5 所示的手动冲压机是将复杂冲压机进行简化后的模型，它是本学期课程的项目载体，供同学们学习机械基础知识并仿照制作手动冲压机。本任务将以手动冲压机简化模型作为载体介绍机械零件、构件、机构的概念。

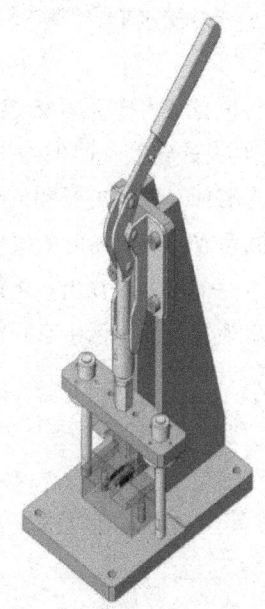

图 1-1-5 手动冲压机简化模型

1. 零件

任何机器和机构都是由若干个零件组成的。将机器拆卸至不能再拆的最小单元就是零件。从制造工艺角度看，零件是加工的最小单元。所以，机械的基本组成要素是零件。如图 1-1-6 所示，衬套、导向轴、螺钉、支撑板、底板均为手动冲压机的零件。

2. 构件

构件是运动单元。它可以是单一的整体，也可以是由几个零件组成的刚性结构。如图 1-1-6 所示，这些零件中，有的是作为一个独立的运动单元体而运动的，例如手动冲压机的冲压手柄；有的是由于结构和工艺上的需要，与其他零件刚性地连接在一起作为一个整体而运动的，例如轴套需与连接板刚性连接后作为一个整体参与冲压过程，这两个零件本身没有相对运动，而是构成一个运动单元。

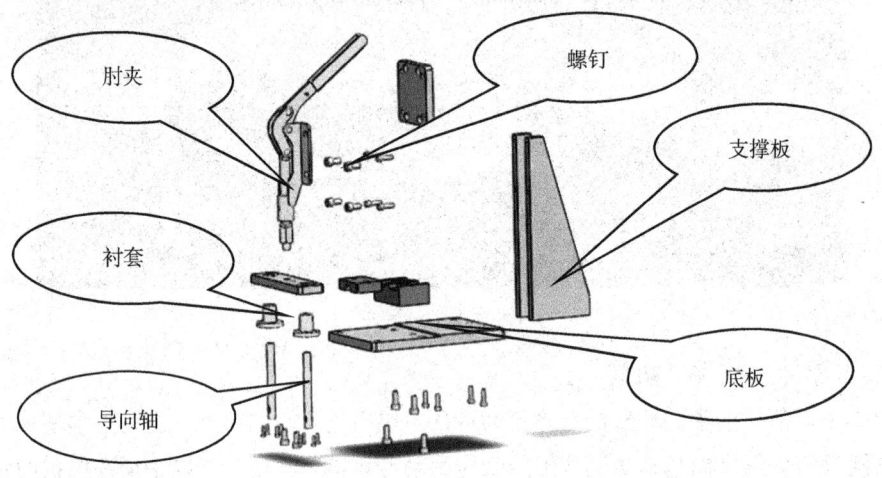

图 1-1-6　手动冲压机爆炸图

3. 机构

机器是由各种机构组成的，用构件间能够相对运动的连接方式组成的构件系统称为机构。机构的作用是实现运动的传递和运动形式的转换，即机构是实现预期的机械运动的实物组合体，例如台虎钳便是通过丝杠传动机构实现工件的夹紧和放松。而机器则是由各种机构所组成的能实现预期机械运动并完成有用机械功或转换机械能的机构系统。

机器的主体部分是由机构组成的。一个机器往往由一个或若干个机构组成，例如手动冲压机的冲压运动是由一个曲柄连杆机构实现的，而生活中常见的内燃机则包含曲柄滑块机构、凸轮机构、齿轮机构等若干个机构。

> **思考：**
> 请以自行车为例，指出组成其主体结构的零件、构件、机构。

三、机械零件的摩擦、磨损和润滑

> **思考：**
> 手动冲压机的导向轴与轴套之间为什么需要润滑？充分润滑后导向轴与轴套之间处于哪种摩擦状态？

（一）摩擦

摩擦是指具有相对运动的两个物体之间，在接触面上所产生的阻碍相对运动的现象。相互摩擦的两个物体构成一个摩擦副,根据摩擦副的运动形式,可分为滑动摩擦和滚动摩擦;根据摩擦副的摩擦状态,可分为干摩擦、边界摩擦、流体摩擦及混合摩擦,如图1-1-7所示。

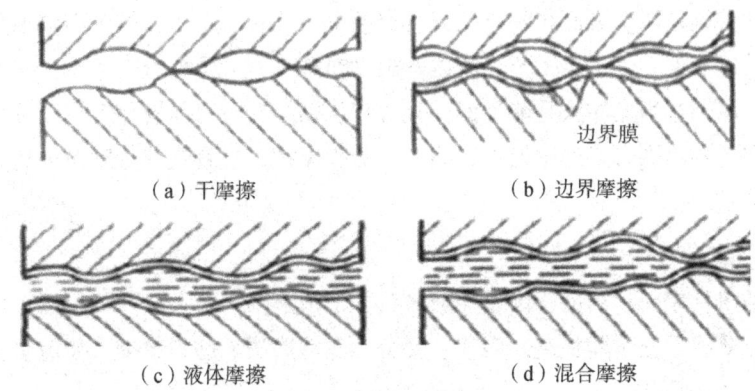

图1-1-7 摩擦及润滑状态

1. 干摩擦

两个接触表面没有润滑剂的摩擦称为干摩擦(图1-1-8),它的特点是摩擦力大、磨损严重、发热量大、会大大缩短零件的寿命。因此,除了要利用摩擦作用工作的零件,如带传动、摩擦离合器和制动器的摩擦件等之外,都应防止零件间出现干摩擦。

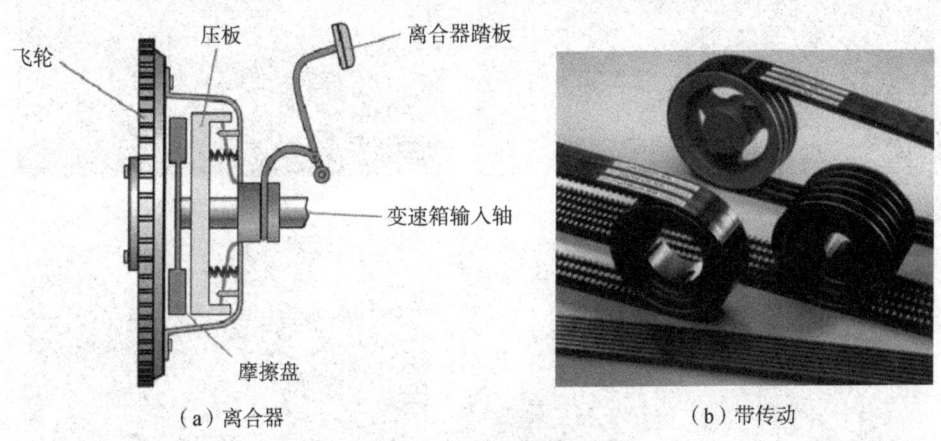

图1-1-8 干摩擦传动实例

2. 边界摩擦

两个摩擦表面由于润滑油和金属表面产生物理作用,金属表面会吸附一层极薄的称为边界膜的油膜(小于0.1~0.2μm),但因边界膜很薄、强度低,仍可能有两表面的凸峰直接接触[图1-1-7(b)],这种在边界膜状态下的摩擦称为边界摩擦。边界摩擦中的润滑状态叫边界润滑,特点是:由于边界膜的作用,摩擦系数大大降低,磨损也比干摩擦状态显著减小,但它并未达到好的润滑状态。

3. 流体摩擦

两个表面被一层具有压力的连续的有足够厚度的(一般大于1.5~2μm)油膜隔开,不存在表面凸峰而直接接触的摩擦称为流体摩擦[图1-1-7(c)],其润滑状态称为流体润滑,即液体润滑。它的特点是摩擦系数和摩擦力很小,理论上几乎无磨损,是一种理想的润滑状态。摩擦面之间如能形成流体润滑,便可显著延长零件的使用寿命。

4. 混合摩擦

混合摩擦是介于边界摩擦和流体摩擦之间的一种摩擦[图 1-1-7（d）]，其润滑状态称为混合润滑。它的特点是两个表面之间有凸峰直接接触，又有一定压力的厚润滑油膜存在，混合摩擦对于磨损的影响也介于边界摩擦和流体摩擦之间。

综上所述，摩擦过程实质就是能量的消耗过程。据统计，目前世界上有三分之一到二分之一的能源消耗在各种不同形式的摩擦上，因此，减少摩擦，也就是减少摩擦损耗，可以提高效率，节约能源。

（二）磨损

摩擦将导致机件表面材料的逐渐丧失或转移，形成磨损。磨损会降低机器工作可靠性，影响机器的精度，最终导致机器报废。磨损主要分为黏着磨损、磨料磨损、疲劳磨损及腐蚀磨损等类型，如图 1-1-9 所示。

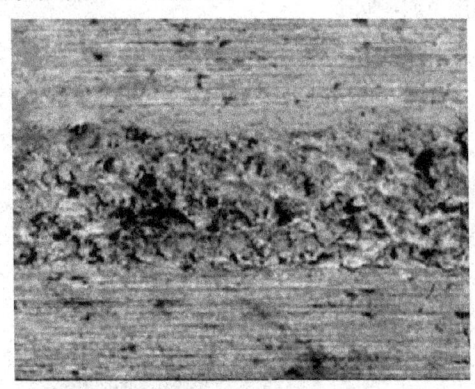
（a）黏着磨损

（b）磨料磨损

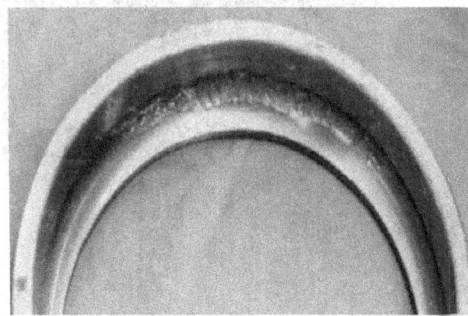
（c）疲劳磨损

（d）腐蚀磨损

图 1-1-9　磨损实例

（三）润滑

润滑的目的在于尽量减小两个接触面之间的摩擦和磨损，保证机器的正常运转。其作用具体体现在以下几方面：减小摩擦力，提高机械效率，降低能耗，减轻摩擦磨损，延长零件使用寿命，同时有利于保持机器的运转精度；减小摩擦热的产生，油润滑还能起到散热冷却效果，有利于防止金属产生塑性变形、点蚀、胶合失效和零件烧损事故等；油润滑具有冲去磨屑和尘粒作用，脂润滑则具有防止粉尘进入摩擦接触面之间的作用；润滑还具有防锈，防止腐蚀磨损和减振等作用，各种润滑材料如图 1-1-10 中所示。

（a）润滑脂

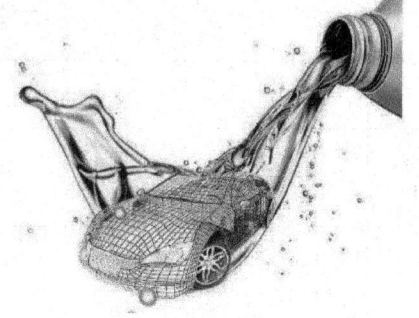
（b）润滑油

图 1-1-10 润滑材料

> **分组讨论：**
> 汽车磨合期内各阶段可能出现哪些摩擦及磨损状况？

实训1　台虎钳拆装

实训名称	台虎钳拆装
实训内容	根据实训手册，在老师的指导下，完成台虎钳拆装
实训目标	1. 熟悉台虎钳的结构； 2. 熟悉冲压机构台虎钳的结构类型及工作原理； 3. 了解典型机械设备的组成及机械零件的摩擦、磨损和润滑
实训课时	2课时
实训地点	课堂（或机械实训室）

任务完成报告

姓名		学习日期	
任务名称	机械概述		
学习自评	考核内容	完成情况	
	1. 常用机电产品及机电技术应用	□好　□良好　□一般　□差	
	2. 机械的基本组成	□好　□良好　□一般　□差	
	3. 机械零件的摩擦、磨损和润滑	□好　□良好　□一般　□差	
学习心得			

任务2　手动冲压机的认识

手动冲压机，是对材料或工件施以压力，使其发生塑性变形而得到所需要的形状与精度的机械设备，因此必须配合一组模具（上模与下模），将材料或工件放于其间，使其发生变形，加工时施加于材料或工件的力所造成的反作用力由冲压机本身吸收。

手动冲压机广泛应用于多个领域，在机械加工领域内主要是针对不同厚度的板材，配合不同模具的使用，可以实现落料、冲孔、成型、精冲、整形、铆接等加工工艺。

知识目标：
①认识轴类零件、盘类零件、箱体类零件；
②了解手动冲压机各组成部分的功能；
③了解机械零件、结构、承载力；
④了解常用工程材料及分类方法。

能力目标：
①能够区分轴类零件、盘类零件、箱体类零件；
②掌握手动冲压机各组成部分的功能；
③掌握工程材料的分类方法，对常用工程材料有基本了解。

学习内容：

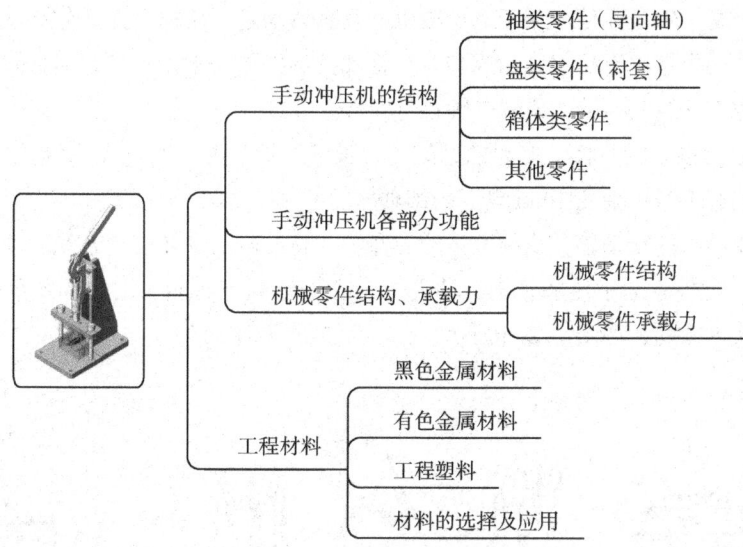

一、手动冲压机的结构

分组讨论：

图1-2-1为手动冲压机爆炸图，思考一下，手动冲压机由哪些零部件组成？

如图 1-2-1 所示的手动冲压机是由肘夹、衬套、导向轴、螺钉、支撑板、底板、隔板等一系列零部件组成的。这些零件中，有的是作为一个独立的运动单元体而运动的，有的是由于结构和工艺的需要，与其他零件刚性地连接在一起作为一个整体而运动的。它们各司其职，共同为冲压工作发挥作用。

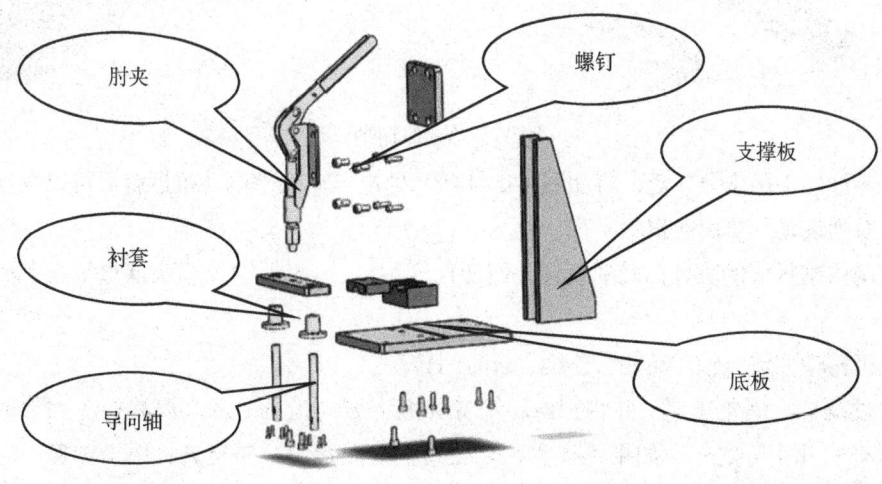

图 1-2-1　手动冲压机爆炸图

（一）轴类零件（导向轴）

上述导向轴属于轴类零件，用于对冲压机的垂直运动进行导向。大部分机械设备是由各种轴类零件与其他种类零件有机组合而成的，尽管轴类零件形式多种多样，但它们的共同点是以轴为中心，其他零件绕其回转，或者是轴自身回转。

轴的外观形状也多种多样，有粗的、细的、长的、短的等，既有50万吨的油轮螺旋桨轴之类的粗轴，也有手表中轴径1mm以下的细轴。

轴分为传递动力的传动轴、支撑主体的支撑轴和将旋转运动转变为直线运动的曲轴等，如图1-2-2所示。此外，为了传递动力，轴上加工有安装固定带轮、齿轮等零部件的键槽、花键、螺纹、销孔等结构，如图1-2-3所示。

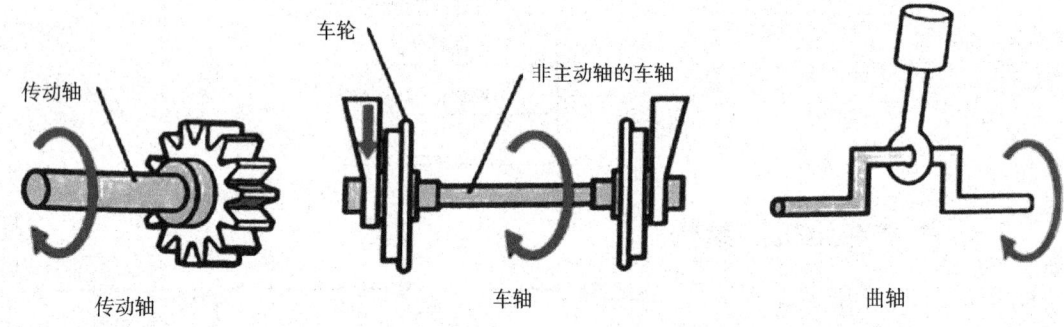

图1-2-2　不同形式传动轴

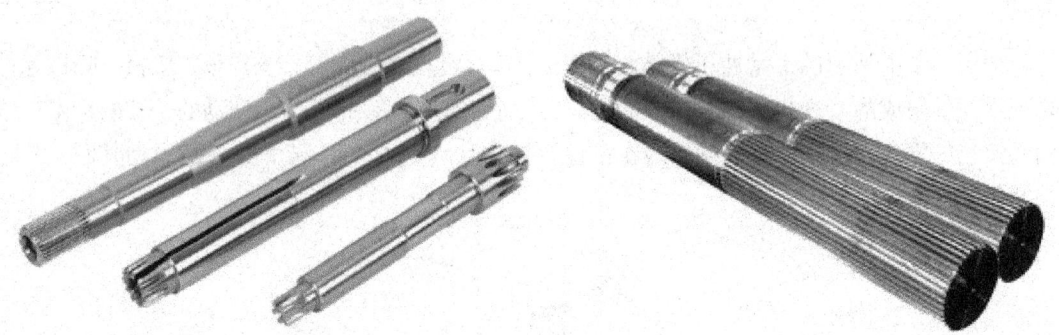

图1-2-3　传动轴

轴类零件的应用十分广泛，将如图1-2-4所示的电风扇头部电动机拆解后可以发现，风扇头部的一系列运动主要由4根轴实现：

①控制风扇摇头的轴，回转速度慢，回转角度不超过360°，风扇头部重量由上面的轴肩来承担。

②电机转轴，该转轴需高速、连续、长时间转动。

③通过蜗杆、蜗轮减速，并将轴向转动变为上下方向运动，从②取得摇头动力的轴，转速降至原来的几十分之一。如果不摇头，套在③轴上的蜗轮只是空转，属于中速、连续转动的轴。

④再经一级齿轮减速的轴，它是低速、连续的回转轴。

图1-2-4 电风扇头部

（二）盘类零件（衬套）

衬套属于典型的盘类零件，是用于密封、磨损保护等作用的配套件。盘类零件主要起传动、连接、支承、密封等作用，如手轮、皮带轮、齿轮、法兰盘、各种端盖等，如图1-2-5所示为各种盘类零件。

图1-2-5 各种盘类零件

盘类零件多为扁平的圆形或方形盘状结构，轴向尺寸相对于径向尺寸小很多。常见的零件主体一般由多个同轴的回转体，或由一正方体与几个同轴的回转体组成；在主体上常有沿圆周方向均匀分布的凸缘、肋条、光孔或螺纹孔、销孔等局部结构；常用作端盖、齿轮、带轮、链轮、压盖等。

这类零件的主体多由共轴的回转体构成，也有一些盘盖类零件以主体是方形的。这类零件与轴套类零件正好相反，一般是轴向尺寸较小，而径向尺寸较大。其上常有凸台、凹坑、螺孔、销孔、轮辐等局部结构。

（三）箱体类零件

箱体类零件通常是箱体部件装配时的基准零件。它将一些轴、套、轴承和齿轮等零件装配起来，使其保持正确的相对位置关系，以传递转矩或改变转速来完成规定的运动。如图1-2-6（a）所示。因此，箱体类零件的加工质量对机器的工作精度、使用性能和寿命都有直接的影响。手动冲压机的底板和支撑板组成类似的箱体类零件，除对整体结构起到支撑作用外，也为组成手动冲压机的其他结构件提供安装基准，如图1-2-6（b）所示。

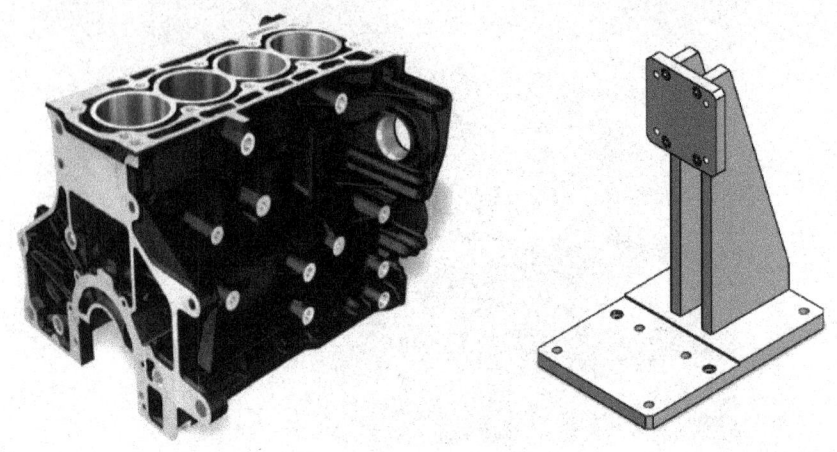

（a）发动机外壳　　　　　　　　（b）手动冲压机支撑

图1-2-6　箱体类零件

（四）其他零件

除上述几种典型零件外，在生产生活中还有一些常用零件，如图1-2-7~图1-2-9所示的各种齿轮、联轴器、轴承等，这些零件在机器中均具有不同的作用，这部分内容后续进行讲解。

图1-2-7　齿轮

图1-2-8　联轴器

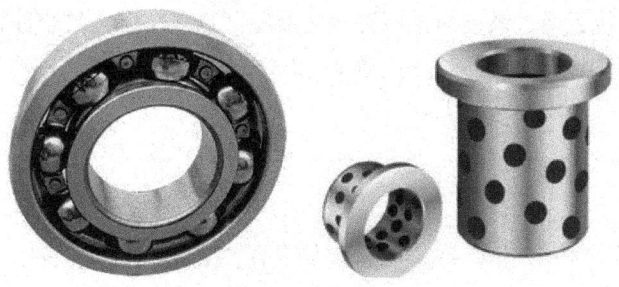

图 1-2-9　轴承

二、手动冲压机各部分功能

如图 1-2-10 所示的手动冲压机由冲压部分和支撑部分两部分构成，冲压部分主要包括肘夹、连接板 1、连接板 2、轴套、导向轴、上模具、下模具等零部件，支撑部分主要包括立板 1、立板 2、连接板 3、底板等零件。

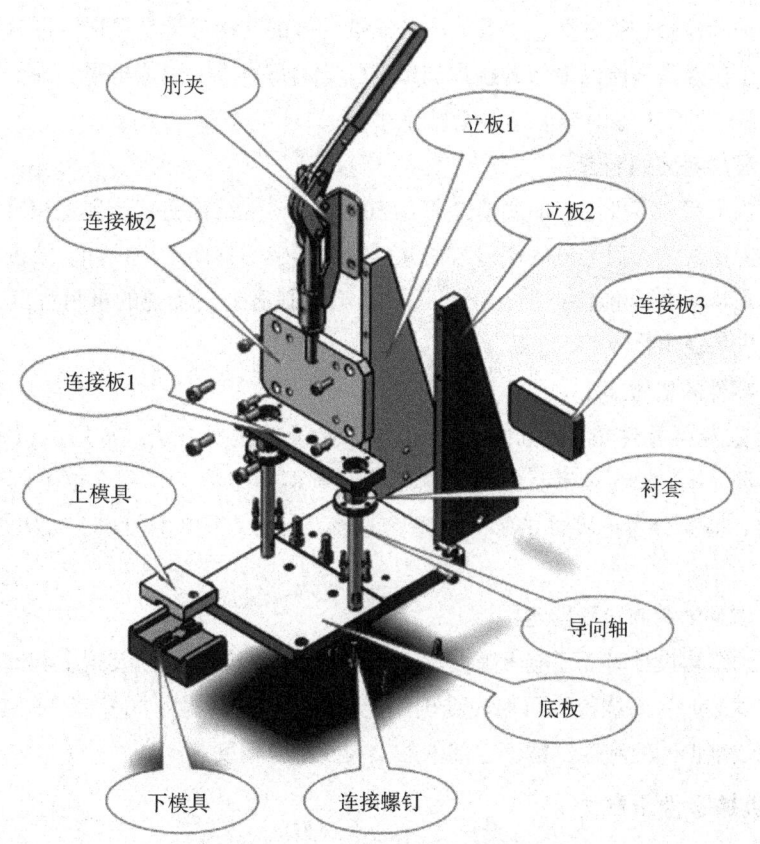

图 1-2-10　手动冲压机零部件图

冲压部分的主要功能是将肘夹处手柄的部分圆周运动转化为杆的垂直运动，从而实现对工件的冲压作业。轴套和导向轴的主要作用是约束冲压过程的垂直运动，提高冲压过程的准确性和稳定性。上模与下模的主要作用是固定被冲压工件和完成被冲压工件的成型过程，其中上模具在冲压机构的带动下，为整个冲压过程提供动力，下模具主要的作用为固定被冲压工件。

支撑部分的主要功能是为整个冲压过程提供支撑并缓冲冲压过程产生的部分振动。其中，立板1、立板2、连接板通过螺栓与冲压部分主要零部件连接，为整个冲压工艺的实现提供牢固的支撑。底板通过螺钉与冲压部分的下模具和导向轴连接，主要为整个冲压过程提供可靠支撑和吸收部分振动。

> **思考：**
> 请以台虎钳为例，分析并说明台虎钳各组成部分的主要功能。

三、机械零件结构、承载力

（一）机械零件结构

零件的结构设计是整个机械设计工作中重要的一环。零件的结构设计就是要确定零件各部分的形状、尺寸、配合要求和制造精度等。零件结构设计的好坏，影响零件的制造和装配是否容易，使用维护和检修是否方便，以及成本的高低。好的结构设计是保证零件有良好工艺性的前提。良好的工艺性是指能以最低的成本和最少的劳动量将零件制造出来，并便于装配、维修和更换。在做零件的结构设计时，应注意如下事项。

1. 要便于零件毛坯的制造

零件的结构形状和零件毛坯的制造是相互影响的。零件结构的复杂程度和尺寸大小，往往决定了毛坯的制造方法；而毛坯的制造方法又反过来影响零件的结构设计。故进行零件的结构设计时，在不影响零件功能性的前提下，可根据毛坯制造工艺实现的难易程度，对零件的尺寸、形状、精度等做出修改。

2. 要便于零件的机械加工

机械加工是获得零件精确形状、尺寸和表面质量的主要方法。常用的机械加工方法有车、铣、刨、磨、镗、钻、铰等。加工方法不同，对零件结构工艺要求也不同。在进行零件的结构设计时，需充分考虑零件的加工制造全过程，针对不同的加工工艺做出针对性的结构设计。

3. 要便于零件的装卸和可靠定位

在做零件的结构设计时，还应考虑装配工艺性问题，即零件要能装得上和卸得下，装卸要方便。零件在安装时，要能得到可靠而准确的定位。要充分考虑不同零部件间是否存在干涉，易损零部件拆装维护的便利性，精密零部件的安装及定位精度等。

（二）机械零件承载力

> **分组讨论：**
> 如图1-2-11所示为手动冲压机衬肘，分析并说明冲压过程中手柄处的受力情况。

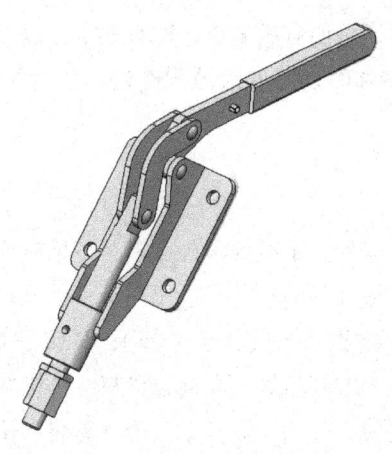

图 1-2-11 手动冲压机衬肘

机械运转时,机械零件丧失工作能力或达不到设计要求性能的情况称为失效。失效并不意味着简单意义上的破坏。常见的失效形式有:因强度不足而断裂;过大的弹性变形或塑性变形;摩擦表面的过度磨损、打滑或过热;连接松动;容器、管道等的泄漏;运动精度达不到设计要求等。而且,同一零件可能发生几种不同形式的失效。

机械零件不发生失效的安全工作限度称为工作能力。影响机械零件工作能力的主要因素有:载荷、变形、速度、温度、压力和零件的形状、加工质量等。同一零件既然可能有数种不同的失效形式,那么,对应于各种失效形式也就有不同的工作能力。

对于载荷而言,工作能力又称为承载能力,而确定机械零件的承载能力时,主要考虑以下两个方面:

1. 机械零件强度

强度是指零件在外载荷作用下抵抗断裂破坏或过大塑性变形(外载荷去掉后不能恢复的变形)的能力。零件发生断裂或发生过量塑性变形,势必影响其正常工作。

2. 机械零件的刚度

刚度是指零件在外载荷作用下抵抗过大弹性变形(外载荷去掉后可恢复的变形)的能力。虽然这类变形可以恢复,但对某些零件来说,弹性变形超过某一允许的限度,同样可能导致机械不能正常工作。如图 1-2-12 所示,当车床在加工工件时,若其主轴弹性变形过大,则难以保证被加工工件的精度(工件的圆柱面被加工成圆锥面),同时,车床主轴轴承还会发生偏磨,影响其使用寿命。

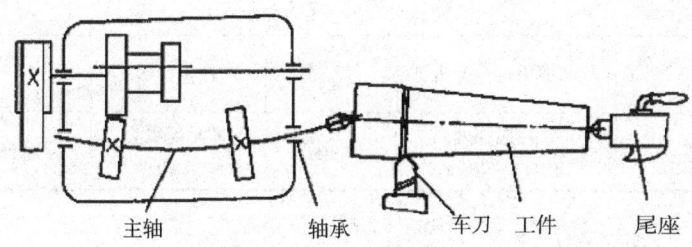

图 1-2-12 在车床上车削工件

综上所述，具有足够的强度和刚度是设计机械零件时必须满足的最基本、最主要的要求。在进行具体零件设计时，可能有所偏重，即有些零件以强度为主，而另一些零件则以刚度为主。另外，在设计某些零件时还需要考虑耐磨性、稳定性、可靠性、温度等对工作能力的影响。

四、工程材料

手动冲压机主要由轴类零件、手柄类零件、板类零件构成，虽然构成手动冲压机的零件形式多种多样，但用来制造机械零件的材料目前用得最多的是金属材料，其又分为黑色金属（如钢、铸铁等）和有色金属（如铜、铝及其合金等）；其次是非金属材料（如工程塑料、橡胶、玻璃、皮革、纸板、木材及纤维制品等）和复合材料（纤维增强塑料、金属陶瓷等）。

随着科学技术的飞速发展，材料工业日新月异，新材料不断涌现，材料的品种和规格也不断增多。但目前在机械工业中用来制作机械零件的基础材料仍然是金属材料。

（一）黑色金属材料

图1-2-13中的零件为手动冲压机中的立板，所采用的材质牌号为Q235-A，这是一种普通碳素结构钢，是钢材众多分类中的一种，手动冲压机的主要结构件均采用Q235-A加工制成，其牌号含义如表1-2-1所示。

图1-2-13　手动冲压机立板零件

表1-2-1　碳素结构钢的牌号

举例	Q	235	—	A	.	F
牌号写作	Q235-A·F					
说明	表示屈服点的字母大写	屈服点强度值	分隔符号	质量等级	分隔符号	脱氧方法
解释	屈服点	屈服强度 $\sigma_s \geq 235\text{MPa}$	分隔符	质量等级为A级	分隔符	脱氧方法为沸腾钢

注：质量等级分为A、B、C、D四级，有时分隔符号省略。

F表示脱氧方法。标注F表示沸腾钢；标注b表示半镇静钢；不标注此符号则表示为镇静钢（Z）或特殊镇静钢（TZ）。

1. 钢

钢是一种含碳量低于2%的铁碳合金，它有高的强度、塑性和韧性，可用锻造、辗轧、冲压、焊接、铸造等方法来获得零件的毛坯，应用极广。

按照用途的不同，钢可分为结构钢（用于制造各种机械零件和工程结构的构件）、工具钢（用于制造刀具、量具和模具等）和特殊钢（如不锈钢、耐热钢、耐酸钢等，用于一些特殊场合），以下着重介绍结构钢。根据化学成分的不同，又可将结构钢分为碳素钢（又称非合金钢）、低碳钢和合金钢。

（1）普通碳素结构钢

普通碳素结构钢的牌号及性能如表1-2-2所示。

普通碳素结构钢的牌号用该种材料当其厚度（或直径）≤16mm时的屈服点值前面加Q（"屈"字汉语拼音的首字母）来表示，如Q235。

普通碳素结构钢在冶炼时主要控制力学性能，而对钢的化学成分的控制则较松，为了表示这种钢的等级（控制其杂质成分的松严程度不同），可在上述牌号后加注A、B、C、D字样，如Q235-A。A等级控制最松，D等级控制最严。

（2）优质碳素结构钢

优质碳素结构钢的牌号和性能如表1-2-3所示，钢的牌号用两位数字表示，用以表示该种钢的平均含碳量为万分之几（如30钢表示其平均含碳量约为万分之三十）。含碳量低于0.25%的钢为低碳钢，其强度和硬度低，但塑性和焊接性能好，适合于用冲压、焊接等方法成型。含碳量在0.25%~0.6%的钢为中碳钢，有好的综合力学性能，应用最广。含碳量高于0.6%的钢为高碳钢，常用作弹性或易磨损原件。

表1-2-2 普通碳素结构钢

牌号	力学性能（不小于）			用途
	抗拉强度 σ_b（MPa）	屈服点 σ_s（MPa）	伸长率 δ（%）	
Q195	315-430	195	33	冲压件、焊接件及受载小的机械零件，如垫圈、开口销、铆钉、地脚螺栓等
Q215 Q235	335~450 375~500	215 235	31 26	焊接件、金属结构件及螺栓、螺母、铆钉、销轴、连杆、支座等受载不大的机械零件
Q255 Q275	410~550 490~630	255 275	24 20	金属结构件及螺栓、螺母、垫圈、楔、键、转轴、心轴、链轮、吊钩、连杆等受力较大的机械零件

表 1-2-3 优质碳素结构钢

牌号	力学性能（不小于）			用途
	抗拉强度 σ_b（MPa）	屈服点 σ_s（MPa）	伸长率 δ（%）	
08F	295	175	35	管子、垫片，要求不高的渗碳或氰化零件，如套筒、短轴等
08	325	195	33	
10	335	205	31	冷冲压件、连接件及渗碳零件，如芯轴、套筒、螺栓、螺母、吊钩、摩擦片、离合器盘等
20	410	245	25	
30	490	295	21	调制零件，如齿轮、套筒、连杆、轴类零件及连接件等
40	570	335	19	
45	600	355	16	
50	630	375	14	
60	675	400	12	弹簧、弹性垫圈、凸轮及易磨损零件
70	715	420	9	
85	1130	980	6	

（3）合金结构钢

在碳素结构钢中添加合金元素后为合金结构钢，添加合金元素的目的在于改善钢的力学性能、工艺性能和物理性能等。常用的合金元素有锰（Mn）、硅（Si）、铬（Cr）、镍（Ni）、钼（Mo）、钨（W）、钒（V）、钛（Ti）、硼（B）等。

合金结构钢的种类很多，表 1-2-4 列出了其中几种作为示例。合金结构钢的牌号用数字和合金元素符号表示。例如 20Mn2，其中最左两位数字表示其平均碳含量约为万分之二十，Mn2 表示平均含锰量约为 2%。当合金元素的平均含量低于 1.5% 时，仅用元素符号表示，如 20Cr，对于含硫、磷杂质较少的高级优质钢，在钢牌号后加注"A"来表示，如 50CrVA。

表 1-2-4 合金结构钢

牌号	力学性能（不小于）			用途
	抗拉强度 σ_b（MPa）	屈服点 σ_s（MPa）	伸长率 δ（%）	
20Cr	835	540	10	用于要求芯部强度较高，承受磨损，尺寸较大的渗碳零件
20Mn2	785	590	10	可代替 20Cr 钢制造齿轮、轴等渗碳零件
20MnVB	1080	885	10	可代替 20CrNi 钢制造齿轮等渗碳零件
40 Cr	980	785	9	用于较重要的调制零件，如连杆、重要齿轮、曲轴等
40 CrNi	980	785	10	用于要求强度高、韧性高的零件

（4）铸钢

可用铸造方法来获得毛坯。适用于尺寸较大、形状复杂、要求较高的零件。一般工程用铸造碳钢如表 1-2-5 所示。铸钢的牌号由铸钢两字的汉语拼音首字母和材料的屈服点与抗拉强度所组成。

表 1-2-5　一般工程用铸造碳钢

牌号	力学性能（不小于）			用途
	抗拉强度 σ_b（MPa）	屈服点 σ_s（MPa）	伸长率 δ（%）	
ZG200-400	400	200	25	各种形状的机件，如机座、变速器箱壳等
ZG200-400	450	230	22	机座、机盖、箱体等，焊接性良好
ZG200-400	500	270	18	飞轮、机架、蒸汽锤、联轴器、水压机工作器等，焊接性尚好
ZG200-400	570	310	15	联轴器、气缸、齿轮、重载荷机架等
ZG200-400	640	340	10	起重运输机中的齿轮、联轴器等重要机件

2. 铸铁

含碳量高于 2% 的铁碳合金为铸铁。其性脆，不适于锻压和焊接，但其熔点较低，流动性好，可以铸造形状复杂的大小铸件。常用的铸铁有：灰铸铁、球墨铸铁、可锻铸铁和合金铸铁等。灰铸铁应用最多，其性能如表 1-2-6 所示。其牌号由"灰铁"两字汉语拼音首字母和材料抗拉强度的平均值所组成。

表 1-2-6　灰铸铁

牌号	铸件壁厚（mm）	抗拉强度 σ_b（MPa）	用途
HT150	2.5~10 10~20 20~30	175 145 130	端盖、轴承座、阀壳、管子附件、一般机床床身、滑座、工作台等
HT200	2.5~10 10~20 20~30	220 195 170	气缸、齿轮、机床、飞轮、齿条、称筒、一般机床床身、液压筒、泵的壳体等
HT250	4~10 10~20 20~30	270 240 220	阀壳、油缸、气缸、联轴器、机体、齿轮、齿轮箱外壳、飞轮、凸轮、轴承座等

（二）有色金属材料

有色金属及其合金种类繁多，由于其具有某些特殊的性能，所以在一些特殊的场合获得应用，尤以铜、铝及其合金在机械工业中应用广泛，手动冲压机冲压过程中起导向与固定作用的轴套就是由黄铜加工而成的，充分利用了黄铜良好的机械性能和耐磨性能，如图 1-2-14 所示。

图 1-2-14 衬套

1. 铜及铜合金

纯铜由于力学性能很低，故在机械工业中的应用并不多，一般采用的是铜合金。铜合金有一定的强度和硬度，导电性、导热性、减磨耐磨性和腐蚀性良好，是制造电工器件和耐磨蚀零件的重要材料。

常用的铜合金有黄铜和青铜之分，黄铜为锌含量较高（≥15%）的铜锌合金。青铜又分为锡青铜（铜与锡的合金）和无锡青铜（铜与铅、铝、镍、锰、硅、铍等的合金），铜合金可以铸造，也可以压力加工（以板、棒、管等形式供应），表 1-2-7 列出了其中一部分铜合金。

表 1-2-7 铜合金

牌号	力学性能		材料状态	用途
	抗拉强度 σ_b（MPa）	伸长率 δ（%）		
ZCuSn5Pb5Zn5 （5-5-5 锡青铜）	200	13	砂模 金属模	受载较大的零件，如轴套、轴承、螺母等耐磨件
ZCuSn10Pb1 （10-1 锡青铜）	220 310	3 2	砂模 金属模	受冲击载荷的耐磨件，如齿轮、涡轮、轴瓦、衬套、丝杆螺母等
ZCuPb20Sn5 （20-5 锡青铜）	150 150	5 6	砂模 金属模	受重载的轴承、轴瓦等
ZCuAL10Fe3 （10-3 铝青铜）	490 540	10 12	砂模 金属模	重要的轴承、轴套、轮缘及大型铸件等
H86 （黄铜）	300 500	50 12	软的 带材 硬的	冷冲压件，如法兰盘、支架、散热器外壳等
H62 （黄铜）	370	49	棒材	螺母、垫圈、铆钉、弹簧等

2. 铝及铝合金

铝及铝合金是应用最广泛的轻金属，纯铝有良好的塑性、耐蚀性、导电性、导热性和焊接性，但强度、硬度都较低。在铝中加入合金元素硅、铜、镁、锰、锌等，可以获得质量轻、强度高的零件，常用于食品、化工、建筑、机械、航空航天等领域，如图1-2-15所示为工程上常用的铝型材。

图1-2-15　铝型材

铝合金分为铸造铝合金和变形铝合金两类，后者又包含防锈铝、锻铝、硬铝及超硬铝等种类，表1-2-8列出了部分铝合金的性能。

表1-2-8　铝合金

牌号	力学性能		材料状态（棒材）	用途
	抗拉强度 σ_b（MPa）	伸长率 δ（%）		
5A02（LF2，防锈铝）	190 250	23 6	退火 半冷作硬化	中等强度的焊接件、冷冲压件、管道、容器、铆钉等
2A50（LD5，锻铝）	420	13	淬火，人工时效	形状复杂的冲压件、锻压件
2A11（LY11，硬铝）	420	15	淬火，自然时效	中等强度的零件及焊接件，如螺栓、铆钉、接头、骨架等
7A04（LC4，超硬铝）	600	12	淬火，人工时效	高强度的零件、大梁、框架等
ZL101（铸铝硅合金）	222	1	淬火，人工时效	中等强度形状复杂的零件，如支架、壳体、发动机附件等

（三）工程塑料

手动冲压机的手柄外部包裹了一层由工程塑料制成的外壳，提高手柄在冲压过程中的握持感同时增大了手柄的摩擦力，如图1-2-16所示。

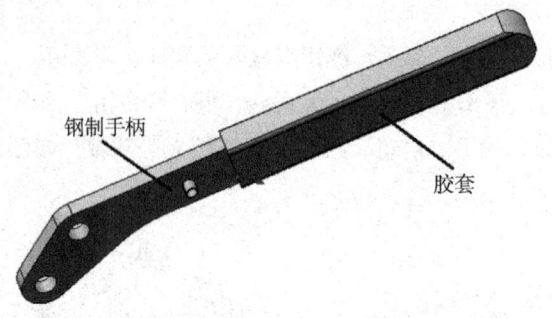

图 1-2-16 手柄+胶套

工程塑料是在工程中用来做结构或传动件材料的塑料，它的强度高、质量轻，具有绝缘性、减磨耐磨性、耐蚀性、耐热性等。一般来说，其成型工艺性好，生产率高，故发展很快，产量逐年剧增，应用范围日益扩大，越来越受到工程界的重视。但由于目前其力学性能与钢材材料相比尚有较大的差距，因而应用受到一定的限制。表 1-2-9 示例性地列出了几种工程塑料的性能。

表 1-2-9 工程塑料

名称	力学性能		用途
	抗拉强度 σ_b（MPa）	伸长率 δ（%）	
丙烯腈-丁二烯-苯乙烯（ABS）	61.7（高强度中冲击型）	—	作一般结构或耐磨受力传动零件和耐磨蚀设备，用 ABS 制成泡沫夹层板可做小轿车车身
尼龙 66	46~81.3	60~200	适用于中等载荷、温度≤100~200℃、无润滑或减少润滑条件下，用作耐磨受力传动零件
聚四氟乙烯	13.7~24.5	250~350	主要用作耐化学腐蚀、耐高温的密封元件，也用作输送腐蚀介质的高温管道、耐腐蚀衬里
酚醛塑料（PF）	24.5	—	常用为层压酚醛塑料和粉末状压制塑料，有板材、管材及棒料等

（四）材料的选择及应用

在机械设计中，零件材料选用得是否合理，将直接影响机械的使用性能、工作可靠性和经济性。因此，合理地选用材料是一项十分重要的工作，在选用材料时，应注意以下几个方面的要求。

1. 使用方面的要求

所选用材料首先应满足零件工作上的需要，故在选用材料时应考虑以下几个因素：

①零件所受载荷的大小和性质,以及应力状态(大小、性质、分布情况)。例如以承受拉伸为主的零件,通常选用钢材,而不宜用抗拉强度很差的铸铁;以受压力为主的零件可考虑选用铸铁,以发挥铸铁抗压强度比抗拉强度高得多的优点;当零件受到冲击载荷时,应选用韧性较好的材料。

②零件的工作条件。例如零件的工作环境温度高时,应选高温力学性能较好的材料;零件与有腐蚀性的介质接触时,应选抗蚀耐蚀材料;零件间有较大的相对滑动速度时,应选择减磨耐磨材料,等等。

③对零件尺寸及重量有限制。例如在飞机制造中,为了减轻零件的重量,常采用轻质合金和具有高强度的合金钢或复合材料。

④零件的重要程度。对于重要的零件,为保证设备和人身安全,常选用综合力学性能较好的零件。

⑤其他特殊要求,如导电性、抗磁性等。

上述各点不应孤立单独地考虑,而应综合考虑。例如,并不是所有受力较大的零件都需要采用高强度的材料,若对零件的尺寸和重量没有严格的限制,就可以采用强度较低而资源丰富、价格低廉的材料。应该指出,为了满足一些较高的使用要求,并不一定非采用价格昂贵的高性能金属不可,而应尽可能适当地采用各种热处理、表面涂镀、局部镶嵌、表面强化(喷丸、滚压)等方法,来满足各种使用要求。

2. 工艺方面的要求

所选材料应保证零件能很方便地制造出来,即应与零件结构和复杂程度、尺寸大小和毛坯的制造方法相适应。例如外形复杂、尺寸较大的零件,若考虑用铸造毛坯,则应选用适合铸造的材料;若考虑用焊接毛坯,则应选用焊接性能较好的材料,含碳量大于0.5%的钢就难以焊接;尺寸小、外形简单、批量大的零件适于冲压和模锻,所选材料的塑性应较好。

零件材料的选用和零件的结构设计是相互影响的,在选用材料时要考虑零件的结构形状,而在做零件的结构设计时,又应考虑零件所选用的材料及毛坯的制造方法。

3. 经济方面的要求

所选材料应保证零件能很经济地制造出来,这不仅要考虑原材料价格的高低,而且应考虑整个零件制造成本的高低。例如铸铁虽然比钢材的价格低,但对一些单件生产的尺寸较大的机座,采用型材焊接往往比用铸铁铸造快且成本低,因为铸造需要制作价格贵而且费时的木模。由于焊接技术的发展,有可能用较小而简单的锻件和型材焊成大而复杂的毛坯,这样既可以降低产品成本,缩短制造周期,还可以提高产品质量。

在设计中应注意不用和少用我国较为稀缺的原材料(如铜、镍等),积极采用代用材料,推广采用我国富有的新钢种(如低合金钢)。注意市场和本单位的材料供应情况,尽可能就地取材;同时,应减少同一设备中材料的品种、规格、数量,以免给供应和生产造成困难。

总之,在选用材料时,应结合零件的使用情况,综合考虑各种材料的性能和毛坯的制造方法等因素,分清主次,以满足主要要求协调次要要求。在选用材料时,还应注意本单位对材料使用的有关规定及经验,参照已成功使用的同类机器中各零件材料的应用情况,这些都将有助于对零件材料的选取。

任务完成报告

姓名		学习日期		
任务名称	手动冲压机的认识			
学习自评	考核内容	完成情况		
	1. 手动冲压机的结构	☐好 ☐良好 ☐一般 ☐差		
	2. 手动冲压机各部分功能	☐好 ☐良好 ☐一般 ☐差		
	3. 机械零件结构、承载力	☐好 ☐良好 ☐一般 ☐差		
	4. 工程材料	☐好 ☐良好 ☐一般 ☐差		
学习心得				

任务3 板类零件手绘

板类零件是机械设计制造过程中常见的零件种类，主要起支撑和承载作用。本任务主要讲解板类零件的基本绘制方法，要求学生能够合理选择线型并独立完成板类零件的图形绘制，掌握尺规作图工具的具体使用方法。

知识目标：
①熟悉常用的图线型式及用途；
②熟悉常用尺规作图工具及使用方法。

能力目标：
①掌握合理应用不同图线的规则；
②能够运用尺规作图工具绘制简单板类零件图形轮廓。

学习内容：

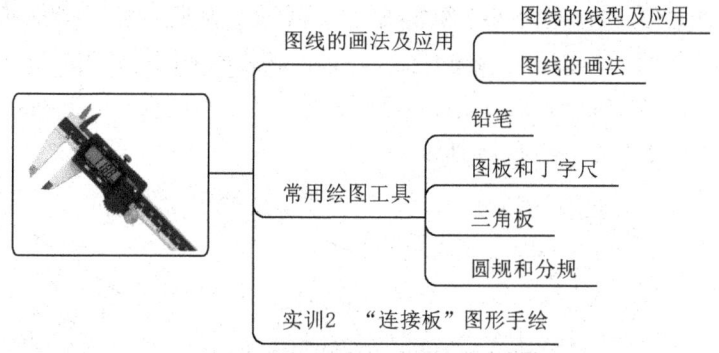

一、图线的画法及应用

（一）图线的线型及应用

图线是起点和终点间以任意方式连接的一种几何图形，形状可以是直线或曲线、连续线或不连续线。起点和终点可以重合，如一条图线形成圆的情况。

国家标准规定了绘制各种技术图样的15种基本线型，如表1-3-1所示是绘制机械图样常用的9种基本图线的名称、形式、宽度和一般应用。

机械图样中的图线分粗、细两种线宽，粗线与细线的图线宽度之比为2：1。图线的宽度（d）应按图样的类型、尺寸、比例和缩微复制的要求确定，在下列公比为 $\sqrt{2}$ 的数系中选择：0.13mm、0.18mm、0.25mm、0.35mm、0.5mm、0.7mm、1mm、1.4mm、2mm。绘图时，粗线宽度 d 在 0.5～2mm 间选择，通常取 d=0.5mm 或 d=0.7mm。为了保证图样清晰，便于复制，图样上应尽量避免采用线宽小于 0.18mm 的图线。

表 1-3-1 图线的线型及应用

名称	线型	代号 No.	线宽 d (mm)		主要用途及线素长度	
粗实线	———————	01.2	0.7	0.5	可见棱边线，可见轮廓线	
细实线	———————	01.1			尺寸线，尺寸界线，剖面线，引出线，重合断面的轮廓线，过渡线	
波浪线	～～～	01.1	0.35	0.25	断裂处的边界线，视图与剖视图的分界线	
双折线	∿∿	01.1			断裂处的边界线，视图与剖视图的分界线	
细虚线	– – – –	02.1			不可见棱边线，不可见轮廓线	画长 12d，短间隔长 3d
粗虚线	▬ ▬ ▬ ▬	02.2	0.7	0.5	允许表面处理的表示线	
细点画线	–·–·–	04.1	0.35	0.25	轴线，对称中心线，分度圆（线），孔系分布的中心线，剖切线	长画长 24d，短间隔长 3d，点长 ≤ 0.5d
细双点画线	–··–··–	05.1			相邻辅助零件的轮廓线，可动零件的极限位置轮廓线，中断线	
粗点画线	▬·▬·▬	04.2	0.7	0.5	限定范围表示线	

（二）图线的画法

①在同一图样中，同类图线的宽度应一致，虚线、细点画线及双点画线的线段长度和间隔

应各自均匀相等，如图 1-3-1 所示。

②两条平行线之间的距离应不小于粗实线的 2 倍宽度，其最小距离不得小于 0.7mm。

③绘制圆的中心线时，圆心应为线的交点，细点画线的两端应超出轮廓线 2~4mm，点画线、细点画线的首末是线而不是点，当细点画线较短时（如小圆直径小于 8mm），允许用细实线代替点画线，如图 1-3-2（a）(b) 所示。

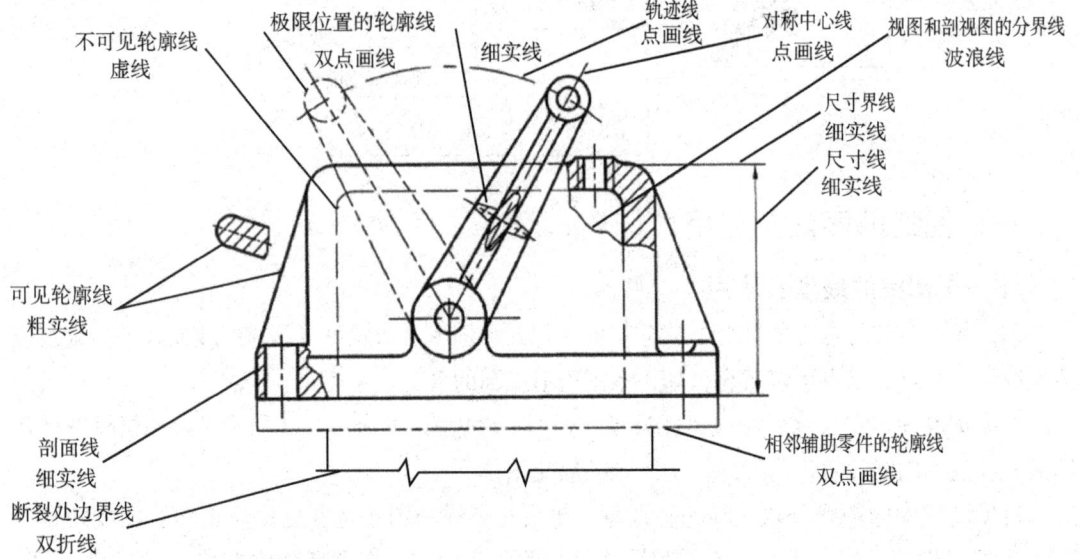

图 1-3-1　不同图线的画法

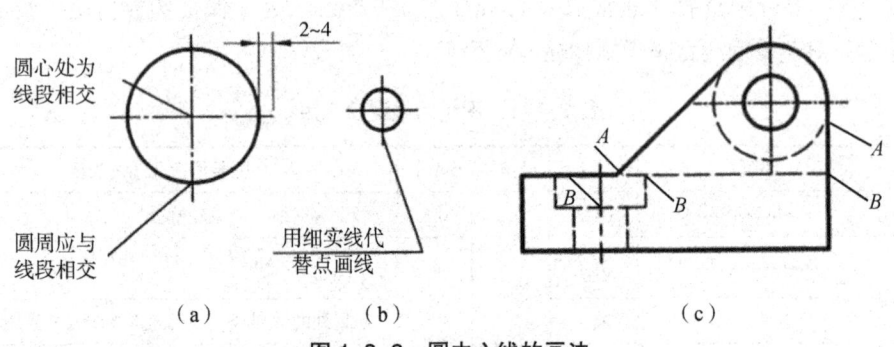

图 1-3-2　圆中心线的画法

④细虚线、细点画线与其他图线相交时，应以线相交，如图 1-3-2（c）的 B 处。

⑤当细虚线处于粗实线的延长线上时，粗实线画到分界点，细虚线和粗实线之间应留有空隙，如图 1-3-2（c）的 A 处。

二、常用绘图工具

尺规绘图是机械制图中的重要技能之一，虽然目前技术图样已逐步由计算机绘制，但尺规绘图既是工程技术人员的必备基本技能，又是学习和巩固制图理论知识不可缺少的方法。熟练掌握绘图工具的使用技巧，对于提高手工绘图的质量和效率具有重要的意义。

常用的绘图工具有：铅笔、图板和丁字尺、三角板、圆规和分规等。

（一）铅笔

绘图铅笔用"B"和"H"代表铅芯的软硬程度。"B"表示软性铅笔，"B"前面的数值越大，表示铅芯越软；"H"表示硬性铅笔，"H"前面的数值越大，表示铅芯越硬。"HB"表示软硬适中的铅芯。常用铅笔如图1-3-3所示。

图1-3-3　常用铅笔

通常画粗实线用B或2B铅笔，铅笔铅芯部分削成矩形，如图1-3-4（a）所示，d为线宽（画0.7mm宽的粗实线时d为0.7mm）；画细实线用H或2H铅笔，并将铅笔削成圆锥状，如图1-3-4（b）所示；写字画箭头用HB或H铅笔。另外，画圆或者圆弧时，圆规上的铅芯比铅笔铅芯软一档为宜。

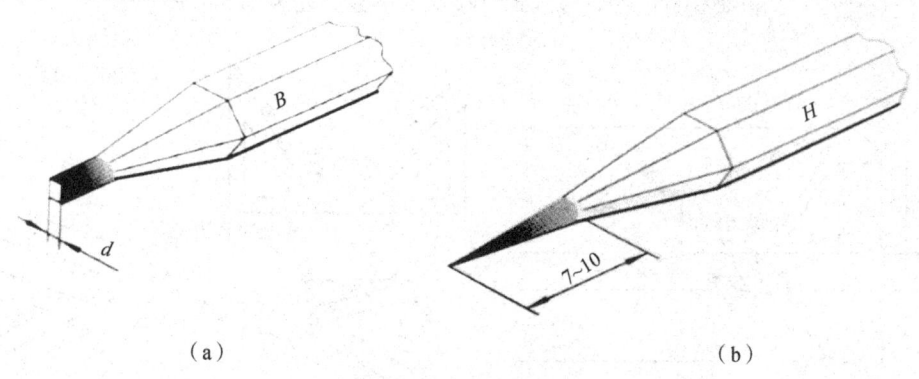

（a）　　　　　　　　　　　　　　　（b）

图1-3-4　铅笔削法

（二）图板和丁字尺

图板是绘图时垫在图纸下面的木板。所以，图板的表面必须平整、光洁且富有弹性。图板的左侧边称为导边，必须平直。

丁字尺又称T形尺，主要用于画水平线。它由互相垂直的尺头和尺身组成，尺头和尺身的连接处必须牢固，尺头的内侧边与尺身的上边（称为工作边）必须垂直。

绘图时，先将图纸用胶带纸固定在图板上，用左手扶住尺头，将尺头的内侧边紧贴图板的导边，上下移动丁字尺，自左向右可画出一系列不同位置的水平线，如图1-3-5所示。

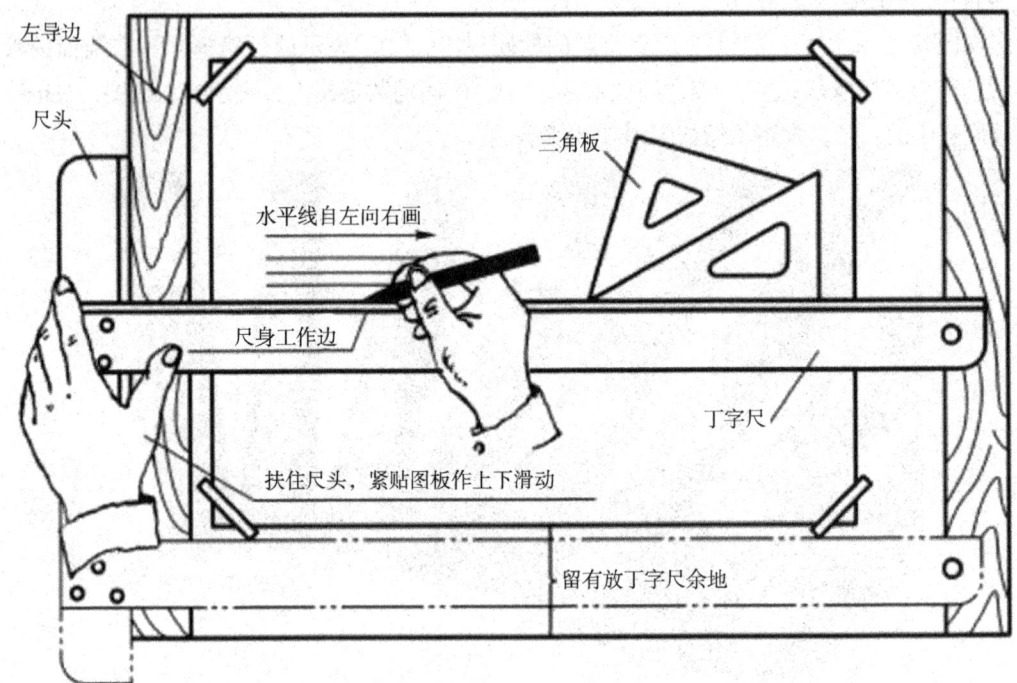

图 1-3-5 图板和丁字尺使用方法

（三）三角板

一副三角板是由两块分别具有 45°及 30°（60°）的直角三角形透明板组成的。三角板经常与丁字尺配合使用，以绘制垂直线、与水平线成 15°倍角的倾斜线，以及它们的平行线。两块三角板配合使用时，可画任意已知直线的垂直线和平行线，如图 1-3-6 所示。

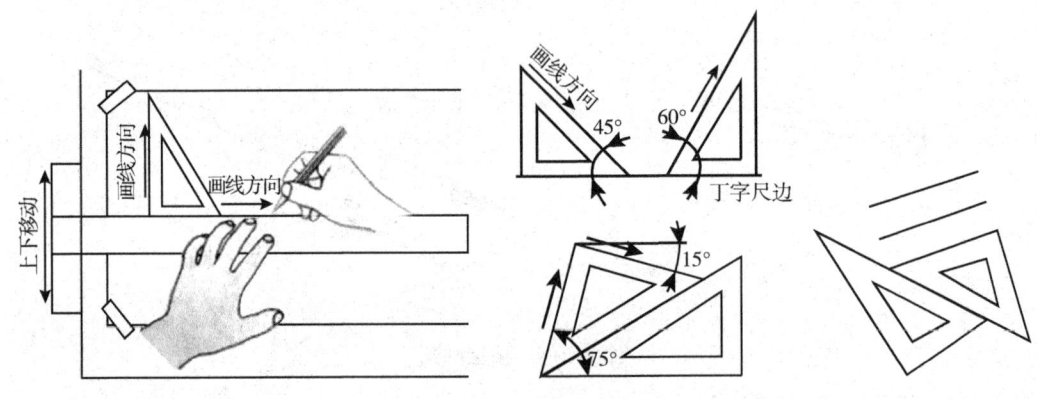

图 1-3-6 三角板的使用

（四）圆规和分规

圆规用来画圆和圆弧。画圆时，圆规的钢针应使用有台阶的一端（避免图纸上的针孔不断扩大），并使笔尖与纸面垂直。圆规的使用方法如图 1-3-7 所示。

分规［图 1-3-8（a）］是用来截取线段和等分直线［图 1-3-8（b）］或圆周，以及量取尺寸的工具。分规的两个针尖并拢时应对齐。

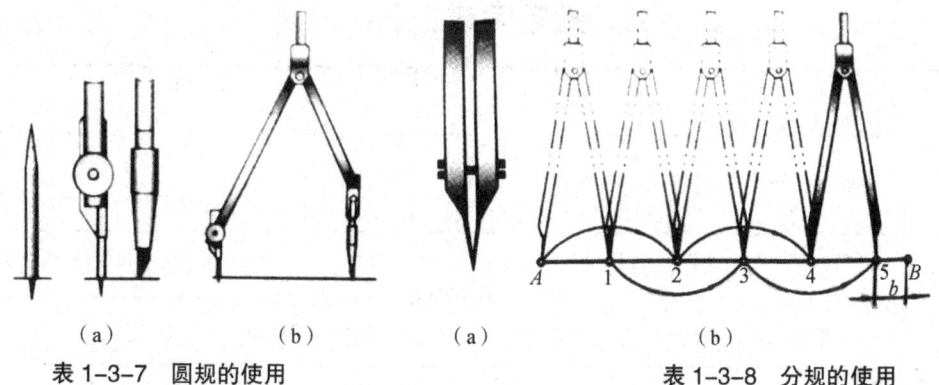

| (a) | (b) | (a) | (b) |

表 1-3-7　圆规的使用　　　　　　　　表 1-3-8　分规的使用

实训2　"连接板"图形手绘

实训名称	"连接板"图形手绘
实训内容	运用所学知识，完成手动冲压机"连接板3"零件的图形手绘
实训目标	1. 掌握尺规作图的一般方法； 2. 学会使用简单的尺规作图工具； 3. 对零件图建立感性认识，为后续绘图知识讲解打下基础； 4. 能够抄画简单的零件图纸
实训课时	1课时
实训地点	课堂

任务完成报告

姓名		学习日期		
任务名称	板类零件手绘			
学习自评	考核内容	完成情况		
	1. 图线的画法及应用	□好　□良好　□一般　□差		
	2. 常用绘图工具	□好　□良好　□一般　□差		
学习心得				

项目 2　手动冲压机板类零件的制作

本项目是在认识手动冲压机的基础上，掌握手动冲压机板类零件测量、绘制、制作的方法，以及对板类零件的连接进行学习和认识。根据学习内容，本项目主要分为 4 个基本任务：

任务 1　板类零件的测量。
任务 2　板类零件的绘制。
任务 3　板类零件的连接。
任务 4　板类零件的制作。

通过这 4 个任务的学习，应掌握板类零件的测量、绘制、制作方法，以及板类零件的连接方法，并最终能制作出板类零件。

任务 1　板类零件的测量

项目 1 中我们认识了手动冲压机的各种零件，实际生产制作过程中，为了保证各零件的质量，需用测量器具对其进行测量。测量器具种类很多，本任务主要介绍游标卡尺、千分尺、角尺和万能角度尺等的使用方法和使用场景。

知识目标：
认识常用的测量工具，并掌握其使用方法。

能力目标：
能够熟练使用测量工具测量零件。

学习内容：

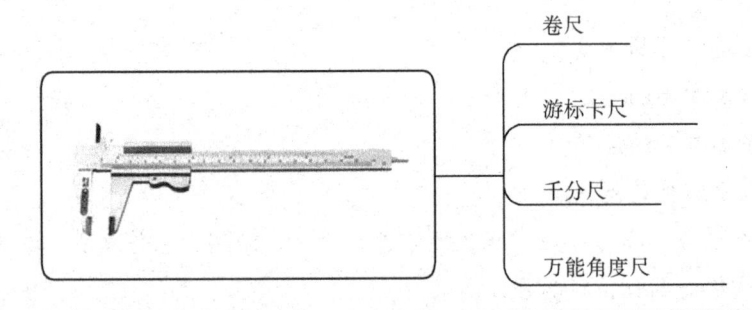

- 卷尺
- 游标卡尺
- 千分尺
- 万能角度尺

> **思考：**
> 应该选用哪种工具测量讲桌的长、宽、高？

一、卷尺

卷尺是日常生活中常用的量具，是工业和生活中常用的工具之一。它容易携带，能够测量一些曲线的长度。在测量精度要求不太高、测量范围有限的情况下可以使用。其实物及使用方法如图 2-1-1 所示。

图 2-1-1　卷尺及卷尺使用方法

二、游标卡尺

游标卡尺是一种中等精度的测量量具,可测量工件外径、孔径、长度、宽度、深度和孔距等尺寸。其主要结构如图 2-1-2 所示。

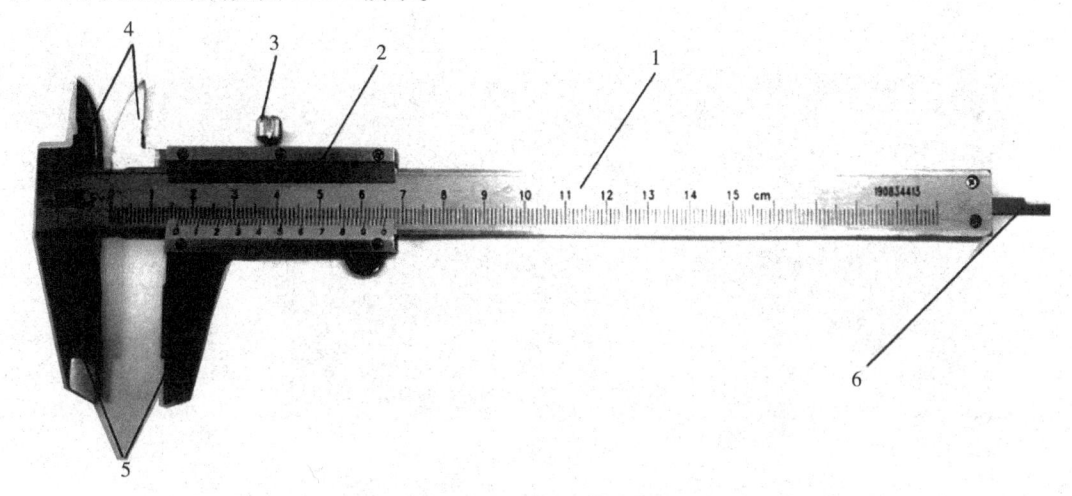

图 2-1-2 游标卡尺

1—尺身(主尺);2—游标尺(副尺);3—锁紧螺钉;4—内测量爪;5—外测量爪;6—深度尺

游标卡尺的规格有 125mm、150 mm、200 mm 和 300 mm 等,测量精度有 0.1mm、0.02mm 和 0.05mm 三种,其中测量精度为 0.02mm 的游标卡尺最为常用。

测量时,应将游标卡尺两测量脚张开到略大于被测尺寸,将固定脚的测量面贴靠工件,然后用大拇指轻轻推动游标,使活动量脚逐步紧靠工件后保持动作,并开始读数,如图 2-1-3 所示。

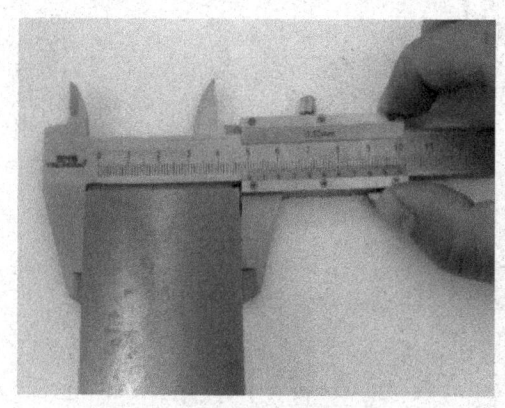

图 2-1-3 游标卡尺的使用

游标卡尺的读数与测量精度有关。以 0.02mm 精度的游标尺为例,主尺上每小格长度为 1mm,副尺区取主尺的 49 格等分为 50 份,每一格为 0.98mm,尺身与副尺每格之差为 0.02mm,如图 2-1-4(a)所示。读数时先读出游标 0 线前主尺的整数值,再计算游标与主尺重合线处的数值乘以精度值 0.02,二者之和即所测尺寸。如图 2-1-4(b)所示,游标 0 线前主尺的整数值为 10,游标与主尺重合刻度线处的格数为 10,读数为 10mm+10×0.02mm=10.20 (mm)。读数时视线应垂直于游标刻度线,以免斜视时引起读数误差。

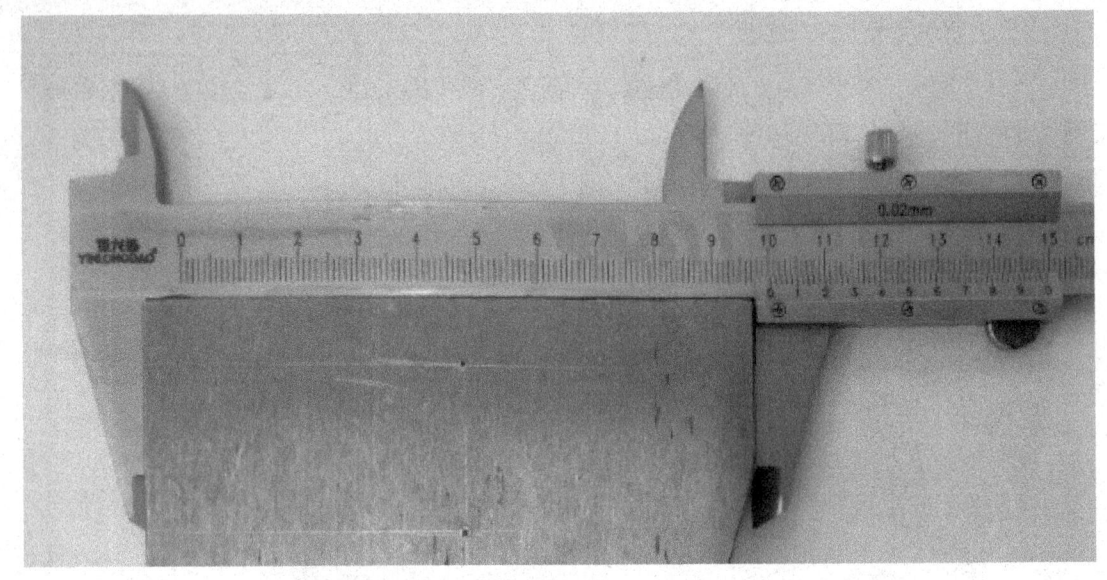

(a)先读主尺区

(b)卡尺读数

图 2-1-4　游标卡尺的读数方法

三、千分尺

千分尺是一种精密量具，测量精度为 0.01mm，比游标卡尺的精度要高，常用于加工精度较高的工件尺寸的测量。按照测量对象的不同，千分尺分为外径千分尺、内径千分尺和深度千分尺三种，如图 2-1-5 和图 2-1-6 所示。

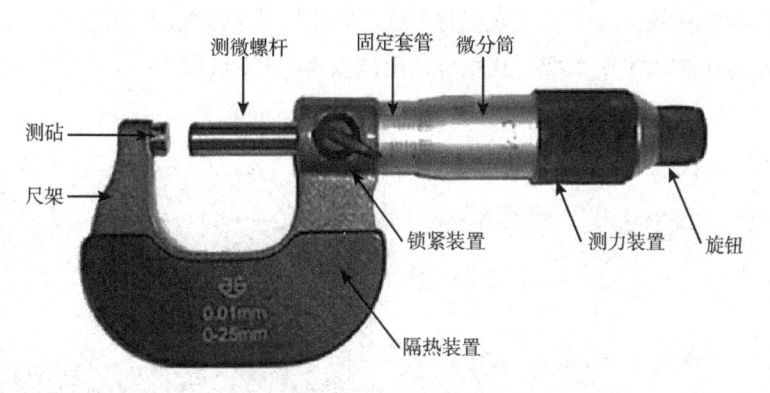

图 2-1-5 外径千分尺

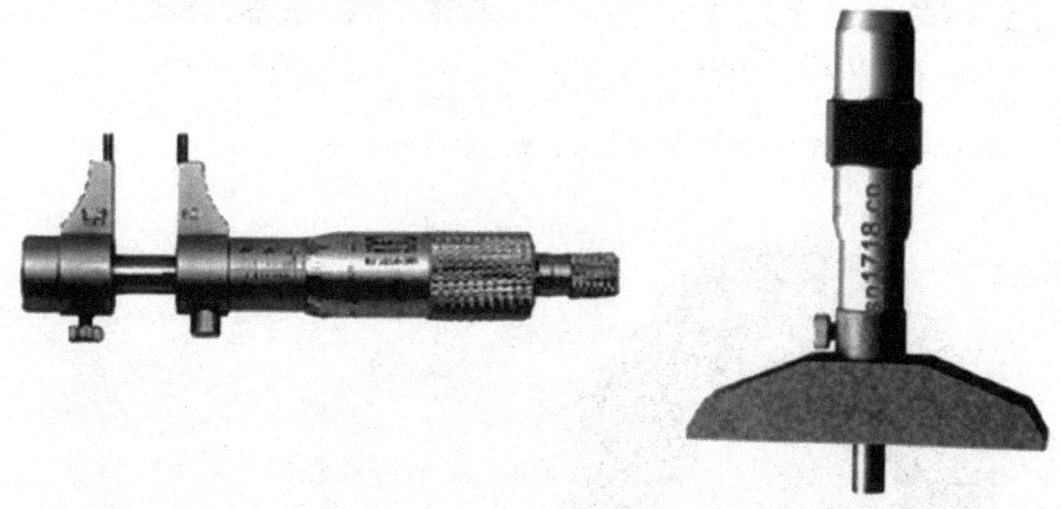

(a) 内经千分尺　　　(b) 深度千分尺

图 2-1-6 内径千分尺与深度千分尺

外径千分尺的测微螺杆与微分筒是连在一起的，转动微分筒时，测微螺杆即可沿其轴向方向前进或后退。测微螺杆的螺距是 0.5mm，可动刻度有 50 个等分刻度，可动刻度旋转一周，测微螺杆可前进或后退 0.5mm，因此旋转每个小分度，相当于测微螺杆前进或推后 0.01mm，如图 2-1-7 所示。

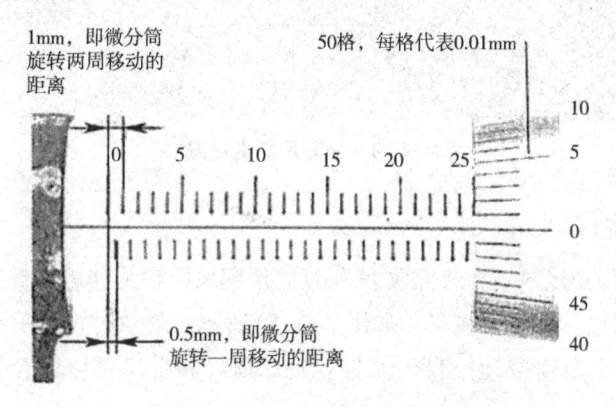

图 2-1-7 千分尺的标记原理

当测砧和测微螺杆并拢时,可动刻度的零点若恰好与固定刻度的零点重合。测量时,先从固定套筒上读出毫米数和半毫米数,从微分筒上读出小于 0.5mm 的小数,二者相加即测量值。如图 2-1-8 所示,(a)读数为 12.32mm,(b)读数为 15.70mm。

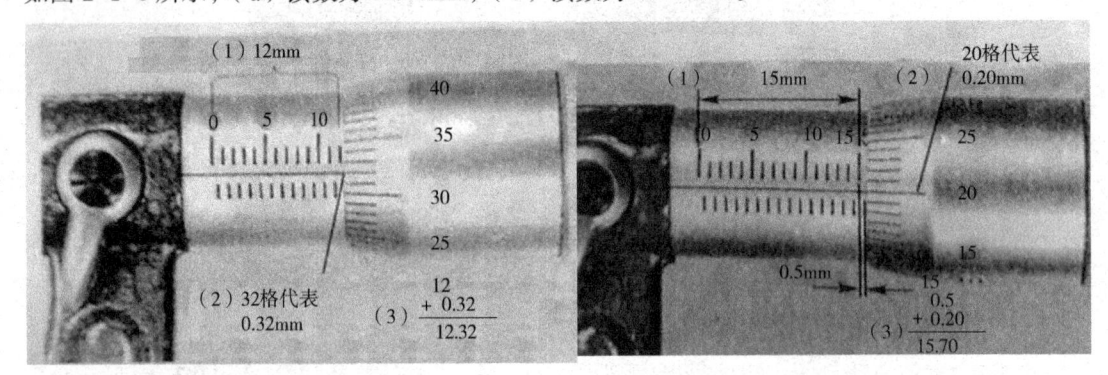

(a)读数为 12.32mm   (b)读数为 15.70mm

图 2-1-8   千分尺的读数方法

如图 2-1-9 是用千分尺测量的筋板厚度,请读出钢板厚度。

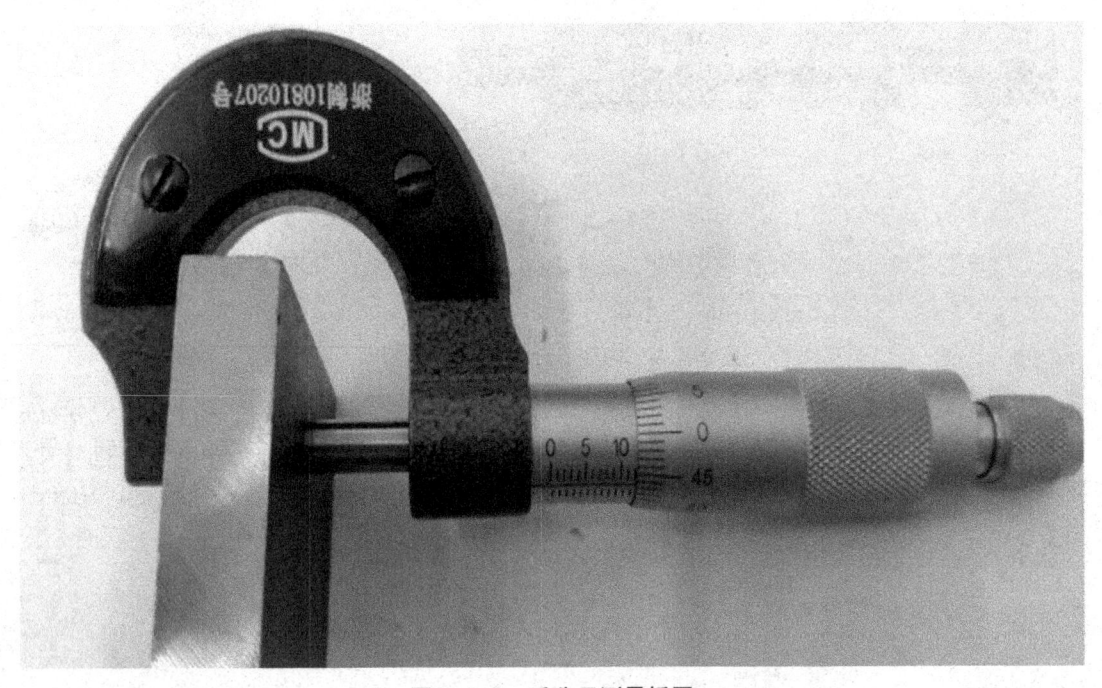

图 2-1-9   千分尺测量板厚

四、万能角度尺

万能量角器又称为角度规、游标角度尺和万能角度尺,它是利用游标读数原理来直接测量工件角或进行画线的一种角度量具,如图 2-1-10 所示。测量时,捏手可通过小齿轮转动扇形齿轮,使基尺改变角度带动尺身沿游标转动。角尺和直尺可以配合使用,也可以单独使用。

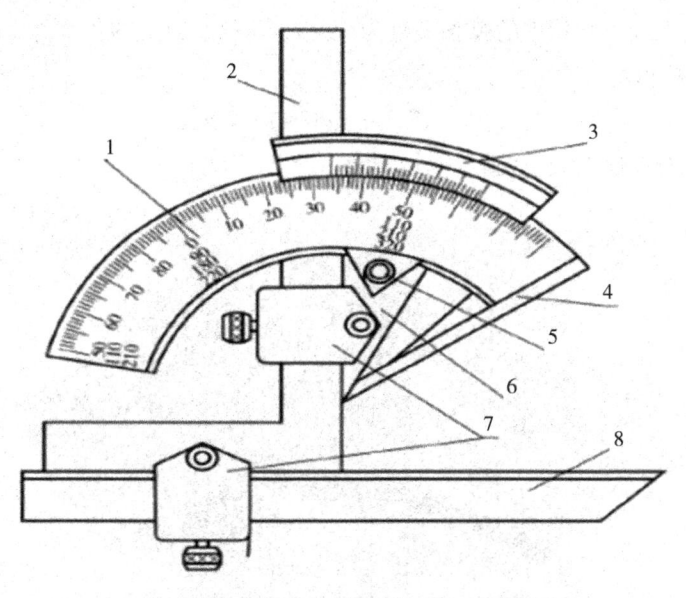

图 2-1-10 万能量角器

1—尺身；2—角尺；3—游标；4—制动器；5—基尺；6—直尺；7—卡块；8—捏手

万能角度尺适用于机械加工中的内、外角度测量，可测 0°~320° 外角及 40°~180° 内角，测量精度为 2′。图 2-1-11 是万能量角器的使用方法。

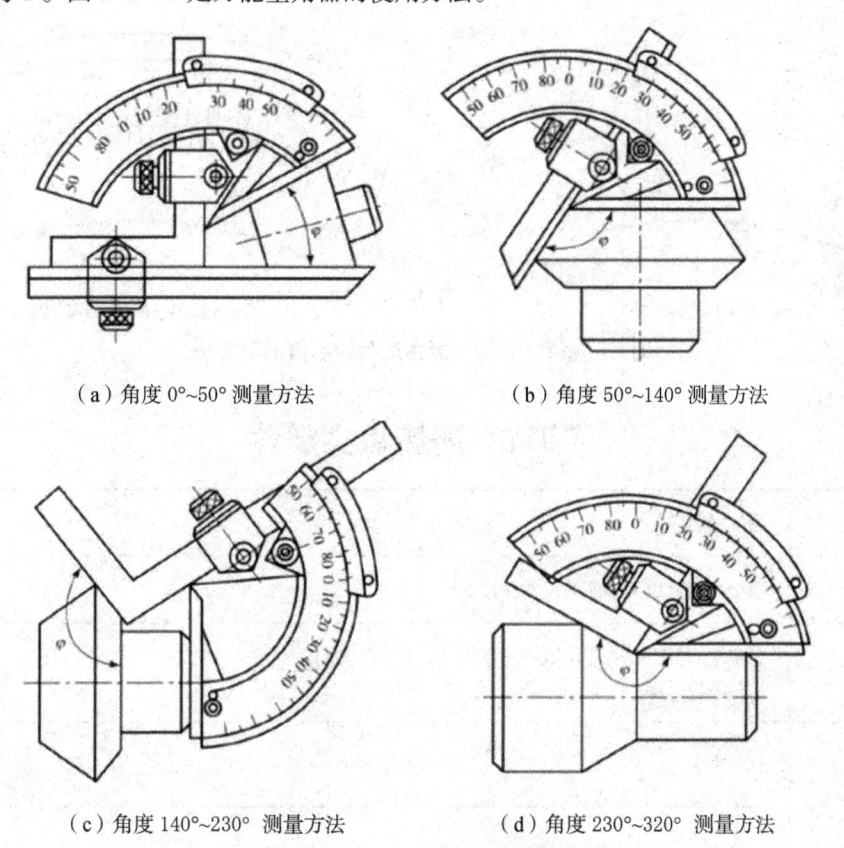

（a）角度 0°~50° 测量方法　　（b）角度 50°~140° 测量方法

（c）角度 140°~230° 测量方法　　（d）角度 230°~320° 测量方法

图 2-1-11 万能量角器使用

分度值为 2′ 的万能角度尺的标记原理是：主标尺每格标记的弧长对应的角度为 1°，游尺齿标记是将主标尺上 29° 所占的弧长等分为 30 格，每格所对应的角度为 29°/30，因此游标尺 1 格与主标尺 1 格相差

$$1° - 29°/30 = 1°/30 = 2'$$

即万能角度尺的分度值为 2′，如图 2-1-12 所示。

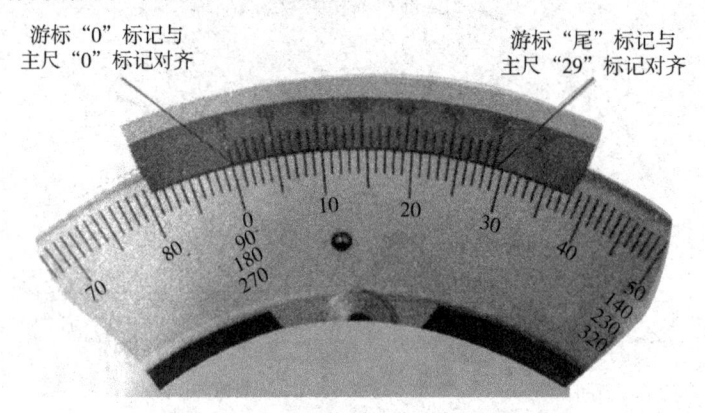

图 2-1-12 游标万能角度尺的标记原理

游标万能角度尺的示值读取方法与游标卡尺相似，即先从主标尺读出游标尺"0"标记前的整"度"数，然后在游标尺上读出分的数值（格数 ×2′），两者相加就是被测量工件的角度数值，如图 2-1-13 所示。

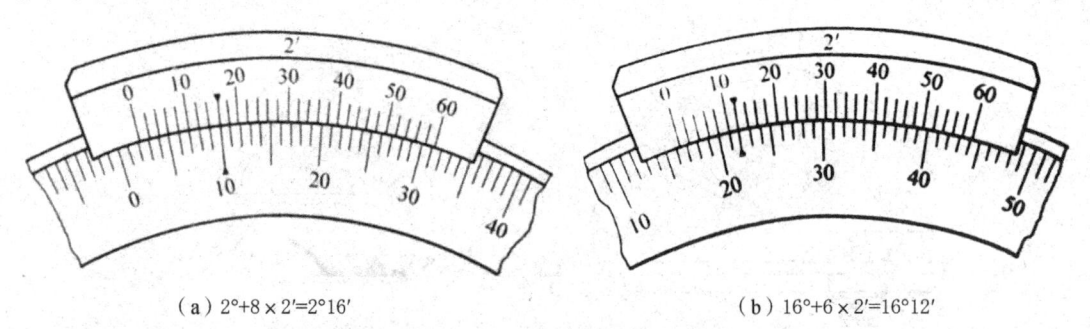

（a）2°+8×2′=2°16′　　　　　　　　　　（b）16°+6×2′=16°12′

图 2-1-13 游标万能角度尺的示值读取方法

实训1　测量板类零件

实训名称	测量板类零件
实训内容	用量具测量板类零件的尺寸并读数
实训目标	1. 掌握测量工具的使用以及读数方法； 2. 熟悉板类零件
实训课时	2 课时
实训地点	3 楼机械实训室

任务完成报告

姓名		学习日期		
任务名称	板类零件的测量			
学习自评	考核内容	完成情况		
	1. 常用量具的使用方法	□好　□良好　□一般　□差		
	2. 常用量具的读数方法	□好　□良好　□一般　□差		
学习心得				

任务2　板类零件的绘制

本任务主要介绍板类零件图的组成，以及零件图视图的绘制方法。

知识目标：

①了解零件图的组成部分；

②掌握制图国家标准的基本规定；

③掌握点的三面投影和规律，理解点的投影和该点与直角坐标的关系；

④掌握剖视图的概念，画剖视图的方法与标注。

能力目标：

①能够画出简单零件的剖视图。

②能够识别零件图，并说出各部分代表的意义。

学习内容：

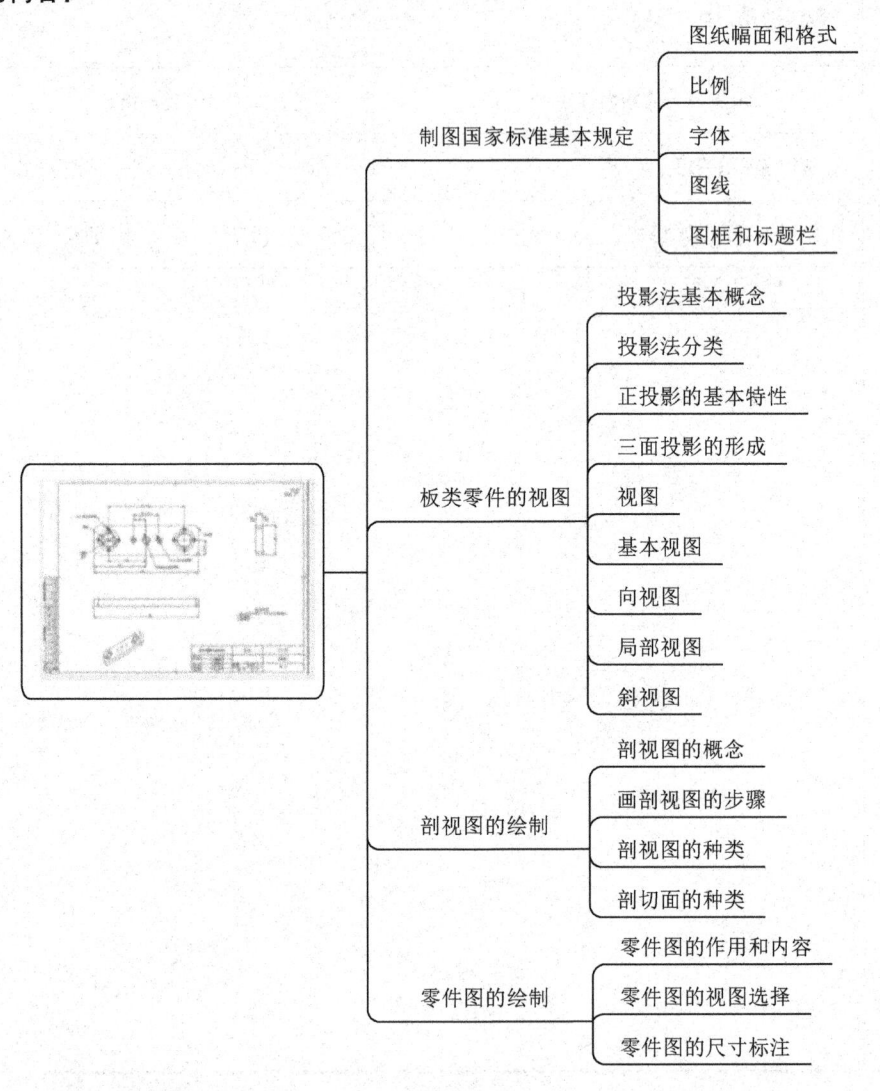

```
                                    ┌── 图纸幅面和格式
                                    ├── 比例
                        制图国家标准基本规定 ─┼── 字体
                                    ├── 图线
                                    └── 图框和标题栏

                                    ┌── 投影法基本概念
                                    ├── 投影法分类
                                    ├── 正投影的基本特性
                                    ├── 三面投影的形成
                        板类零件的视图 ─┼── 视图
                                    ├── 基本视图
                                    ├── 向视图
                                    ├── 局部视图
                                    └── 斜视图

                                    ┌── 剖视图的概念
                        剖视图的绘制 ─┼── 画剖视图的步骤
                                    ├── 剖视图的种类
                                    └── 剖切面的种类

                                    ┌── 零件图的作用和内容
                        零件图的绘制 ─┼── 零件图的视图选择
                                    └── 零件图的尺寸标注
```

一、制图国家标准基本规定

（一）图纸幅面和格式

> **分组讨论：**
> 如图2-2-1为连接板图纸，简要说明该图纸由哪几部分组成。

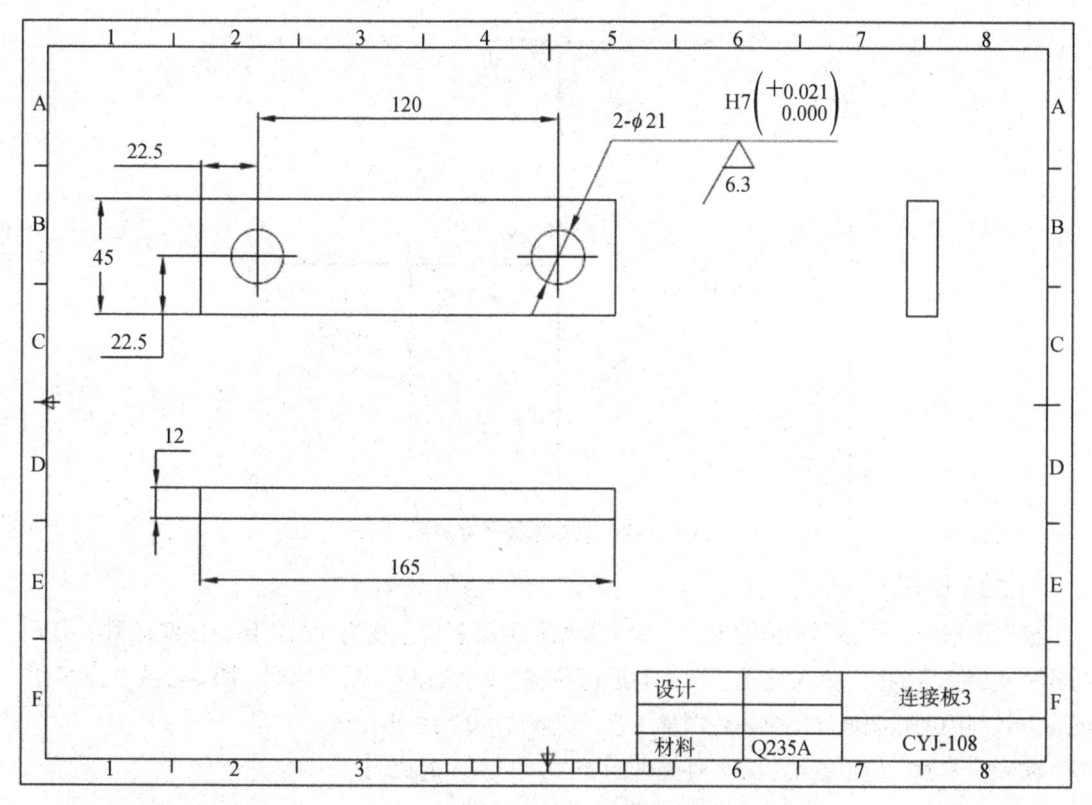

图 2-2-1 连接板图纸

绘制手动冲压机零件的平面图,首先需要根据零件的尺寸和试图表达需求选择合适的图纸幅面,按照《技术制图通用术语》(GB/T 13361—2012)规定,图纸幅面是指"图纸宽度与长度组成的图面"。如图 2-2-1 所示为连接板图纸,该图纸幅面为基本幅面中的 A4 幅面,按《技术制图图纸幅面和格式》(GB/T 14689—2008)的有关规定,绘制技术图样时,应优先采用表 2-2-1 所规定的基本幅面。

表 2-2-1 基本幅面

幅面代号	A0	A1	A2	A3	A4
$B \times L$	841×1189	594×841	420×594	297×420	210×297
a	25				
c	10			5	
e	20		10		

基本幅面共有 5 种。在基本幅面图纸中,A0 幅面为 1m,其长边为短边的 $\sqrt{2}$ 倍。A0 幅面长边 L=1189mm,短边 B=841mm。A1 图纸为 A0 图纸沿长边对折而成,面积为 A0 的一半,A2 图纸面积为 A1 的一半,其余依此类推,基本幅面尺寸关系如图 2-2-2 所示。

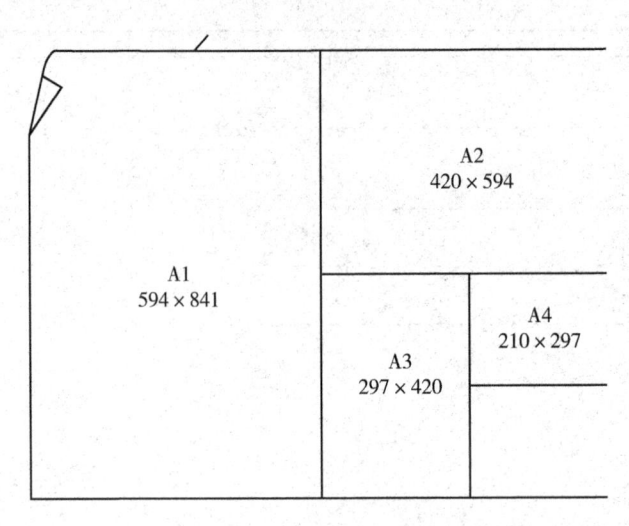

图 2-2-2 基本幅面尺寸关系

(二) 比例

绘制图形时，要根据物体的形状、大小及结构复杂程度来选用绘图比例，比例是图中图形与实物相应要素的线性尺寸之比，比例有原值比例、缩小比例、放大比例，图 2-2-1 连接板图纸为有效利用图纸幅面和完整表达图样内容，选择 1∶2 的缩小比例。

实际绘图时，应根据实际需要优先选用表 2-2-2 所示的比例。

表 2-2-2 常用比例系列

种类	比例					
原值比例	1∶1					
放大比例	5∶1	2∶1	$5×10^a∶1$	$5×10^a∶1$	$2×10^a∶1$	$1×10^a∶1$
缩小比例	1∶2	1∶5	1∶10	$1∶2×10^a$	$1∶5×10^a$	$1∶1×10^a$

除常用比例关系外，必要时也允许选取表 2-2-3 所示的比例。

表 2-2-3 比例系列

种类	比例				
放大比例	4∶1	2.5∶1	$4×10^a∶1$	$2.5×10^a∶1$	
缩小比例	1∶1.5	1∶2.5	1∶3	1∶4	1∶6
	$1∶1.5×10^a$	$1∶2.5×10^a$	$1∶3×10^a$	$1∶4×10^a$	$1∶6×10^a$

例符号以"∶"表示。比例一般标注在标题栏中的比例栏内，必要时，可在视图名称的下方或右侧标注，如：

$$\frac{\mathrm{I}}{2∶1} \qquad \frac{A \text{向}}{1∶100} \qquad \frac{B—B}{2.5∶1} \qquad \frac{\text{墙板位置图}}{1∶200} \qquad \text{平面图} 1∶100$$

必要时允许在同一视图中的铅垂和水平方向标注不同的比例，但两种比例的比值不应超过 5 倍。

为了从图样上直接反映实物的大小，绘图时应尽量选用 1∶1 的原值比例；若机件太大或太小，可采用缩小或放大比例绘制。选用比例的原则是有利于物体结构的清晰表达和图纸幅面的有效利用。但无论采用何种比例，在图样上标注的尺寸均按机件的真实尺寸标注，而与图样的准确程度和比例大小无关，如图2-2-3所示。

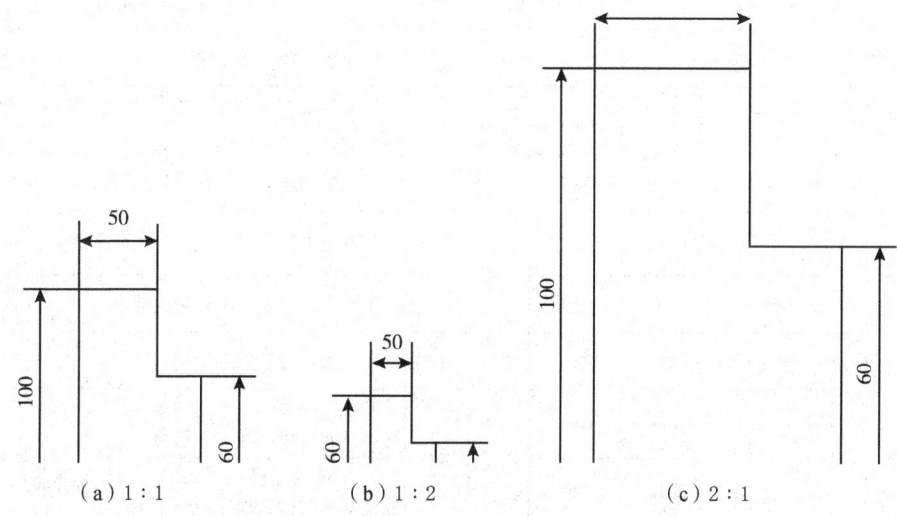

图 2-2-3　不同比例绘制的图形及尺寸标注

（三）字体

国家标准 GB/T 14691—1993《技术制图字体》规定了汉字、字母和数字的结构形式及基本尺寸。

图样中书写的字体必须做到：字体工整、笔画清楚、间隔均匀、排列整齐。字体高度代表字体的号数。字体高度（用 h 表示）的公称尺寸系列为：1.8、2.5、3.5、5、7、10、14、20，共8种。如需要书写更大的字，其字体高度应按 $\sqrt{2}$ 的比率递增。

汉字应写成长仿宋体字，并应采用国家正式公布推行的简化，汉字的高度 h 不应小于3.5mm，其字宽一般为 $h/\sqrt{2}$。

字母和数字分 A 型和 B 型。A 型字体的笔画宽度 d 为字高 h 的 1/14，B 型字体的笔画宽度 d 为字高 h 的 1/10。在同一图样上只允许选用一种样式的字体。

字母和数字可写成斜体和直体。斜体字字头向右倾斜与水平基准线成 75°。

（四）图线

图线是起点和终点间以任意方式连接的一种几何图形，形状可以是直线或曲线、连续线或不连续线。起点和终点可以重合，如一条图线形成圆的情况。图线长度小于或等于图线宽度的一半，称为点。

国家标准规定了绘制各种技术图样的15种基本线型，表2-2-4所示是绘制机械图样常用的几种基本图线的名称、形式、宽度和一般应用。

机械图样中的图线分为粗、细两种，粗线与细线的图线宽度之比为 2∶1。图线的宽度（d）应按图样的类型、尺寸、比例和缩微复制的要求确定，在以下公比为 $\sqrt{2}$ 的数系中选择：0.13mm、0.18 mm、0.25 mm、0.35 mm、0.5 mm、0.7 mm、1 mm、1.4 mm、2mm。绘图时，粗线宽度 d 在 0.5～2mm 间选择，通常取 d=0.5mm 或 d=0.7mm。为了保证图样清晰，便于复制，图样上应尽量避免采用线宽小于0.18mm的图线。

表 2-2-4　图线的线型及应用

名称	线型	代号 No.	线宽 d (mm)		主要用途及线素长度	
粗实线	———	01.2	0.7	0.5	可见棱边线，可见轮廓线	
细实线	———	01.1	0.35	0.25	尺寸线，尺寸界线，剖面线，引出线，重合断面的轮廓线，过渡线	
波浪线	∼∼∼	01.1			断裂处的边界线，视图与剖视图的分界线	
双折线	⌇⌇⌇	01.1			断裂处的边界线，视图与剖视图的分界线	
细虚线	- - - -	02.1			不可见棱边线，不可见轮廓线	画长 12d，短间隔长 3d
粗虚线	- - - -	02.2	0.7	0.5	允许表面处理的表示线	
细点画线	-·-·-	04.1	0.35	0.25	轴线，对称中心线，分度圆（线），孔系分布的中心线，剖切线	长画长 24d，短间隔长 3d，点长 ≤ 0.5d
细双点画线	-··-··-	05.1			相邻辅助零件的轮廓线，可动零件的极限位置轮廓线，中断线	
粗点画线	-·-·-	04.2	0.7	0.5	限定范围表示线	

分组讨论：

仔细观察图2-2-1连接板图纸，注意分辨不同的线型及线宽。

图线的画法：

①在同一图样中，同类图线的宽度应一致，间隔应各自大致相同，如图 2-2-4 所示。

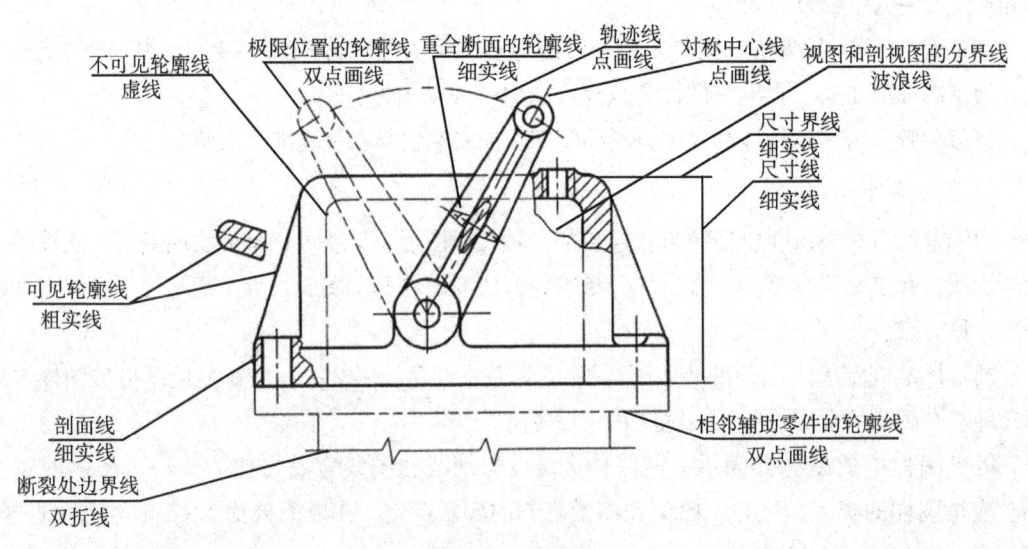

图 2-2-4　图线

②两条平行线之间的距离应不小于粗实线的 2 倍宽度，其最小距离不得小于 0.7mm。

③绘制圆的中心线时,圆心应为线的交点,细点画线的长度应为8~12mm,细点画线的两端应超出轮廓线 2~5mm,点画线、细点画线的首末是线而不是点。

④细虚线、细点画线与其他图线相交时,应以线相交。

⑤当细虚线处于粗实线的延长线上时,粗实线画到分界点,细虚线和粗实线之间应留有空隙。

(五) 图框和标题栏

按《技术制图通用术语》(GB/T 13361—2012)之规定,图框是指"图纸上限定绘图区域的线框",在图纸上须用细实线画出线框,其格式分为不留装订边和留装订边两种,且同一产品图样只能采用一种格式。不留装订边的图纸,其图框如图 2-2-5 (a) 所示;留装订边的图纸,其图框如图 2-2-5 (b) 所示。

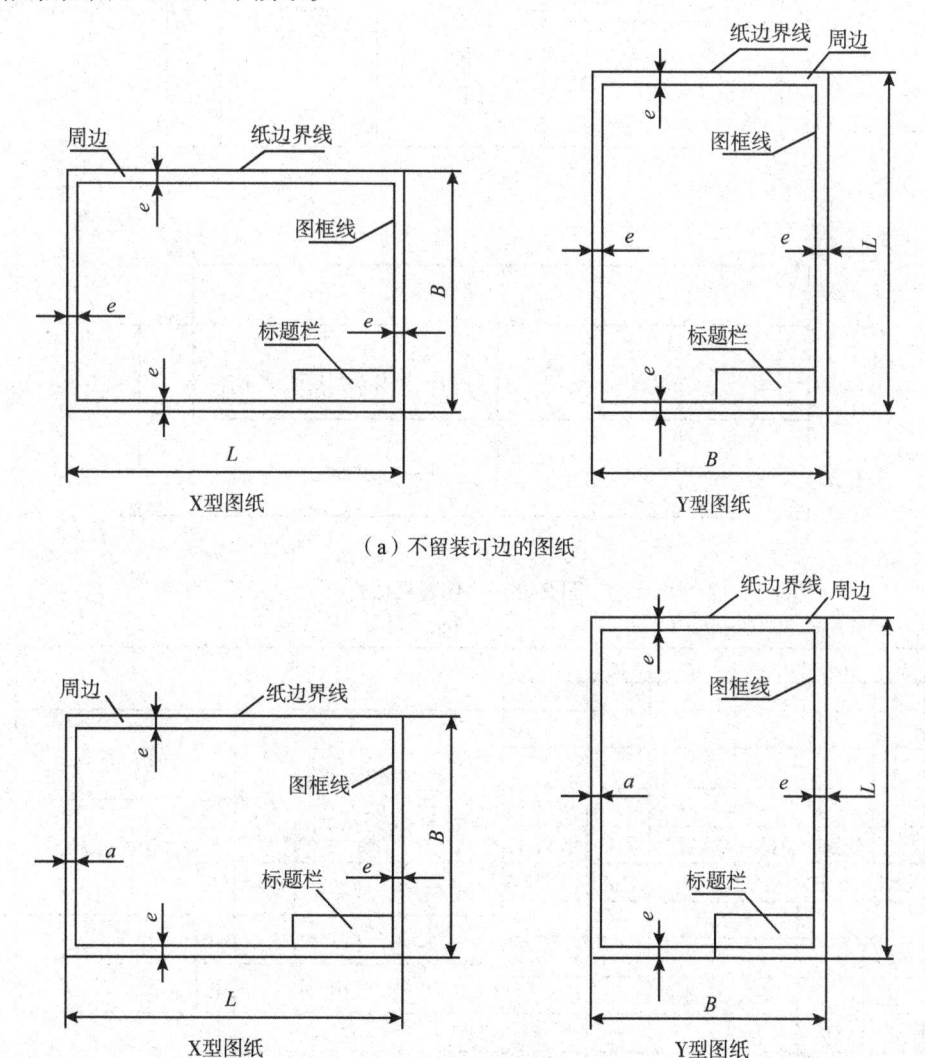

(a) 不留装订边的图纸

(b) 留装订边的图纸

图 2-2-5 图框格式

在图纸上必须有标题栏,标题栏通常位于图框的右下角。标题栏中的文字方向为看图方向。若标题栏的长边置于水平位置且与图纸长边平行，构成 X 型图纸；若标题栏的长边与图纸长边垂直，构成 Y 型图纸，如图 2-2-5 所示。

国家标准（GB/T 10609.1—2008）对标题栏的组成、格式及尺寸做了统一规定。标题栏一般由更改区、签字区、其他区、名称及代号区组成，也可以按实际需要增减。标题栏可按图 2-2-6（a）所示格式布置，也可按图 2-2-6（b）所示格式布置。标题栏格式、分栏及尺寸如图 2-2-7 所示。

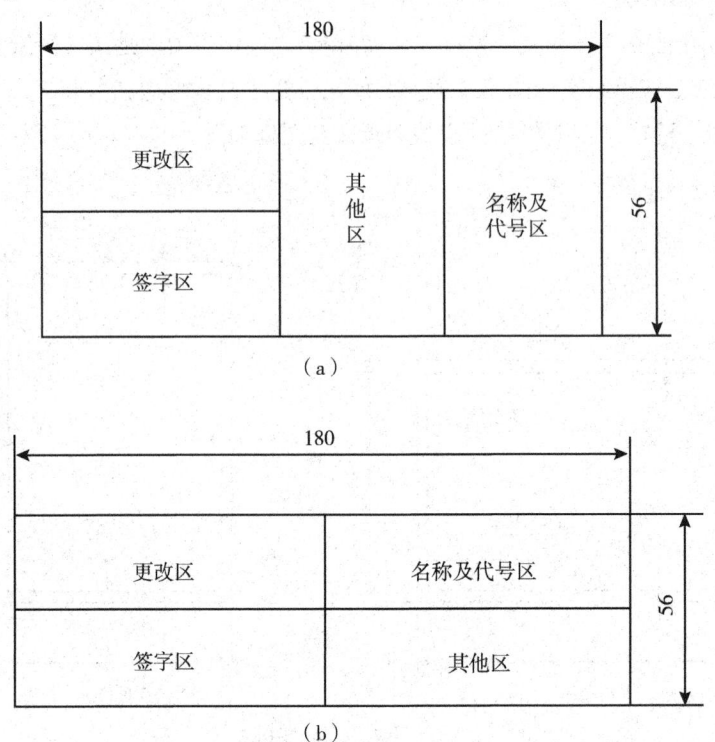

（a）

（b）

图 2-2-6　标题栏格式

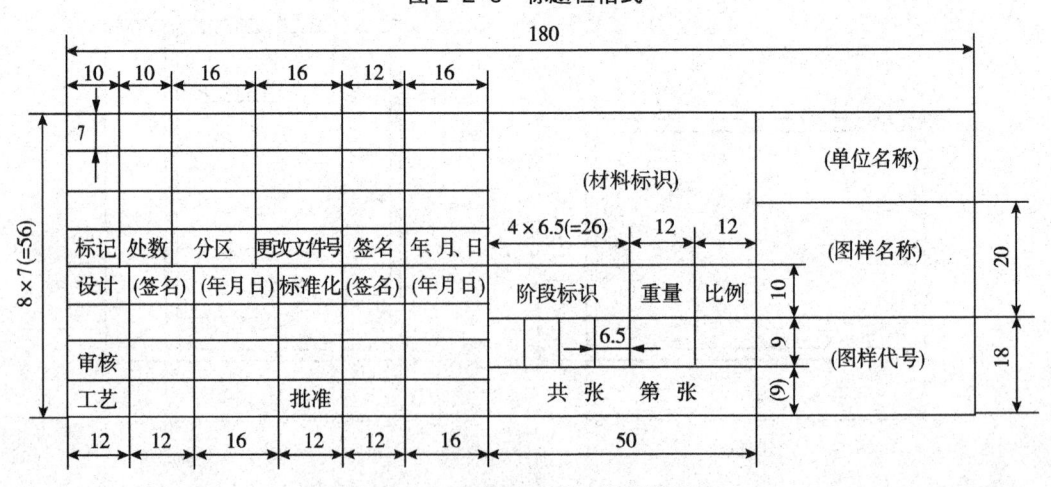

图 2-2-7　标题栏格式、分栏及尺寸

学生在制图作业中，建议采用图 2-2-8 所示的格式绘制标题栏。

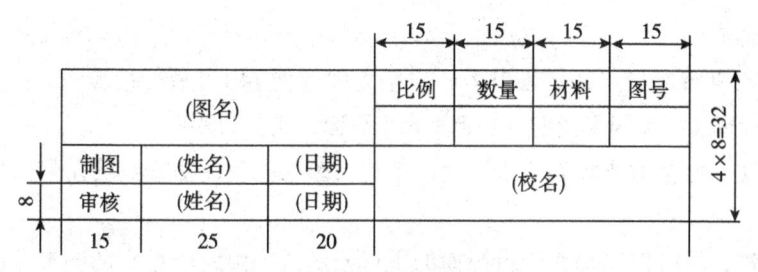

(图名)			比例	数量	材料	图号	
制图	(姓名)	(日期)	(校名)				$4\times8=32$
审核	(姓名)	(日期)					

列宽：15　25　20　15　15　15　15

图 2-2-8　学生作业中使用的标题栏格式、分栏及尺寸

思考：
请每位同学利用基本绘图工具，抄画图2-2-7所示的标题栏。

二、板类零件的视图

点、直线和平面是组成物体的基本几何元素，掌握它们的投影规律和图示特征能为学习后面内容打下重要的基础。下面研究把三维空间中的几何元素在二维平面上表达出来的理论和方法。

（一）投影法基本概念

在日常生活中，人们可以看到太阳或灯光照射物体时，在墙壁或地面上就出现了物体的影子，这是一种自然的投影现象。根据这种现象，人类科学地总结了上述投影现象的几何关系，创造了投影法。

投影法就是投射线通过物体，向选定的面投射，并在该面上得到图形的方法。其中，得到投影的平面（P）称为投影面，发自投射中心且通过物体上各点的直线称为投射线，投影面上的图形称为投影，如图 2-2-9 所示。

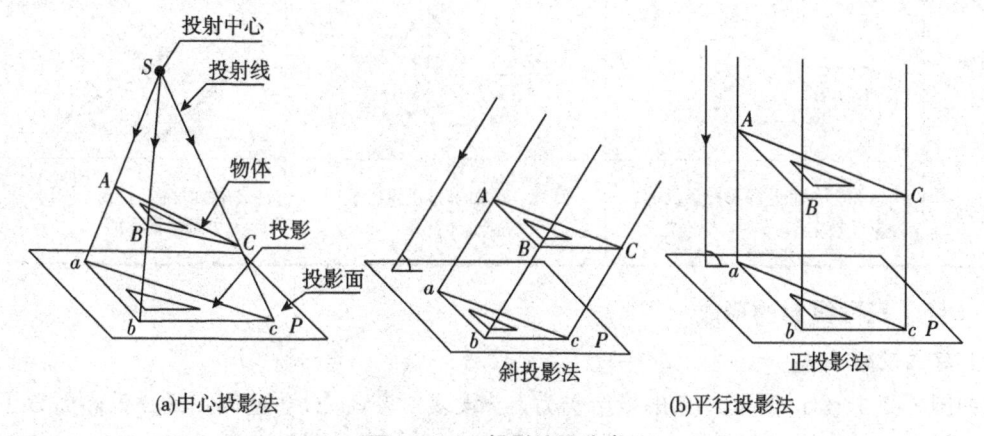

图 2-2-9　投影法及分类
(a) 中心投影法　(b) 平行投影法（斜投影法、正投影法）

（二）投影法分类

投影法一般可分为中心投影法和平行投影法两类。

1. 中心投影法

投射线相交于一点的投影法称为中心投影法，如图 2-2-9（a）所示。

2. 平行投影法

投射线相互平行的投影法（投射中心位于无限远处）称为平行投影法，如图 2-2-9（b）所示。在平行投影法中，根据投射线是否垂直投影面，又分为两种：

①斜投影法，即投射线倾斜于投影面的平行投影法。由此法得到的图形，称为斜投影图（斜投影）。

②正投影法，即投射线垂直于投影面的平行投影法。由此法得到的图形，称为正投影图（正投影）。

（三）正投影的基本特性

正投影图度量性好、作图简便。正投影的基本特性见表 2-2-5。

表 2-2-5　正投影的基本特性

投影性质	从属性	平行性	定比性
图例			
说明	点在直线（或平面）上，则该点的投影一定在直线（或平面）的同面投影上	空间平行的两条直线，其在同一投影面上的投影一定相互平行	点分线段之比，投影后比值不变；空间平行两线段之比，投影后该比值不变
投影性质	真实性	积聚性	类似性
图例			
说明	直线、平面平行于投影面时，投影反映实形	直线、平面垂直于投影面时，投影积聚成点和直线	平面倾斜于投影面时，投影形状与原形状类似

（四）三面投影的形成

1. 单面投影

如图 2-2-10（a）所示，点的投影仍为点。设投射方向为 S，空间点 A 在投影面 H 上有唯一的投影 a。反之，若已知点 A 在 H 面的投影 a，却不能唯一确定点 A 的空间位置（如 A_1、A_2），由此可见，点的一个投影不能确定点的空间位置。

同样，仅有物体的单面投影也无法确定空间物体的真实形状，如图 2-2-10（b）所示。形态不同的 A、B、C 物体在 W 面却得到了相同的投影。这样，空间形体与投影之间没有一一对应关系。为此，必须增加投影面的数量。

(a)　　　　　　　　　　　　　(b)

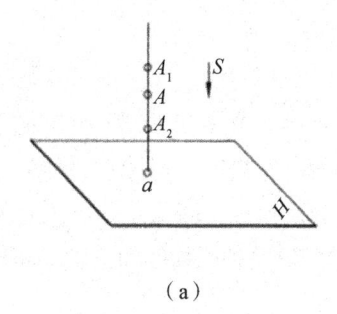

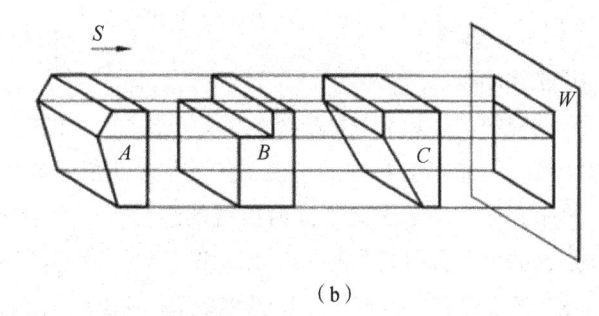

图 2-2-10　单面投影

2. 三面投影

三个相互垂直的投影面 V、H 和 W 构成三面投影体系，如图 2-2-11 所示。

正立放置的 V 面称正立投影面，简称正立面；
水平放置的 H 面称水平投影面，简称水平面；
侧立放置的 W 面称侧立投影面，简称侧立面。

投影面的交线称投影轴即 OX、OY、OZ，三个投影轴的交点 O 称为投影轴原点。

三面投影体系将空间分为八个区域，称为分角。国家标准"图样画法"（GB/T 17451）规定，技术图样优先采用第一分角画法，本教材主要在第一分角内讨论。

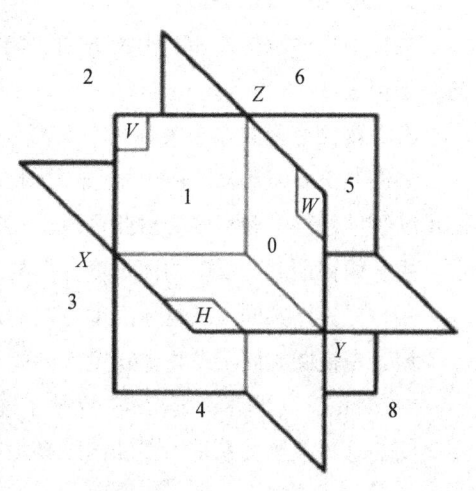

图 2-2-11　三面投影体系

如图 2-2-12（a）所示，将物体置于第一分角后，分别在三个投影面上得到投影。为了把物体的三面投影画在同一平面内，国家标准规定 V 面保持不动，H 面绕 OX 轴向下旋转 90° 与 V 面重合，W 面绕 OZ 轴向右旋转 90° 与 V 面重合。这样，V、H、W 面展开后就得到了物体的三面投影，如图 2-2-12（b）所示，其中 OY 轴随 H 面旋转时以 OY_H 表示，随 W 面旋转时以 OY_W 表示。投影图大小与物体相对于投影面的距离无关，即改变物体与投影面的相对距离，并不会引起图形的变化。所以，在作图时一般不画出投影面的边界和投影轴，如图 2-2-12（c）所示。

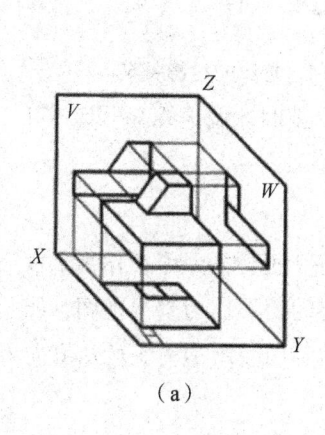

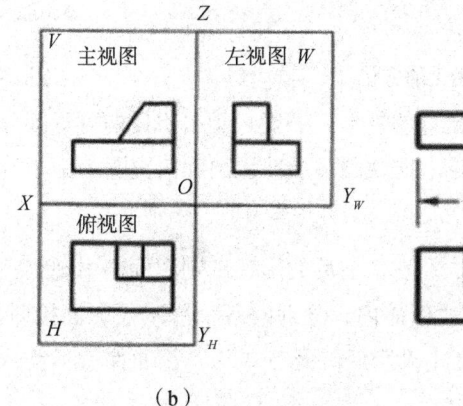

（a）　　　　　　　　（b）　　　　　　　　（c）

图 2-2-12　三面投影体系与三视图

（五）视图

1. 视图的概念

所谓视图，实际上就是物体的多面正投影。如图 2-2-12 所示，物体在 V、H 和 W 面上的三个投影，通常称为物体的三视图。其中，正面投影，即从前向后投射所得图形，称为主视图；水平投影，即从上向下投射所得的图形，称为俯视图；侧面投影，即从左向右投射所得的图形，称为左视图。如图 2-2-12（b）所示，即为三视图的配置关系。物体的三度空间尺寸长、宽、高反映在三视图中，如图 2-2-12（c）所示。

2. 三视图的方位关系

主视图反映物体左右、上下方向；俯视图反映左右、前后方向；左视图反映上下、前后方向，如图 2-2-13 所示。

3. 三视图之间的投影关系

如图 2-2-14 所示，主视图反映物体的高度和长度；俯视图反映物体的长度和宽度；左视图反映物体的高度和宽度。由此可得出三视图之间的投影关系：

主、俯视图共同反映物体长度方向的尺寸，简称"长对正"；

主、左视图共同反映物体高度方向的尺寸，简称"高平齐"；

俯、左视图共同反映物体宽度方向的尺寸，简称"宽相等"。

"长对正、高平齐、宽相等"反映了物体上所有几何元素三个投影之间的对应关系。三视图之间的这种投影关系是画图和读图必须遵循的投影规律和必须掌握的要领。

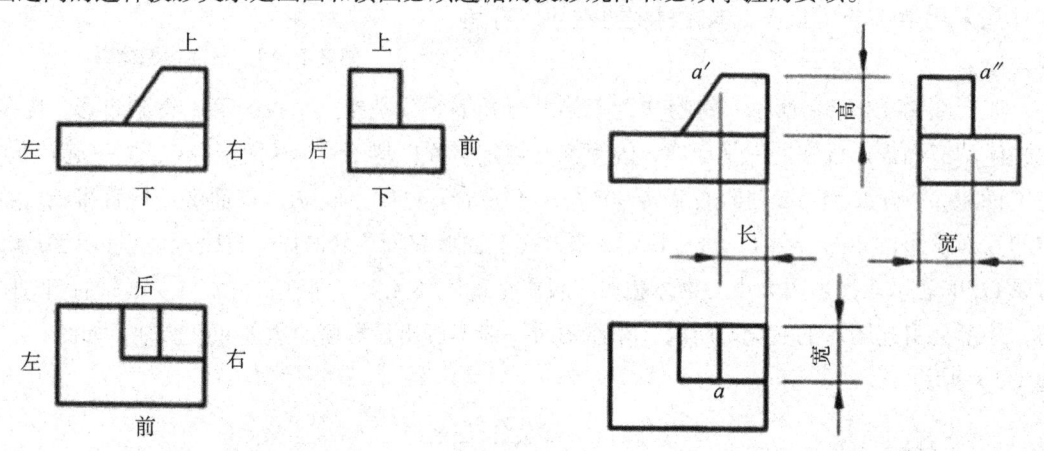

图 2-2-13 三视图上的方位　　　　图 2-2-14 物体的投影关系

视图主要用于表达机件的外形，一般只画出机件的可见部分，必要时才用虚线画出其不可见部分，可分为基本视图、向视图、局部视图和斜视图。

（六）基本视图

为了表达机件上下、左右、前后的形状，制图标准中规定，以正六面体的六个面作为基本投影面，将机件置于正六面体内，分别向各个基本投影面投射所得的图形称为基本视图，如图 2-2-15 所示。六个基本投影面展开方式为：正面保持不动，其他各面按图中箭头所示方向旋转到与正面在同一平面上。

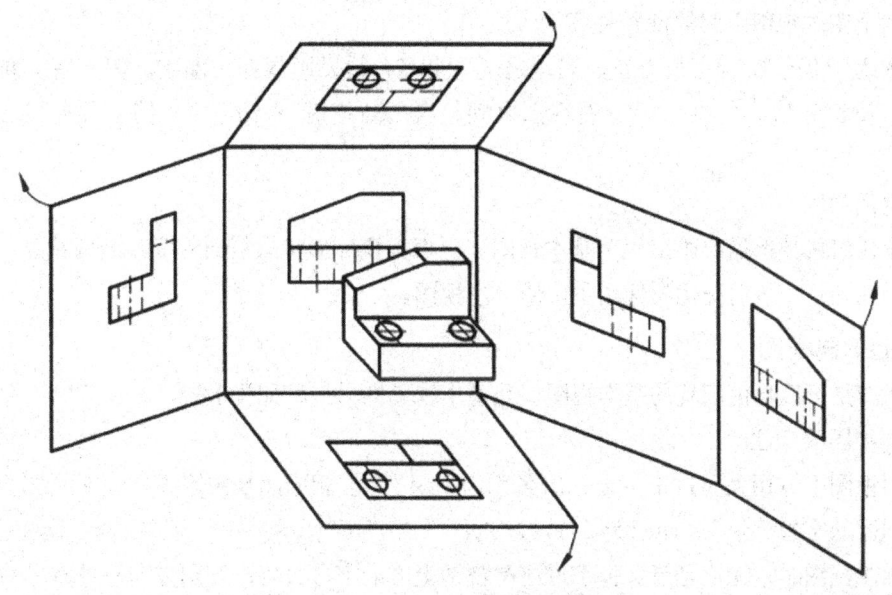

图 2-2-15 六个基本投影面的展开

1. 六个基本视图的投射方向及对应名称

从机件的正前方向后投射得到的图形称为主视图,从机件的正上方向下投射得到的图形称为俯视图,从机件的正左方向右投射得到的图形称为左视图,从机件的正右方向左投射得到的图形称为右视图。从机件的正后方向前投射得到的图形称为后视图,从机件的正下方向上投射得到的图形称为仰视图。

2. 六个基本视图的配置

在同一张图纸内按图 2-2-16 所示配置视图时,一律不注写视图的名称。

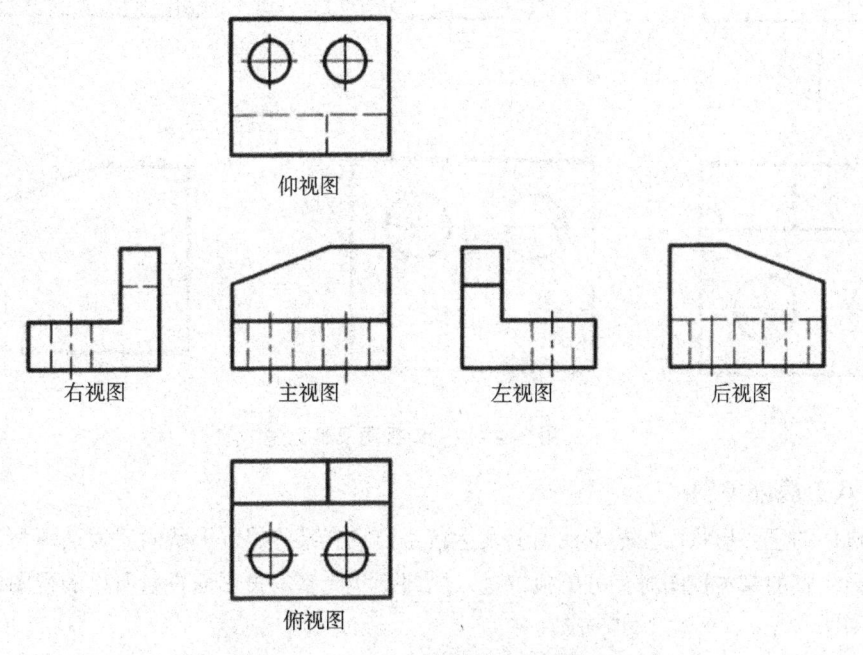

图 2-2-16 六个基本视图的配置

3. 六个基本视图之间的投影关系

视图之间仍然符合"长对正、高平齐、宽相等"的投影规律,即主、俯、后、仰视图之间符合"长相等";主、左、后、右视图之间符合"高相等";俯、左、仰、右视图之间符合"宽相等"。

4. 选用原则

并非任何机件都需要画出六个基本视图,应根据机件形状的复杂程度和结构特点,选用若干个基本视图,一般情况优先选用主、俯、左视图。

(七)向视图

向视图是可以自由配置的基本视图,是基本视图的另一种配置形式。

1. 向视图的标注

在向视图上方用大写拉丁字母标出名称为"×",在相应的视图附近用箭头指明投射方向并标注同样的字母"×",如图 2-2-17 中"A""B""C"所示。

在标注视图时,无论是箭头旁字母还是视图上方的字母,均以读图方向一致水平注写。

2. 投射箭头位置

表示投射方向的箭头应尽可能配置在主视图上,只有表示后视图的投射方向的箭头才配置在其他视图上,如图 2-2-17 中"C"所示。

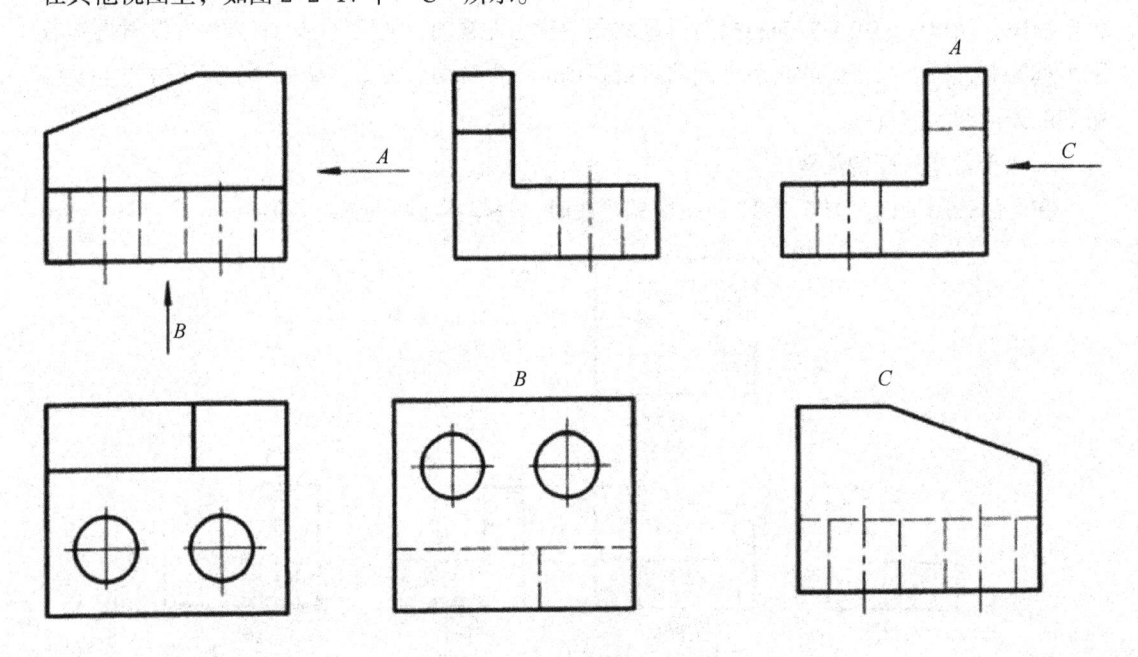

图 2-2-17 向视图及其标注

(八)局部视图

当机件的主要形状已在基本视图上表达清楚,只有某些局部形状尚未表达清楚,而又没必要再画出完整的基本视图时,可单独将这一局部形状向基本投影面投射所得的视图称为局部视图,如图 2-2-18 中"A""B"所示。

(a) (b) (c)

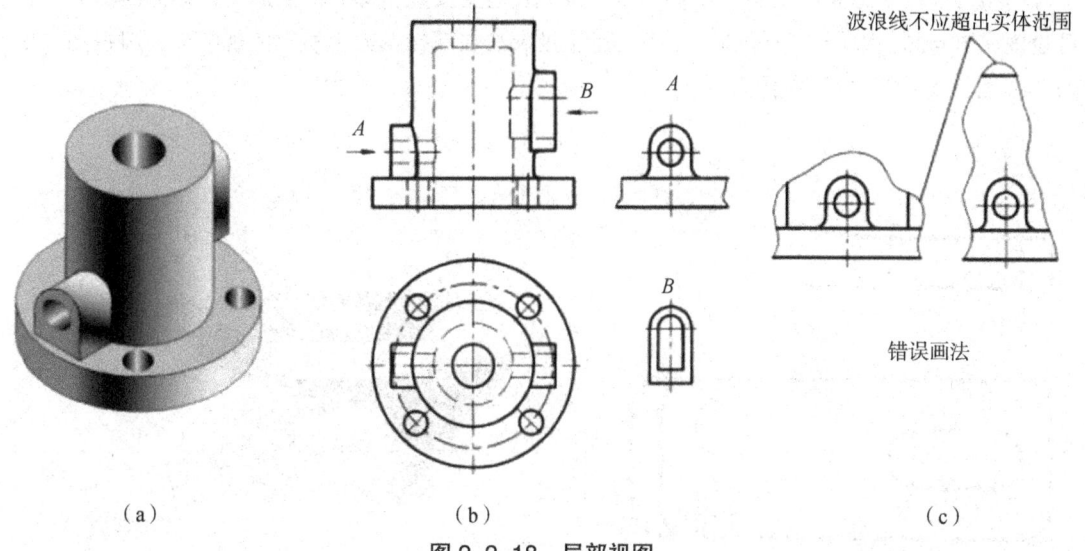

图 2-2-18 局部视图

1. 局部视图的配置与标注

①局部视图按基本视图的形式配置，如图 2-2-18 中"A"视图，左视图用局部视图画出，如在主、左视图之间没有其他图形隔开，此时可省略标注"A"；

②局部视图按向视图的形式配置，如图 2-2-18 中"B"视图，右视图用局部视图画出，必须加标注，标注形式与向视图完全相同。

2. 局部视图的断裂边界

由于局部视图只表达机件的局部形状，与其他部分的断裂边界用波浪线或双折线、中断线表示，如图 2-2-18 中"A"视图；当局部视图的外形轮廓是完整封闭图形时，断裂边界可省略不画，如图 2-2-18 中"B"视图。用波浪线作为断裂线时，波浪线不应超出机件上断裂部分的轮廓线，应画在机件的实体上，如图 2-2-18（c）所示。

3. 对称结构的省略

为了简化作图，可将对称机件的视图画成一半或四分之一，并画出对称符号（在对称中心线的两端画出两条与其垂直的平行细实线），如图 2-2-19 所示。

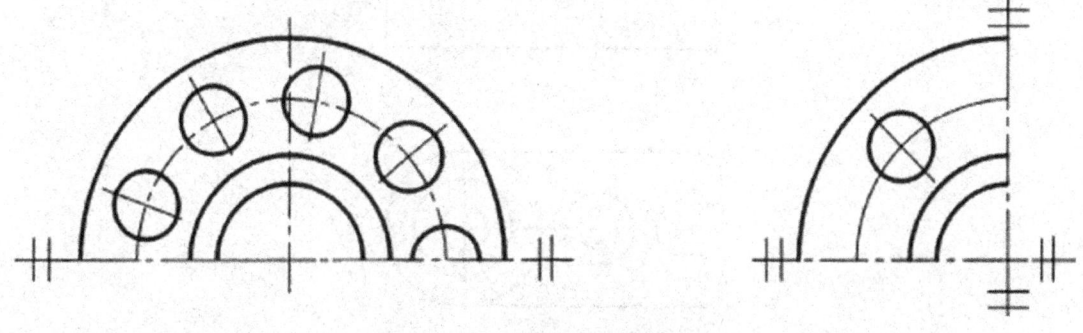

图 2-2-19 对称机件的局部视图

（九）斜视图

将机件向不平行于基本投影面的平面投射所得的视图称为斜视图。斜视图用来表达机件上倾斜结构的真实形状。如图 2-2-20（a）为了表达支板倾斜部分的实形，根据换面法的原理可设置一个与倾斜部分平行的新投影面，用正投影法在新投影面上所得的视图称为斜视图，如图 2-2-20（b）中"A"视图。

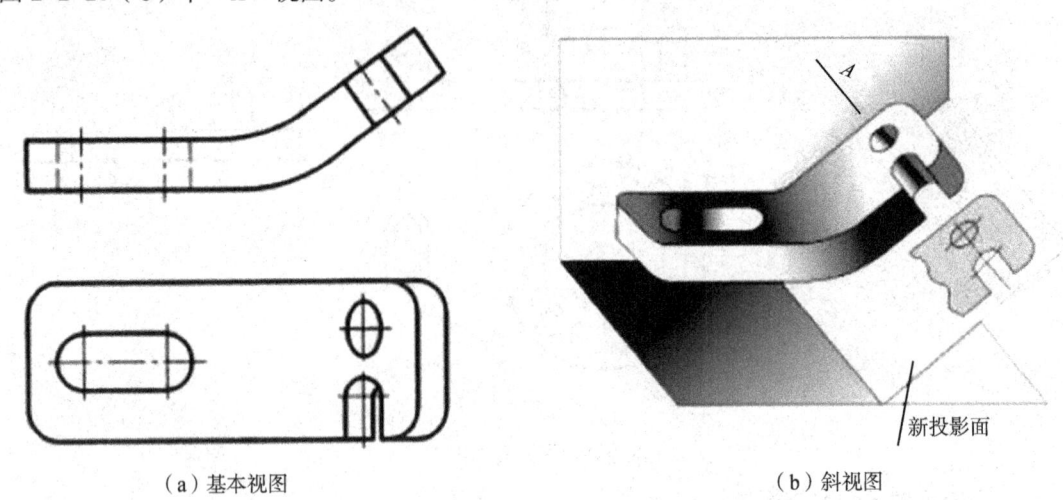

（a）基本视图　　　　　　　　　　　（b）斜视图

图 2-2-20　支板的基本视图及斜视图的形成

三、剖视图的绘制

视图主要用于表达机件的外形，而内部形状用虚线来表示。当机件的内部结构复杂时，在视图中就会出现很多虚线，既影响图形的清晰又不便于标注尺寸，因此国家标准（GB/T 17452—1998）规定用剖视图来表示机件的内部结构。

（一）剖视图的概念

假想用一平面剖开机件，将位于观察者与剖切面之间的部分移去，剩余部分向投影面投射所得的图形称为剖视图，简称剖视。如图 2-2-21 所示主视图是剖视图。

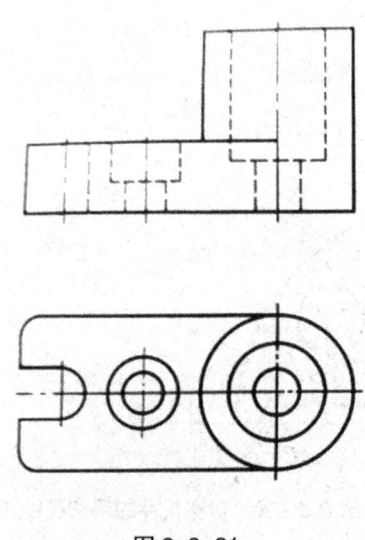

图 2-2-21

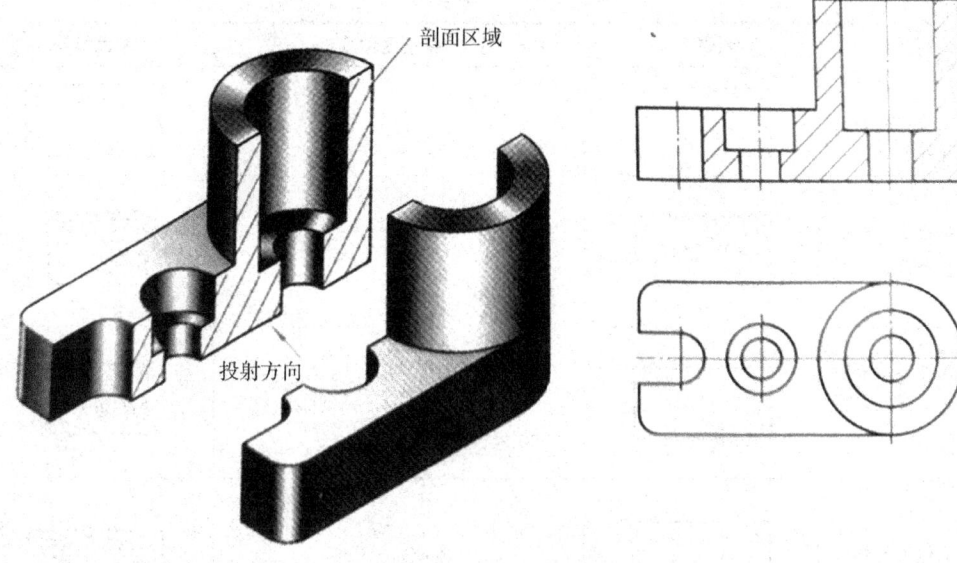

图 2-2-21 剖视图

（二）画剖视图的步骤

1. 确定剖切面的位置

剖切平面一般应通过机件的对称面且平行于相应的投影轴，即通过机件的对称中心线或通过机件内部的孔、槽的轴线，如图 2-2-21 所示。

2. 画出机件轮廓线

机件经过剖切后，内部不可见轮廓变为可见，将原来表示内部结构的虚线改画成粗实线，同时剖切面后机件的可见轮廓也要用粗实线画出。

3. 画剖面符号

为了区分实体和空腔，在机件与剖切平面接触的部分画出剖面符号。剖面符号与机件的材料有关，表 2-2-6 是国标规定常用材料的剖面符号。对金属材料制成机件的剖面符号，一般应画成与主要轮廓线或剖面区域的对称线成 45°的一组平行细实线，如图 2-2-22 所示主视图；剖面线之间的距离视剖面区域的大小而异，在同一张图纸中，同一机件的各个剖面区域的剖面线画法应一致。当图形主要轮廓线或剖面区域的对称线与水平线的夹角为 45°或接近 45°时，该图形的剖面线可画成与主要轮廓线或剖面区域的对称线成 30°或 60°的平行线，其倾斜方向仍与其他图形的剖面线方向一致，如图 2-2-22 所示。

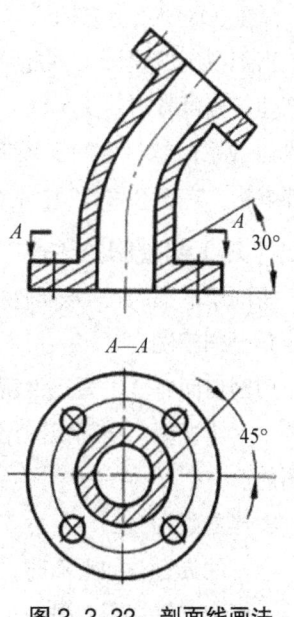

图 2-2-22 剖面线画法

表 2-2-6　剖面符号

材料名称	剖面符号	材料名称	剖面符号
金属材料，通用剖面线（已有规定剖面符号者除外）		混凝土	
非金属材料（已有规定剖面符号者除外）		木材 纵剖面	
型沙、填沙、粉末冶金、砂轮、陶瓷刀片等		木材 横剖面	
玻璃及其他透明材料		木质胶合板	
砖		液体	

4. 标注剖视图名称及剖切平面的位置

为了便于看图时找出剖视图与其他视图的投影关系，一般应在相应视图上画出剖切符号：用长约 5mm、宽为 1~1.5d（d 为粗实线线宽）的粗实线表示剖切面起、迄及转折位置，画图时尽可能不与图形轮廓线相交，在起、迄粗短线外端用箭头指明投射方向。在粗短线处注字母"X"，在剖视图正上方标注"X—X"，如图 2-2-21 和图 2-2-22 所示。

当剖视图按投影关系配置，中间又没有其他图形隔开时，可省略箭头，图 2-2-22 俯视图的剖切符号可省略箭头标注；当单一剖切平面通过机件的对称平面或基本对称平面，且剖视图按投影关系配置，中间又没有其他图形隔开时，可全部省略标注，图 2-2-21 中"A—A"可全部省略，在图 2-2-22 中主视图的标注已全部省略。

（三）剖视图的种类

按剖切范围的大小将剖视图分为全剖视图、半剖视图和局部剖视图。

1. 全剖视图

用剖切面完全剖开机件所得的剖视图称为全剖视图，如图 2-2-21 中的主视图和图 2-2-22 中的主、俯视图。全剖视图用于外形简单而内部结构较复杂且不对称的机件。全剖视图标注原则同前。

2. 半剖视图

当机件具有对称平面时，在垂直于对称平面的投影面上投射所得的图形，以对称中心线为界，一半画成剖视图，另一半画成视图，这种剖视图称为半剖视图。半剖视图适用于内外结构都需要表达且具有对称平面的机件，如图 2-2-23 中的主、俯视图。

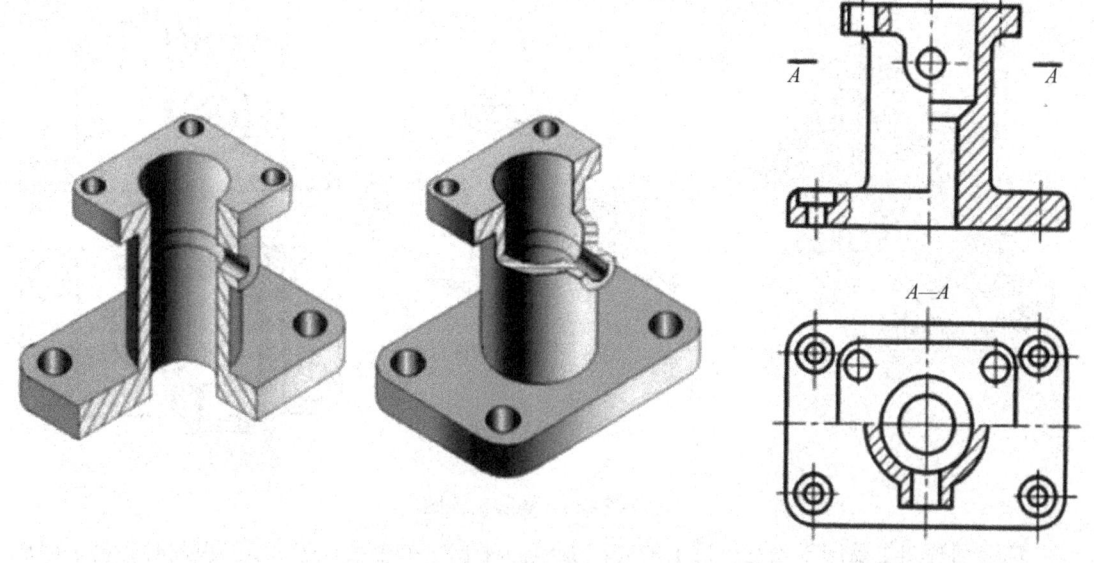

图 2-2-23 半剖视图的剖切方法

如图 2-2-23 所示机件的内外形状具有前后、左右都对称的特点，如果主视图采用全剖视图，则凸台不能表达。如果俯视图采用全剖视图，则顶板的形状及四个小孔的位置也不能表达。为了同时表达该机件的内外结构，采用图 2-2-23 所示的剖切方法，将主视图和俯视图都画成半剖视图。

半剖视图的标注规则与全剖视图相同。图 2-2-23 中主视图标注全省略，俯视图 "$A-A$" 省略箭头标注。

画半剖视图应注意：

①视图和剖视图的分界线应是细点画线，不能以粗实线分界。

②半剖视图中由于图形对称，机件的内部形状已在半个剖视图中表示清楚，所以在表达外部形状的半个视图中不画虚线，在后方不可见的虚线也不画，如图 2-2-23 中的主、俯视图和图 2-2-24 中的主视图。

③机件的形状接近于对称，且不对称部分已另有图形表达清楚时，也可以画成半剖视图，如图 2-2-24 所示。

④当对称机件的轮廓线与中心线重合时，不宜采用半剖视图表示，如图 2-2-25 所示。

图 2-2-24 近似对称的半剖视图

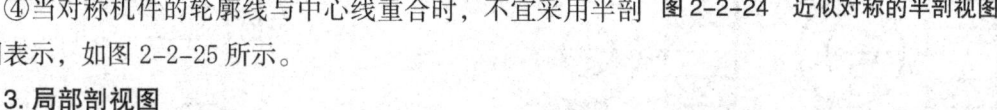

3. 局部剖视图

用剖切面局部地剖开机件，以波浪线或双折线为分界线，一部分画成视图以表达外形，其余部分画成剖视图以表达内部结构，这样所得的图形称为局部剖视图。它用于内外结构都需要表达且不对称的机件。如图 2-2-25 所示的机件，没有对称面（立体图），为了使机件的内外形状都表达清楚，两视图均不宜用全剖或半剖视图，只宜作局部剖视。图 2-2-25 所示的主视图采用两次、俯视图采用一次局部剖，将机件的内外结构都表达清楚了。

(a)   (b)   (c)

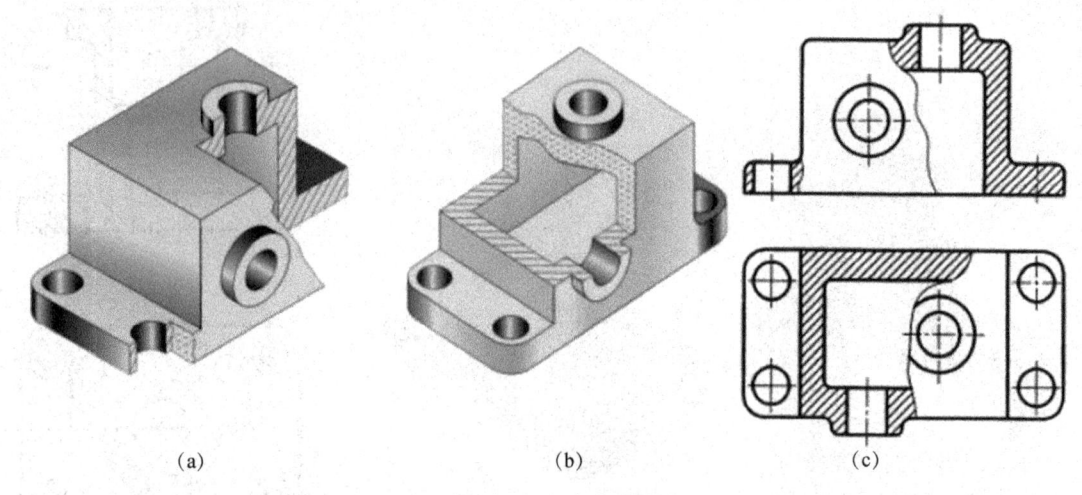

图 2-2-25 局部剖视图

局部剖视图主要用于表达机件上的局部内形,对于对称机件不宜作半剖视图时,也采用局部剖视图来表达,图 2-2-26 所示的机件虽然对称,但位于对称面的外形或内形上有轮廓线时,不宜画成半剖视图,只能用局部剖视图来表达。在局部剖视图中,视图与剖视图的分界线为细波浪线,波浪线可以认为是断裂面的投影。关于波浪线的画法,应注意以下几点:

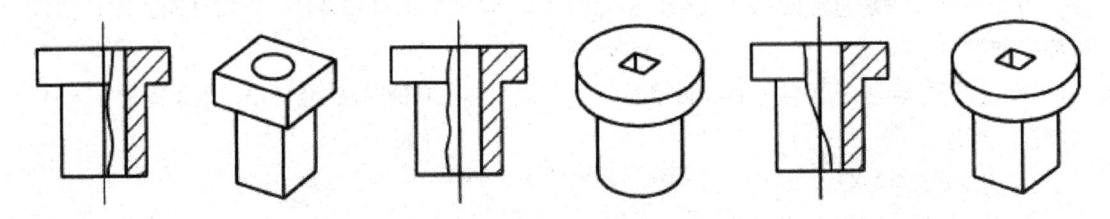

图 2-2-26 对称机件的局部剖视图

① 局部剖视图与视图之间用波浪线或双折线分界,但同一图样上一般采用一种线型。

② 波浪线或双折线必须单独画出,不能与图样上其他图线重合,如图 2-2-27 所示。只有当被剖切结构为回转体时,才允许将该结构的轴线作为局部剖视图与视图的分界线,如图 2-2-28 所示。

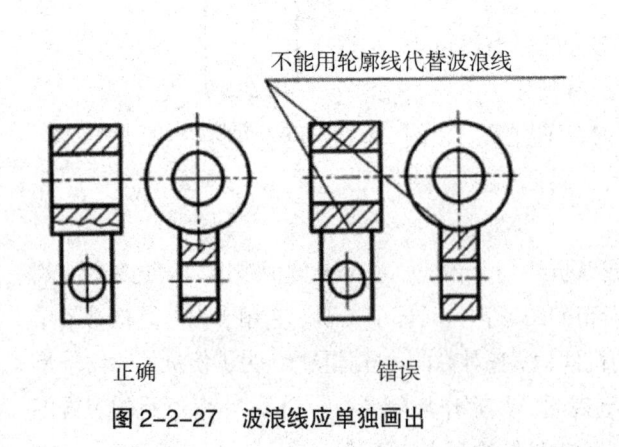

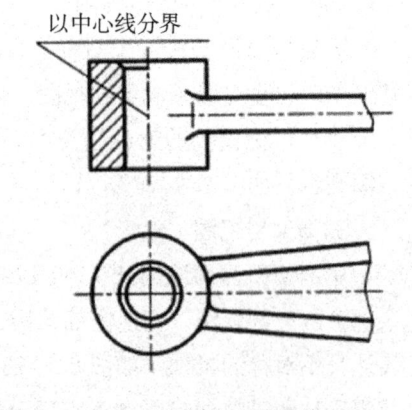

正确   错误

图 2-2-27 波浪线应单独画出   图 2-2-28 中心线作为分界线

③波浪线不能超出视图轮廓之外,如图2-2-29所示。当用双折线时,双折线要超出轮廓线少许,如图2-2-30所示。

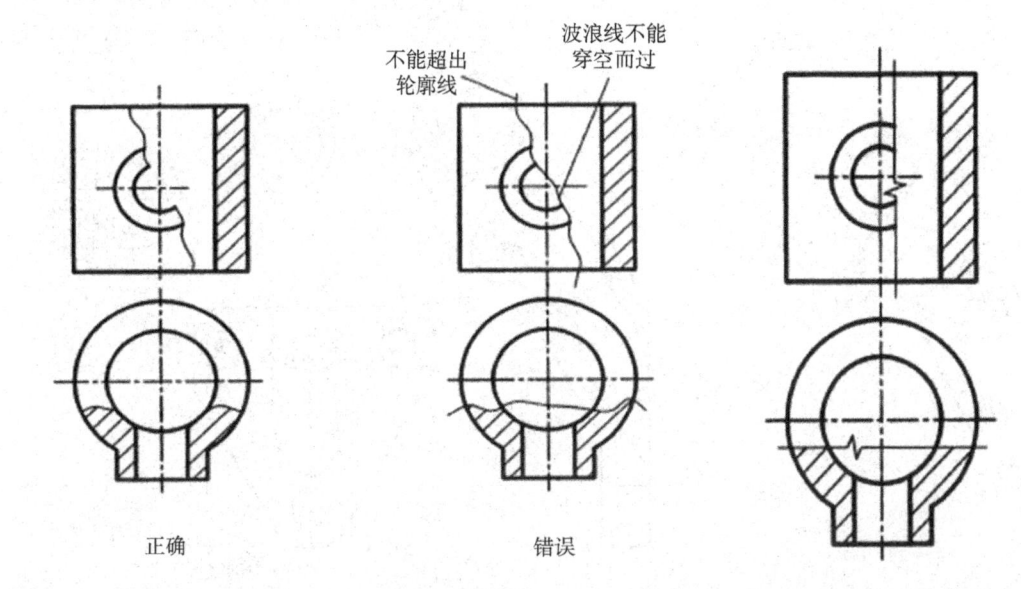

图 2-2-29　波浪线画法　　　　图 2-2-30　双折线画法

局部剖视图一般可省略标注,但当剖切位置不明显或局部剖视图未按投影关系配置时,则必须加以标注。

局部剖视图不受机件结构是否对称的限制,剖切范围的大小可根据表达机件的内外形状需要选取,所以局部剖视图是一种比较灵活的表达方法,运用得当可使图形简明清晰;但在一个视图中不宜过多采用局部剖,否则会使图形显得零碎,给读图带来困难。

(四)剖切面的种类

根据机件的结构特点,可选择适当的剖切面获得上述三种剖视图。由于剖切面的数量和位置不同,可以有多种剖切方法:用单一剖切面、几个平行的剖切平面和几个相交的剖切面(交线垂直于某一基本投影面)等。

1. 单一剖切面

仅用一个剖切平面剖开机件,有两种情况:

①用一个平行于某一基本投影面的平面作为剖切平面剖开机件。以上所述图例均是采用这种方式得到的全剖、半剖、局部剖视图。

②用一个不平行于任何基本投影面的平面作为剖切平面剖开机件,这种剖切方法称为斜剖。若机件上有倾斜的内部结构需表达时,可选择一个与该倾斜部分平行的辅助投影面,用一个平行于该投影面的剖切面剖开机件,在辅助投影面上获得剖视图,如图2-2-31中的"A—A"剖视即用斜剖所得的全剖视图。

用斜剖获得剖视图一般按投影关系配置在与剖切符号相对应的位置,也可将剖视图移至图纸的其他适当位置。在不致引起误解时允许将图形旋转,但旋转后的标注形式如图2-2-31所示。

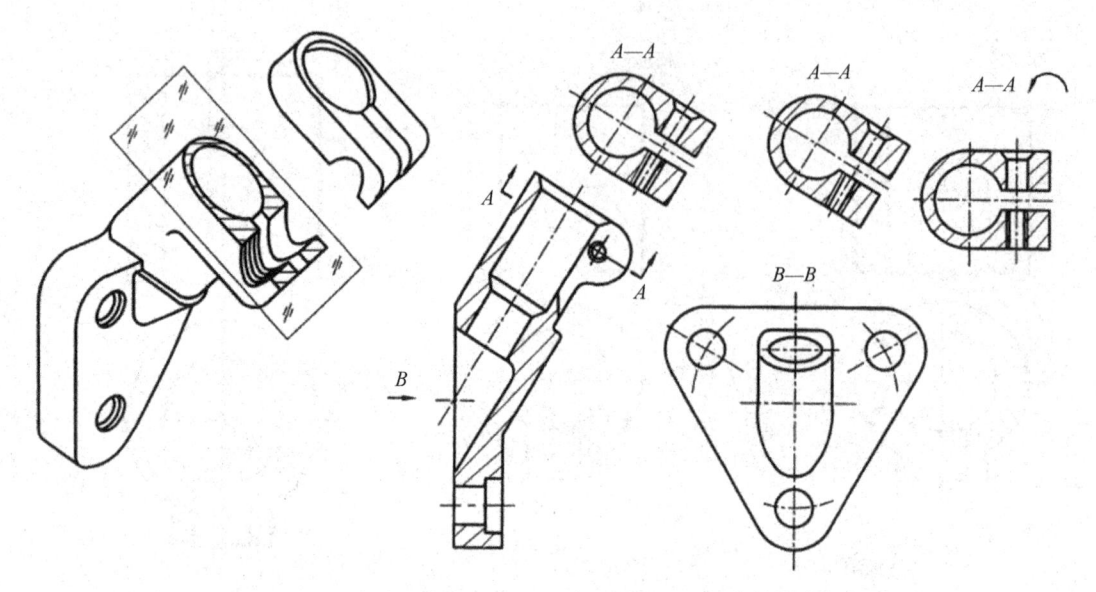

图 2-2-31 用不平行于基本投影面的单一剖切面获得的全剖视图

2. 几个平行的剖切平面

当机件的内部结构是分层排列时，可采用几个平行的平面同时剖开机件，这种剖切方法称为阶梯剖，如图 2-2-32 所示的机件，在主视图中用阶梯剖的剖切方法获得 A—A 全剖视图。

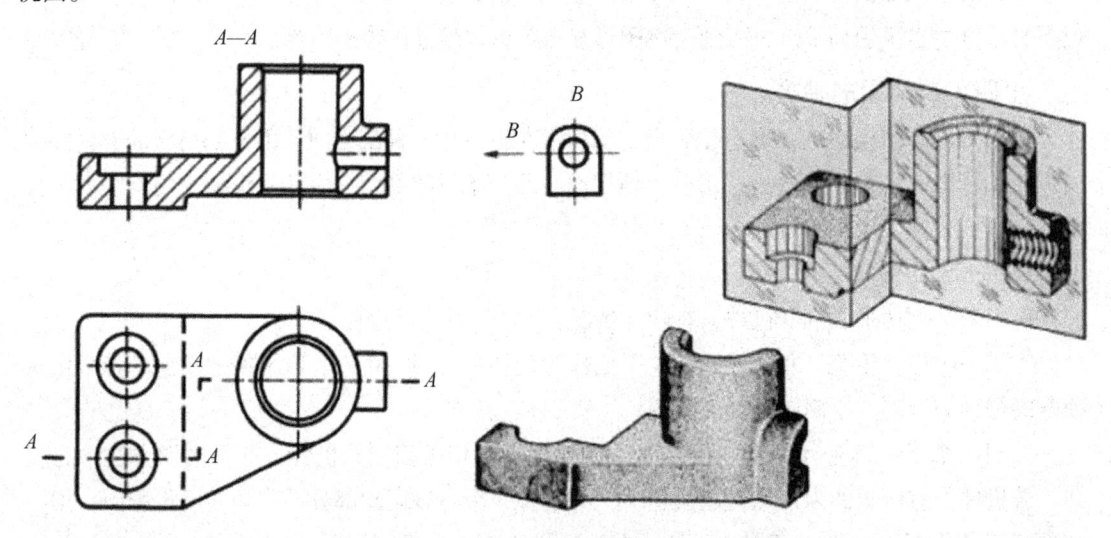

图 2-2-32 几个平行的剖切面剖切——阶梯剖

采用阶梯剖画剖视图时应注意：

①虽然各个剖切面不在一个平面上，但剖切后所得到的剖视图应看成一个完整的图形，在剖视图中不能画出剖切平面转折处的投影，如图 2-2-33（a）中的主视图。

②剖切符号的转折处不应与图中的轮廓线重合，如图 2-2-33（b）中的俯视图。

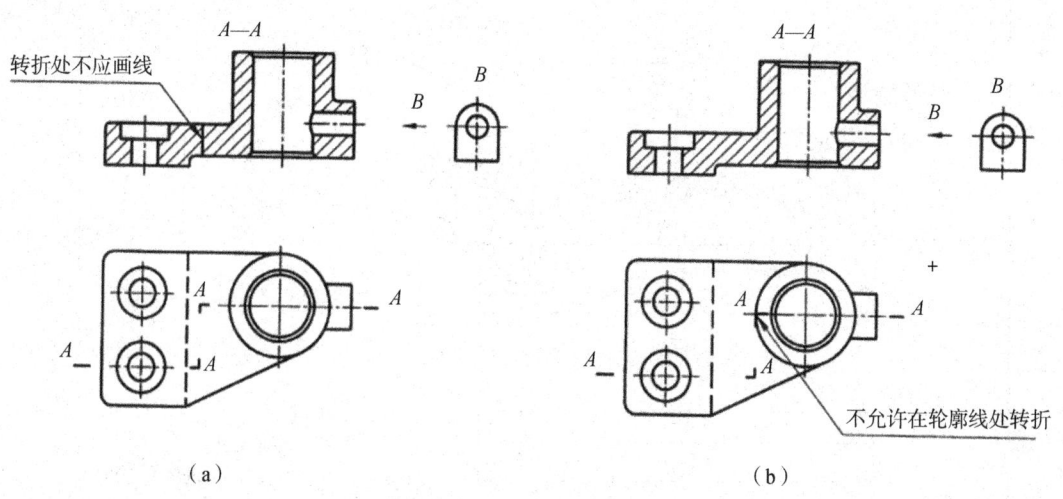

图 2-2-33 阶梯剖常见错误

③要正确选择剖切平面的位置,在剖视图中不应出现不完整的要素,如图 2-2-34(a)所示。

④当机件有两个要素在图形上具有公共对称中心线或轴线时,应各画一半不完整的要素,如图 2-2-34(b)所示。

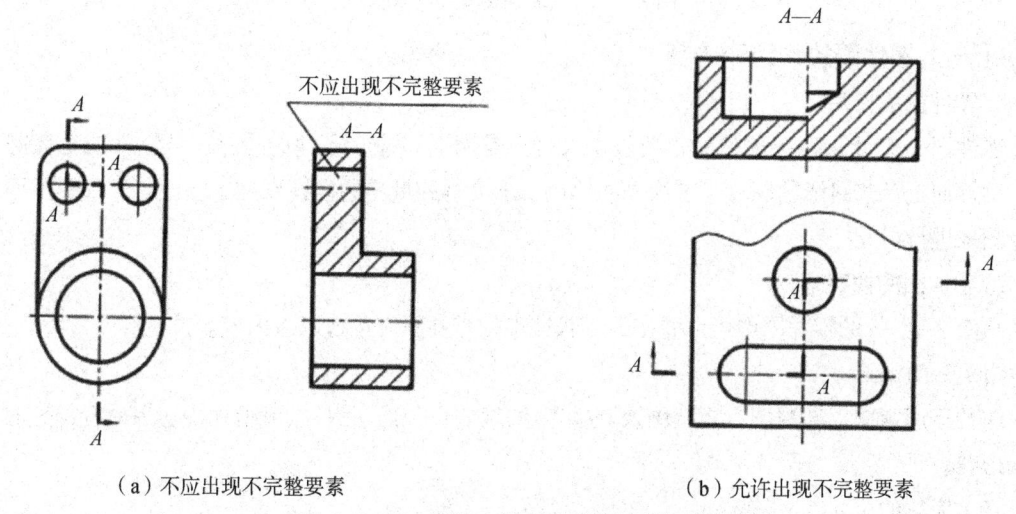

(a)不应出现不完整要素　　(b)允许出现不完整要素

图 2-2-34 用几个平行的剖切面剖切注意点

阶梯剖画剖视图时必须进行标注,用粗短画表示剖切面的起、迄和转折位置,并标上相同的大写字母,在起、迄外侧用箭头表示投射方向,在相应的剖视图上用同样的字母注出"X—X"表示剖视图名,如图 2-2-32 所示,当转折处地方有限又不致引起误解时,允许省略字母。当剖视图按投影关系配置、中间又无其他视图隔开时,可省略表示投射方向的箭头。

四、零件图的绘制

任何一台机器(或部件)都是由若干个零件按一定的装配关系及技术要求装配而成的。表达零件结构、大小及技术要求的图样称为零件图,如图 2-2-35 所示为连接板 3 零件图。

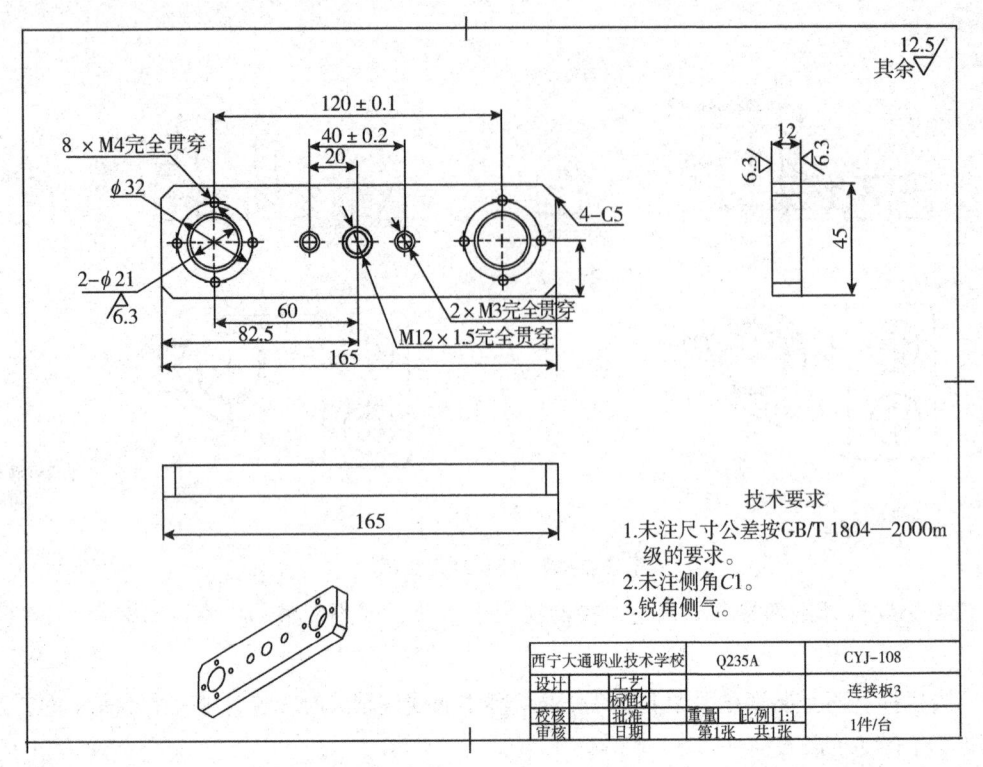

图 2-2-35 连接板 3 零件图

（一）零件图的作用和内容

1. 零件图的作用

零件图是设计和生产部门的重要技术文件，是制造和检验零件的依据。从零件的毛坯制造、机械加工工艺路线的制订、工序图的绘制、工夹具和量具的设计到加工检验等，都要根据零件图来进行。

2. 零件图的内容

从图 2-2-35 的零件图中可以看出，一张完整的零件图应包含以下内容。

（1）一组图形

综合运用视图、剖视图、断面图及其他表达方法，正确、完整、清晰地表达零件各部分的结构形状。

（2）完整的尺寸

正确、完整、清晰、合理地标注出制造和检验零件时所必需的全部尺寸。

（3）技术要求

用规定的代号和文字注明零件在制造和检验时应达到的技术指标和要求，如尺寸公差、形位公差、表面粗糙度、热处理及其他特殊要求等。

（4）标题栏

用来表明零件的名称、材料、数量、比例以有关人员的姓名等内容。

（二）零件图的视图选择

零件图视图选择的基本要求就是用适当的表达方法，正确、完整、清晰地表达零件的内外结构,并力求绘图简单,读图方便。为了达到这个要求,就要对零件进行结构形状分析,依据零件的结构特点,选择一组视图,关键是选择好主视图。

1. 主视图的选择

主视图是零件图中最主要的视图,主视图选得是否合理,直接关系到看图和画图的方便与否。因此,画零件图时,必须选好主视图。而主视图的选择应包括选择主视图的投射方向和确定零件的安放位置。

(1)零件的安放位置

零件的安放位置应遵循加工位置和工作位置原则。加工位置原则是指考虑零件加工时在机床上的装夹位置,零件的安放位置应与零件在机床上加工时所处的位置一致,主视图与加工位置一致,可以图、物对照,便于加工和测量。

工作位置原则是指考虑零件在机器或部件中的工作所处位置,零件的安放位置与零件在机器中的工作位置一致。主视图与工作位置一致,便于将零件和机器或部件联系起来,了解零件的结构形状特征,有利于画图和读图。

当零件的加工位置和工作位置不一致时,应根据零件的具体情况而定。

(2)主视图的投射方向

确定了零件的安放位置后,还应选择主视图的投射方向。主视图的投射方向应遵循形状特征原则,即主视图的投射方向应最能反映零件各组成部分的形状和相对位置。

2. 其他视图的选择

根据零件的复杂程度以及其内、外结构的特点,全面考虑选择所需的其他视图,以弥补主视图表达中的不足。其他视图的确定可从以下几个方面来考虑:

①优先采用基本视图,并采取相应的剖视图和断面图;

②根据零件的复杂程度和结构特点,确定其他视图的数量;

③在完整、正确、清晰地表达零件的结构形状前提下,尽量减少视图的数量,以免重复、烦琐,导致主次不分。

(三)零件图的尺寸标注

零件是按零件图中所标注的尺寸进行加工和检验的,尺寸的标注除了正确、完整、清晰外,还应合理。所谓合理标注尺寸就是所标注的尺寸既要满足零件的设计要求,又要符合加工工艺要求,便于加工、测量和检验。为了合理标注尺寸,需要具备较丰富的设计和工艺知识,这需要通过专业课的学习和工作实践来逐步掌握。

1. 尺寸基准的选择

(1)基准的概念

尺寸基准是用来确定生产对象上几何要素间的几何关系所依据的那些点、线、面,即零件在设计、制造时用以确定尺寸起始位置的那些点、线、面。简单地说,尺寸基准就是确定尺寸位置的几何元素。根据使用场合和作用的不同,尺寸基准可分为设计基准和工艺基准两类:设计基准是用以确定零件在机器或部件中正确位置的一些面、线或点;工艺基准是在加工、测量和检验时确定零件结构位置的一些面、线、点。

零件在长、宽、高三个方向上至少应各有一个尺寸基准,称为主要基准,有时为了加工、测量的需要，还可增加一个或几个辅助基准，主要基准与辅助基准之间应由尺寸直接相联。

（2）基准的选择

选择基准就是在尺寸标注时，是从设计基准出发，还是从工艺基准出发。从设计基准出发标注尺寸，其优点是在标注尺寸上反映了设计要求，能保证所设计的零件在机器上的工作性能；从工艺基准出发标注尺寸，其优点是把尺寸的标注与零件的加工制造联系起来，在标注尺寸上反映了工艺要求，使零件便于制造、加工和测量。

为了减少误差，保证所设计的零件在机器或部件中的工作性能，应尽可能使设计基准和工艺基准重合。若两者不能统一，应以保证设计基准为主。

2. 功能尺寸标注的确定

零件图中的尺寸按重要性一般可分为功能尺寸和非功能尺寸。功能尺寸是指影响零件精度和工作性能的尺寸，如配合尺寸等，它们一般都只允许很小的误差，即有较严格的公差要求；非功能尺寸是指零件上的一般结构尺寸，通常为非配合尺寸，这类尺寸的大小主要在于满足零件的强度和刚度要求，但对误差要求不高，一般不注明公差要求。

标注零件图中的尺寸，应先对零件各组成部分的结构形状、作用等进行分析，了解哪些是影响零件精度和产品性能的功能尺寸如配合尺寸等，哪些是对产品性能影响不大的非功能尺寸，然后选定尺寸基准，从尺寸基准出发标注定形和定位尺寸。

3. 尺寸标注的一些原则

（1）考虑设计要求

①零件图上的功能尺寸必须直接标注，以保证设计要求。

②尺寸不能注成封闭尺寸链，所谓尺寸链是指头尾相接的尺寸形成的尺寸组，每个尺寸是尺寸链的一环。如图2-2-36（a）构成一封闭的尺寸链，这样标注的尺寸在加工时往往难以保证设计要求，因此实际标注尺寸时，一般在尺寸链中选一个最不重要的尺寸标注，通常称为开口环，如图2-2-36（b）所示，这时开口环的尺寸误差是其他各环尺寸误差之和，对设计要求没有影响。

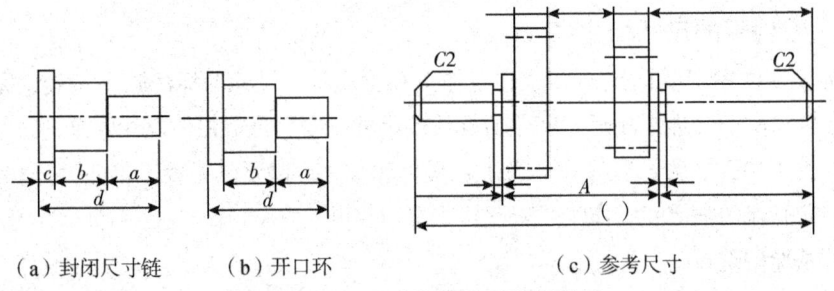

（a）封闭尺寸链　（b）开口环　（c）参考尺寸

图2-2-36　尺寸不要注成封闭形状

有时为了作为设计和加工的参考，也注成封闭尺寸链，但这时要根据需要把某一环的尺寸用半圆括号括起来，作为参考尺寸，如图2-2-36（c）所示。

（2）考虑工艺要求

从便于加工、测量角度考虑，要标注非功能尺寸。非功能尺寸是指那些不影响机器或部件的工作性能，也不影响零件间的配合性质和精度的尺寸。

①标注尺寸应符合加工顺序，按加工顺序标注尺寸，符合加工过程，便于加工和测量。

②按不同加工方法尽量集中标注，零件一般要经过几种加工方法才能制成，在标注尺寸时，最好将不同加工方法的有关尺寸集中标注。

③标注尺寸要便于加工和测量。

④毛坯面之间的尺寸一般应单独标注。这类尺寸是靠制造毛坯时保证的。

实训2　绘制板类零件图

实训名称	绘制板类零件图
实训内容	参观机电专业实训室，熟悉典型的机电产品及常用工具，对机电技术应用专业具有整体感性认识
实训目标	1. 掌握测量工具的使用以及读数方法； 2. 掌握零件图的绘制方法
实训课时	2课时
实训地点	3楼机械实训室

任务完成报告

姓名		学习日期	
任务名称	板类零件的绘制		
学习自评	考核内容	完成情况	
	1. 制图国家标准基本规定	□好　□良好　□一般　□差	
	2. 板类零件的视图	□好　□良好　□一般　□差	
	3. 剖视图的绘制	□好　□良好　□一般　□差	
	4. 零件图绘制	□好　□良好　□一般　□差	
学习心得			

任务3 板类零件的连接

为了便于机器的制造、安装、运输、维修以及提高劳动生产率等，各零件广泛地使用各种连接。如果没有连接，各种零件都是相对独立的，无法配合完成工作。图 2-3-1 的手动冲压机由不同的零件组成，零件之间需要连接才能组合在一起，共同完成工作。

按被连接件是否运动可以将机器中的连接分为静连接和动连接。被连接件间相互固定、不能做相对运动的连接称为静连接。被连接件间能按一定运动形式做相对运动的连接称为动连接。在机器制造中，"连接"这一术语，实际上只指机械静连接，本书中除指明外，所用到的"连接"均指静连接。

机械静连接，可以分为可拆连接和不可拆连接。可拆连接是不需要毁坏连接中的任一零件就可拆开的连接，故多次拆装无损于其使用性能，例如螺纹连接、键连接和销连接等。不可拆连接是至少必须毁坏连接中的某一部分才能拆开的连接，例如焊接、胶接等。本任务中，我们主要学习螺纹连接的部分。

知识目标：
①熟悉螺纹连接的主要类型、应用、结构和防松方法；
②熟悉螺纹连接拆装要领；
③熟悉螺纹的规定画法、标注。

能力目标：
①能够熟悉螺纹的类型及应用；
②能够视图螺纹的图纸。

学习内容：

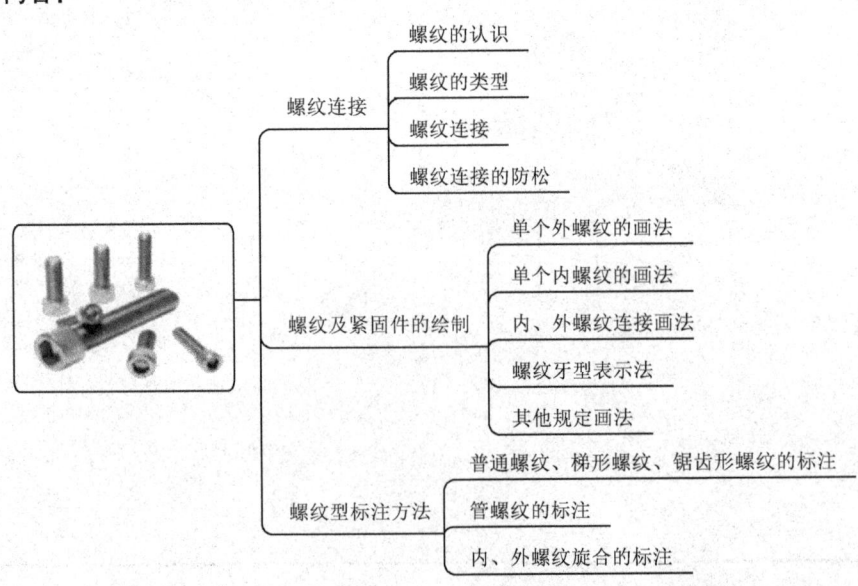

- 螺纹连接
  - 螺纹的认识
  - 螺纹的类型
  - 螺纹连接
  - 螺纹连接的防松
- 螺纹及紧固件的绘制
  - 单个外螺纹的画法
  - 单个内螺纹的画法
  - 内、外螺纹连接画法
  - 螺纹牙型表示法
  - 其他规定画法
- 螺纹型标注方法
  - 普通螺纹、梯形螺纹、锯齿形螺纹的标注
  - 管螺纹的标注
  - 内、外螺纹旋合的标注

一、螺纹连接

在冲压机的零件中，不同的零件之间通过连接组合在一起，形成完整的冲压机。其中，使用了大量的螺钉零件，这些螺钉零件属于螺纹连接的一种。螺纹连接是一种可拆卸的固定连接，具有结构简单、连接可靠、装拆方便等优点，广泛应用于机械工程、连接结构领域，如图 2-3-1 所示为螺纹连接在手动冲压机中的应用。

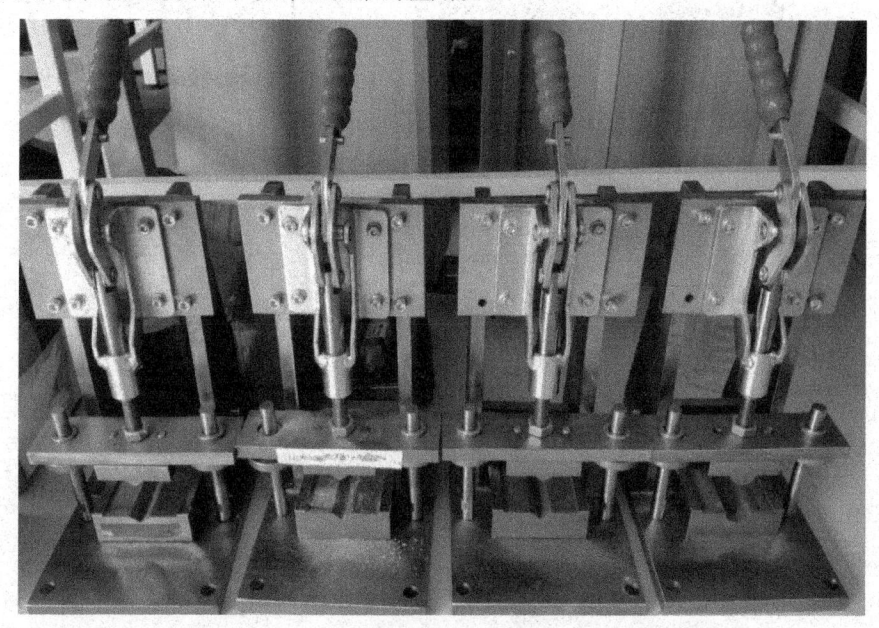

图 2-3-1　螺纹连接在手动冲压机中的使用

（一）螺纹的认识

螺纹是指在圆柱表面或圆锥表面上，沿着螺旋线所形成的具有相同断面的连续凸起和沟槽，如图 2-3-2 所示。在圆柱或圆锥外表面上所形成的螺纹称为外螺纹，在圆柱或者圆锥内表面上形成的螺纹称为内螺纹。

图 2-3-2　内、外螺纹

按螺旋线旋绕方向不同，螺纹可分为右旋螺纹和左旋螺纹，其中，右旋螺纹较为常用。螺纹旋向的判别方法是：将螺纹轴线竖直放置，伸开右手，手掌心对着自己，四指与螺纹轴线一致，其可见侧螺纹牙由左向右上升而与大拇指指向一致时为右旋螺纹，反之为左旋螺纹，如

图 2-3-3 所示。

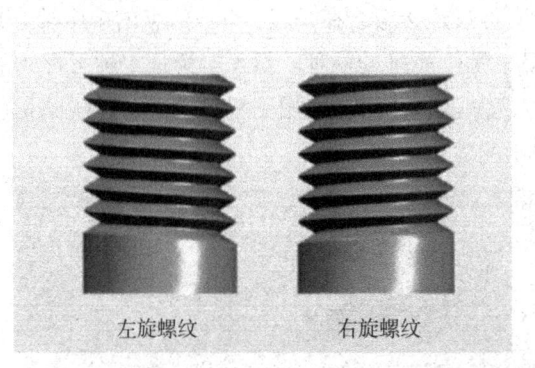

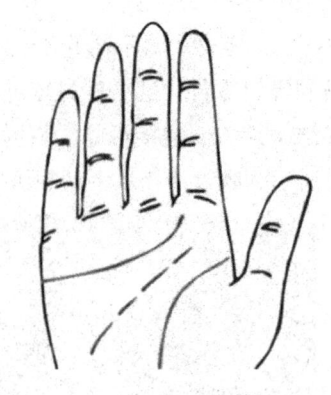

左旋螺纹　　右旋螺纹

图 2-3-3　螺纹旋向判别

思考：
判断一下，常用的螺纹是哪种旋向的？

（二）螺纹的类型

螺纹的牙型是指通过轴线平面上的螺纹轮廓的形状。根据牙型的不同，螺纹可分为普通（三角形）螺纹、矩形螺纹、梯形螺纹和锯齿形螺纹，如图 2-3-4 所示。普通螺纹又有粗牙和细牙之分，主要用于连接；矩形螺纹、梯形螺纹和锯齿形螺纹主要用于传动。其中，常见普通螺纹的牙型角为 60°，而 55° 牙型角的螺纹可作为管螺纹使用，螺纹的类型及应用见表 2-3-1。

普通螺纹　　矩形螺纹

梯形螺纹　　锯齿形螺纹

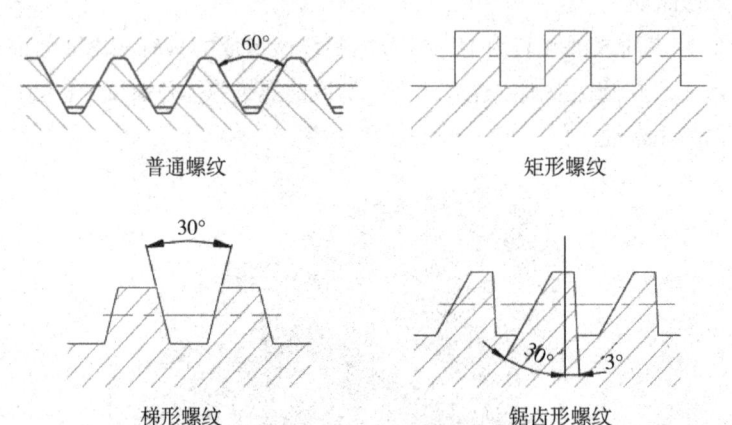

图 2-3-4　螺纹牙型

表 2-3-1　螺纹的类型及应用

种类		特征代号	牙型及牙型角（或牙侧角）
普通螺纹	粗牙普通螺纹	M	60°
	细牙普通螺纹		

续表

种类			特征代号	牙型及牙型角（或牙侧角）
管螺纹	55°非密封管螺纹		G	55°
	55°密封管螺纹	圆柱内螺纹	Rp	
		与圆柱内螺纹配合的圆锥外螺纹	R_1	
		圆锥内螺纹	Rc	
		与圆锥内螺纹配合的圆锥外螺纹	R_2	
传动螺纹	梯形螺纹		Tr	30°
	锯齿形螺纹		B	30° 3°
	矩形螺纹			

1. 普通螺纹

普通螺纹应用最广泛，其牙型为三角形，牙型角为60°，故普通螺纹又称为三角螺纹。同一直径的普通螺纹按螺距大小分为粗牙普通螺纹和细牙普通螺纹两类。普通螺纹的摩擦力大，强度高，自锁性能好。尤其是细牙普通螺纹，因为其小径大而螺距小，所以强度更高，自锁性更好。但是细牙普通螺纹容易磨损和滑扣，所以一般连接多用粗牙普通螺纹。细牙普通螺纹用于薄壁零件或使用粗牙对强度有较大影响的零件，也常用于受冲击、振动或交变载荷情况下的连接和微调装置的调整机构。

2. 管螺纹

管螺纹用于管路的连接，由于管壁较薄，为防止过多削弱管壁强度，所以采用特殊的细牙螺纹。管螺纹分为55°非密封管螺纹和55°密封管螺纹两类。

（1）55°非密封管螺纹

55°非密封管螺纹的内螺纹和外螺纹都是固柱螺纹，连接本身不具备密封性，所以称为非密封管螺纹。若要求连接后具有密封性，可采用密封圈密封。55°非密封管螺纹多用于水、油、气的管路以及电气管路系统的连接。

（2）55°密封管螺纹

55°密封管螺纹包括两种形式：圆锥内螺纹与圆锥外螺纹连接、圆柱内螺纹与圆锥外螺纹连接。这两种连接方式本身都具有一定的密封能力，所以称为密封管螺纹。必要时，可以在螺旋副内添加密封物，以保证连接的密封性。55°密封管螺纹适用于管子、管接头、旋塞、阀门和其他管路附件的螺纹连接。

3. 传动螺纹

传动螺纹分为梯形螺纹、锯齿形螺纹和矩形螺纹。

（1）梯形螺纹

梯形螺纹的牙型为等腰梯形，牙型角为30°，是传动螺纹的主要形式，广泛应用于传递动力或运动的螺旋机构。梯形螺纹牙根强度高，螺旋副对中性好，加工工艺性好，但与矩形螺纹相比传动效率略低。

（2）锯齿形螺纹

锯齿形螺纹工作面的牙侧角为3°，非工作面的牙侧角为30°。锯齿形螺纹综合了矩形螺纹传动效率高和梯形螺纹牙根强度高的特点。其外螺纹的牙根具有相当大的圆角，以减小应力集中。螺旋副的大径处无间隙，便于对中。锯齿形螺纹广泛应用于单向受力的传动机构。

（3）矩形螺纹

矩形螺纹牙型为正方形，牙厚等于螺距的1/2。矩形螺纹没有相关标准，公制矩形螺纹的直径与螺距可按梯形螺纹的直径与螺距选择。短形螺纹传动效率高，但对中精度低，牙根强度低，精确制造较为困难，螺旋副磨损后的间隙难以补偿或修复。矩形螺纹主要用于传力机构。

（三）螺纹连接

1. 螺纹连接的类型

常用的螺纹连接的基本类型有螺栓连接、双头螺柱连接、螺钉连接、紧定螺钉连接。

（1）螺栓连接

螺栓连接是将螺栓穿过被连接件的孔，然后拧紧螺母，将被连接件连接起来，如图2-3-5所示。螺栓连接螺栓杆与孔壁之间留有间隙，通孔的加工精度要求低，结构简单，装拆方便，应用广泛。

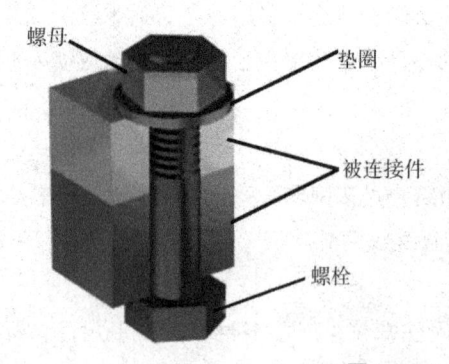

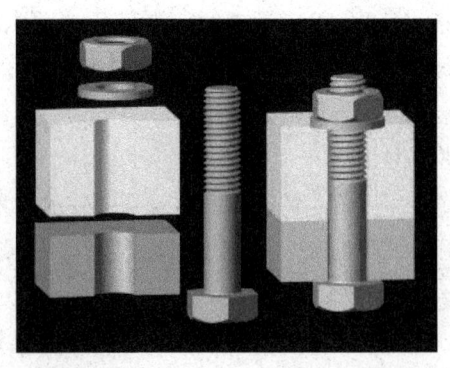

图 2-3-5 螺栓连接

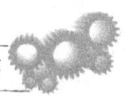

（2）双头螺柱连接

双头螺柱连接是将双头螺柱的端旋紧在被连接件之一的螺纹孔中，另一端则穿过其余被连接件的通孔，然后拧紧螺母，将被连接件连接起来，如图 2-3-6 所示。这种连接通用于被连接件太厚不能采用螺栓连接或希望连接结构较紧凑且需经常装拆的场合。

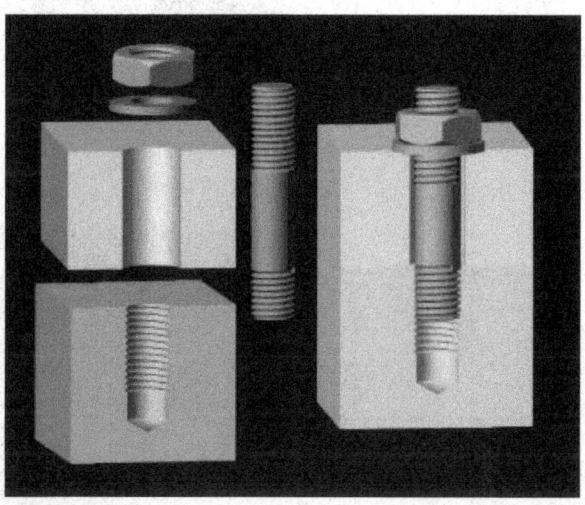

图 2-3-6　双头螺柱连接

（3）螺钉连接

螺钉连接是螺栓（或螺钉）直接拧入被连接的螺纹孔中，不用螺母，在结构上比双头螺柱连接简单、紧凑，外露表面平整、美观。这种螺钉连接的应用场合是：其中一个连接件很厚，不能钻通孔；不需要被经常拆装或受力不均的场合。因为经常拆装容易使螺纹孔磨损，可能使被连接件滑扣而失效，如图 2-3-7 所示。

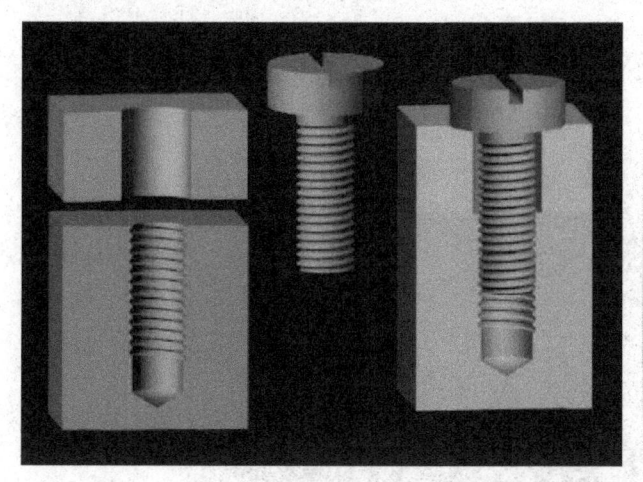

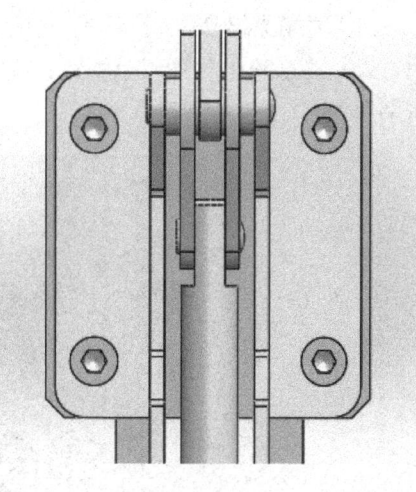

图 2-3-7　螺钉连接

（4）紧定螺钉连接

如图 2-3-8 所示，螺钉旋入其中一个被连接零件的螺纹孔中，其末端顶住或嵌入另一个被连接件，以固定两个零件的相互位置，并可传递不大的力或转矩。紧定螺钉连接主要用来固定两个被连接件的相对位置，多用于轴上连接。

图 2-3-8　紧定螺钉连接

除上述四种基本的螺纹连接形式外，还有一些特殊结构的连接。例如机器固定在地基上的地脚螺栓连接，用于工装设备的 T 形槽螺栓连接等。

2. 标准螺纹连接件

螺纹连接件的类型很多，在机械制造中常见的螺纹连接件有螺栓、双头螺柱、螺钉、螺母和垫圈等。这类零件的结构形式和尺寸都已标准化，使用时可根据有关标准选用它们。

（1）六角头螺栓

六角头螺栓也称外六角螺栓，头部为六角形的外螺纹扣件，可用扳手转动，如图 2-3-9 所示。

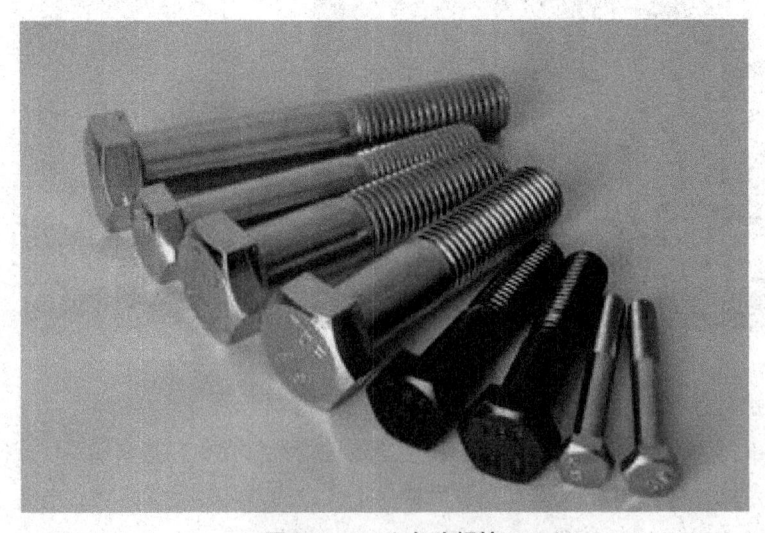

图 2-3-9　六角头螺栓

（2）双头螺柱

双头螺柱两端都制有螺纹，两端螺纹可相同也可不同，螺柱可带退刀槽或制成腰杆，也可制成全螺纹的螺柱，如图2-3-10所示。螺柱的一端常用于旋入铸铁或有色金属的螺纹孔中，旋入后即不拆卸，另一端则用于安装螺母以固定其他零件。

图 2-3-10　双头螺柱

（3）螺钉

螺钉头部形状有圆头、扁圆头、六角头、圆柱头和沉头等。头部的槽有一字、十字和内六角等形式，如图2-3-11所示。十字槽螺钉头部强度高、对中性好，便于自动装配。内六角孔螺钉能承受较大的扳手力矩，连接强度高，可代替六角头螺栓，用于要求结构紧凑的场合。

图 2-3-11　螺钉

（4）紧定螺钉

紧定螺钉的末端形状，常用的有锥端、平端和圆柱端，如图2-3-12所示。锥端适用于被紧定零件的表面硬度较低或不经常拆卸的场合；平端接触面积大，不伤零件表面，常用于顶紧硬度较大的平面或经常拆卸的场合；圆柱端压入轴上的凹坑中，适用于紧定空心轴上的零件位置。

图 2-3-12　锥端、平端和圆柱端紧定螺钉

（5）自攻螺钉

螺钉头部形状有圆头、平头、半沉头及沉头等，头部的槽有一字、十字等形式，如图 2-3-13 所示。多用于连接金属薄板、轻合金或塑料零件。在被连接件上可不预先制出螺纹，在连接时利用螺钉直接攻出螺纹。

图 2-3-13　自攻螺钉

（6）六角螺母

根据螺母厚度不同，分为标准螺母和薄螺母，如图 2-3-14 所示。螺母与螺栓配用。

（a）标准螺母　　　　　　　　　　　　（b）薄螺母

图 2-3-14　螺母

（7）圆螺母

圆螺母常与止动垫圈配用，装配时将垫圈内舌插入轴上的槽内，而将垫圈的外舌嵌入圆螺母的槽内，螺母即被锁紧，如图 2-3-15 所示。圆螺母常作为滚动轴承的轴向固定用。

（a）圆螺母　　　　　　　　　　　　　（b）止动垫圈
图 2-3-15　圆螺母与止动垫圈

（8）垫圈

垫圈是螺纹连接中不可缺少的附件，常放置在螺母和被连接件之间，起保护支承表面等作用，如图 2-3-16 所示。

图 2-3-16　平垫圈

（四）螺纹连接的防松

易拆卸、易安装、能重复使用是螺纹紧固件的突出特点，同时也是其获得广泛应用的重要原因之一。但是螺纹连接的缺点也是显而易见的，处于长期工作状态时或者处于多温差变动、高低荷载变化、多冲击、多振动的工作环境时，螺纹紧固件容易出现松动情况，直接影响机械的运转性能并降低其安全可靠性。

螺纹紧固件是将若干个功能元件连接成一个机械整体的重要节点，如果紧固件出现脱落的情况，则势必会直接影响整个机械设备的正常运转，即便紧固件不脱落，而是出现不紧也不松的状态，一旦持续时间过长，也会导致紧固件和连接件出现机械疲劳问题，最终影响整个机械设备的正常运转。

因此，为了防止连接松脱，保证连接安全可靠，设计时必须采取有效的防松措施。按工作原理，可分为摩擦防松、专用防松元件防松以及其他防松方式。

1. 摩擦防松

摩擦防松通过增加紧固件与被连接的摩擦力来防止螺纹连接脱落，常用的摩擦防松方式有对顶螺母防松［图 2-3-17（a）］、增加弹簧垫圈防松［图 2-3-17（b）］、使用自锁螺母防松［图 2-3-17（c）］。

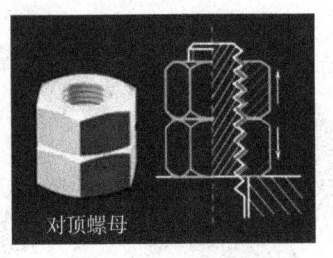

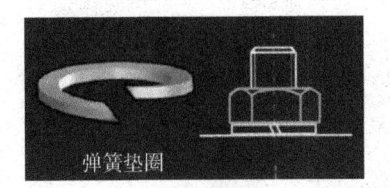

(a）对顶螺母防松　　　　　（b）弹簧垫圈防松

(c）自锁螺母防松

图 2-3-17　摩擦防松

2. 专用防松元件防松

常用的专用防松元件防松方法有使用开口销和六角开槽螺母、圆螺母和止动垫圈、止动垫圈、串联钢丝等，如图 2-3-18 所示。

开口销与六角开槽螺母　　　　圆螺母用止动垫圈

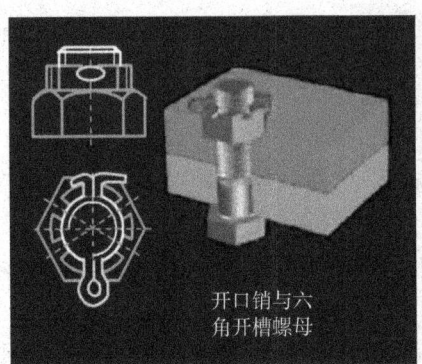

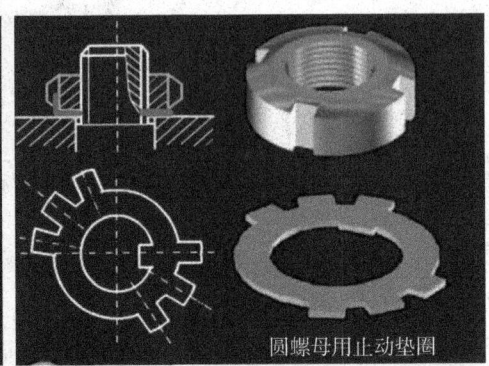

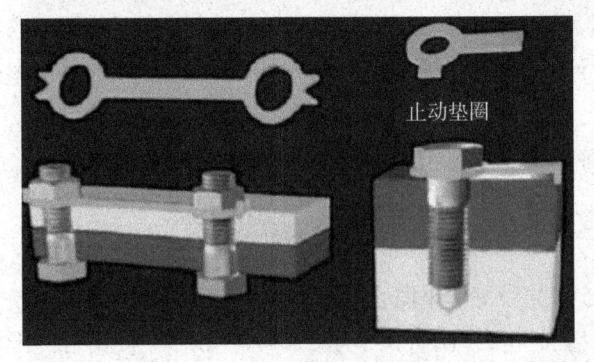

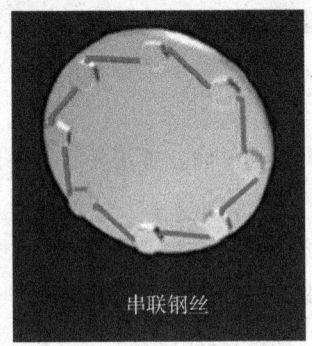

止动垫圈

串联钢丝

图 2-3-18　专用防松元件防松

3. 其他防松方式

常用的其他防松方式有冲点防松法和涂黏合剂防松，如图 2-3-19 所示，冲点防松法是利用冲头在螺栓末端与螺母的旋合缝处打冲，利用冲点防松；涂黏合剂防松是在旋合螺纹间涂以液体胶黏合剂，拧紧螺母后，胶黏合剂硬化、固着，防止紧固件与连接件发生相对运动。

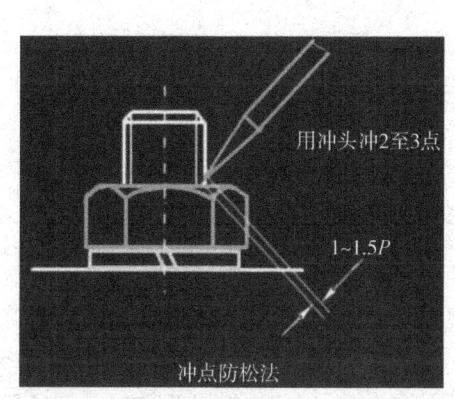

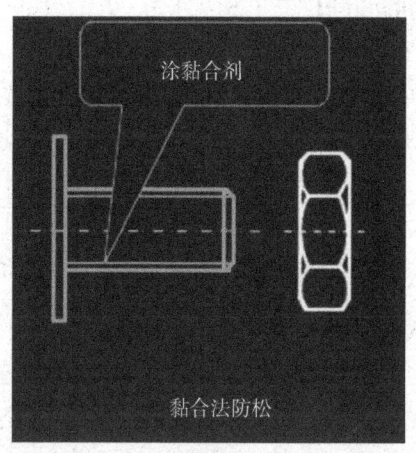

图 2-3-19　其他防松方式

二、螺纹及紧固件的绘制

国家标准"螺纹及螺纹紧固件画法"（GB/T 4459.1—1995）规定了螺纹的画法。

（一）单个外螺纹的画法

如图 2-3-20 所示，在投影为非圆的视图上，螺纹大径用粗实线绘制；螺纹小径可近似按大径的 0.85 倍（$d_1=0.85d$）用细实线绘制，并画出倒角或倒圆内；有效螺纹的终止界线（简称螺纹终止线）用粗实线绘制；当外螺纹终止线处被剖开时，螺纹终止线只画出表示牙型高度的一小段[图 2-3-20（b）]。在投影为圆的视图上，大径圆用粗实线画整圆，小径用细实线画约 3/4 圆，倒角圆省略不画。

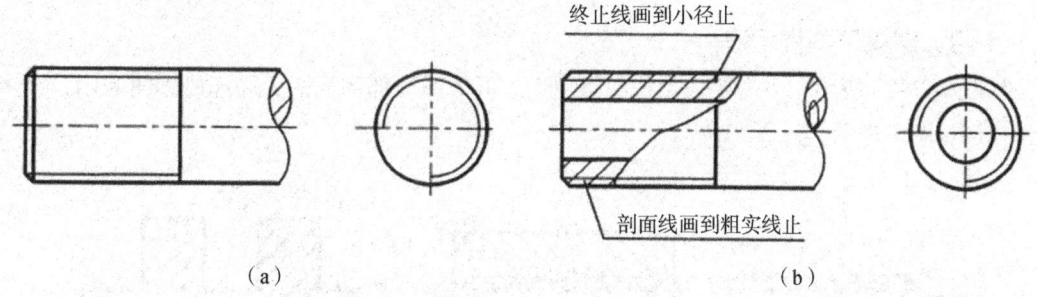

图 2-3-20　外螺纹的画法

（二）单个内螺纹的画法

如图 2-3-21 所示，在投影为非圆的视图上，画剖视图时，螺纹大径用细实线绘制，小径（$D_1=0.85D$）和螺纹终止线用粗实线绘制；不剖时，全部用虚线绘制。在投影为圆的视图上，小径用粗实线画整圆，大径圆用细实线画约 3/4 圆，倒角圆省略不画。

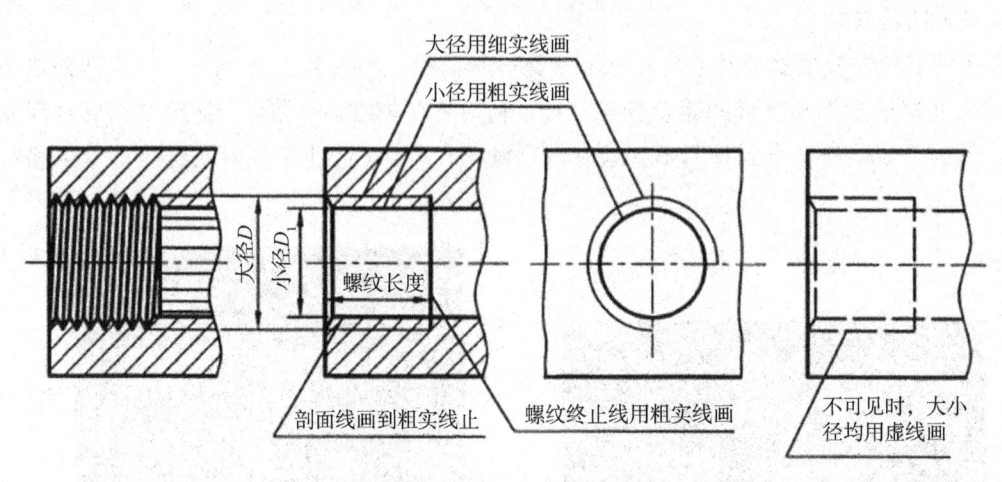

图 2-3-21　内螺纹的画法

（三）内、外螺纹连接画法

内、外螺纹旋合在一起时，称为螺纹连接。以剖视图表示内、外螺纹的连接时，其旋合部分应按外螺纹的画法绘制，其余部分仍按各自的画法表示，如图 2-3-22 所示。因为只有牙型、大径、小径、螺距及旋向都相同的螺纹才能旋合在一起，所以在剖视图中，表示外螺纹牙顶的粗实线，必须与表示内螺纹牙底的细实线在一条直线上；表示外螺纹牙底的细实线，也必须与表示内螺纹牙顶的粗实线在一条直线上。

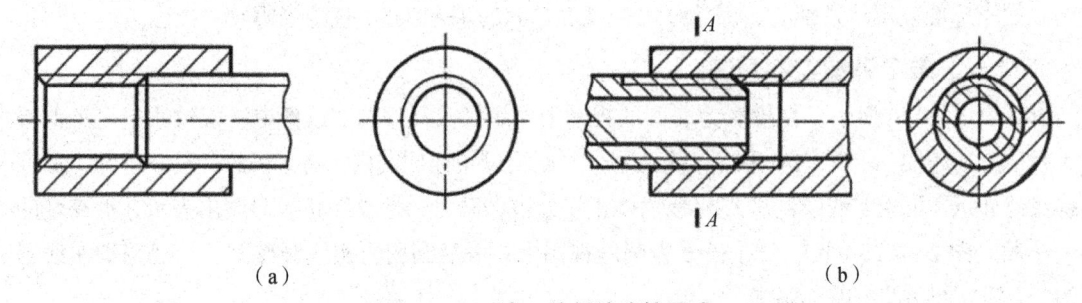

（a）　　　　　　　　　　　　　　（b）

图 2-3-22　内、外螺纹连接画法

（四）螺纹牙型表示法

如图 2-3-23 所示，当需要表示螺纹牙型时，可采用局部剖视图、局部放大图表示，或者直接在剖视图中表示。

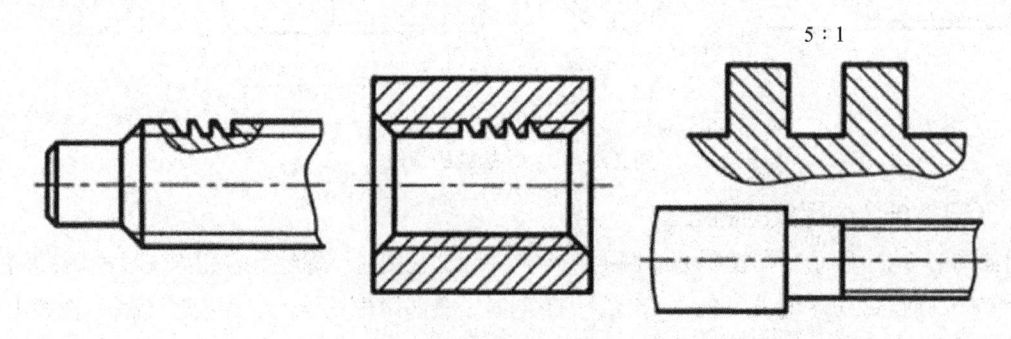

图 2-3-23　非标准螺纹画法

（五）其他规定画法

1. 不穿通螺纹孔的画法

在绘制不穿通的螺孔时，一般应将钻孔深度与螺纹深度分别画出［图 2-3-24（b）］。钻孔深度 H 一般应比螺纹深度 b 大 $0.5D$，其中 D 为螺纹大径。钻头端部有一圆锥，锥顶角为 $118°$，钻孔时，不穿通孔（称为盲孔）底部造成一圆锥面，在画图时钻孔底部锥面的顶角可以简化为 $120°$［图 2-3-24（a）］。

2. 部分螺孔的画法

如图 2-3-25 所示，机件上有时会出现部分螺孔的情况，当绘制这种螺纹的投影为圆的视图时，螺纹的大径也应适当空出一段距离。

3. 螺孔中相贯线的画法

螺孔与螺孔或光孔相交时，只在螺纹小径画一条相贯线，如图 2-3-26 所示。

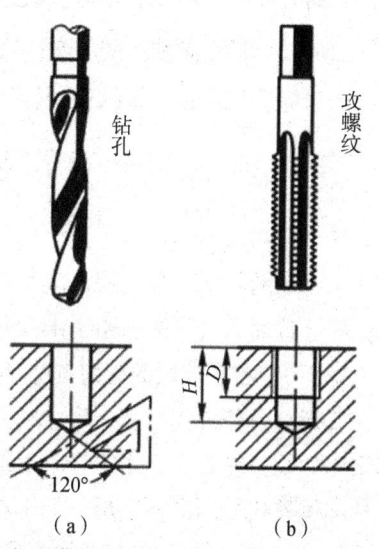

图 2-3-24　不穿孔螺孔的画法

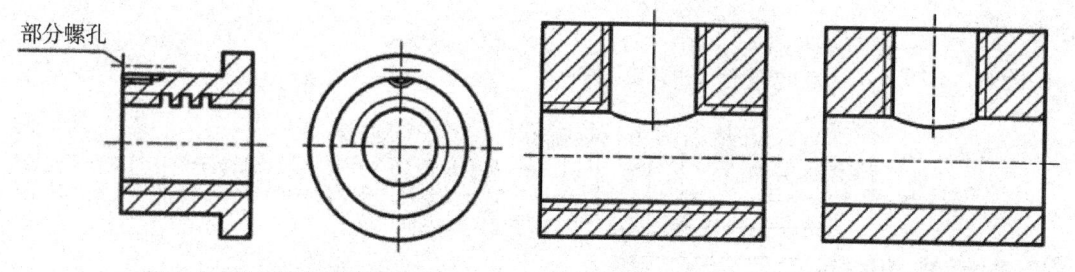

图 2-3-25　部分螺孔的画法

图 2-3-26　螺孔中相贯线的画法

4. 剖面线画法

无论是外螺纹还是内螺纹，在剖视图和断面图中的剖面线都应画到粗实线（图 2-3-21、图 2-3-22）。

5. 锥形螺纹的画法

圆锥螺纹的画法如图 2-3-27 所示。

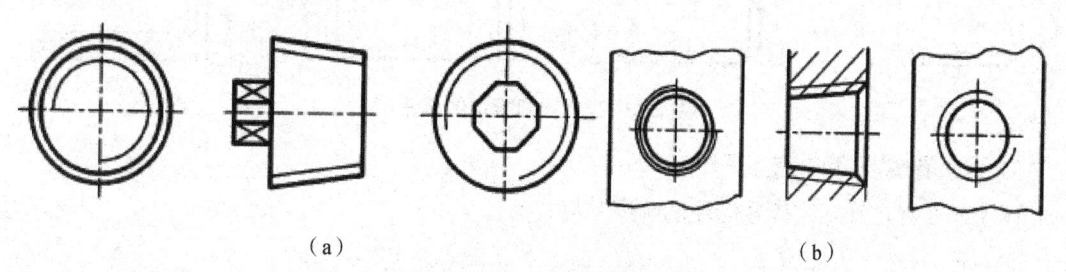

图 2-3-27　锥形螺纹的画法

三、螺纹型标注方法

由于螺纹的投影采用了简化画法，各种螺纹的画法相同，在图样中不反映牙型、螺距、线

数、旋向等要素,因此必须对螺纹进行标注。

(一) 普通螺纹、梯形螺纹、锯齿形螺纹的标注

国家标准规定普通螺纹代号标注的顺序和格式为:

| 特征代号 | 公称直径 × 螺距 或 导程(螺距) | 旋向 — 公差带代号 — 旋合长度 |

各项说明如下:

①螺纹的特征代号见表2-3-2,公称直径为螺纹的大径;普通螺纹的螺距有粗牙和细牙之分,粗牙普通螺纹不标螺距,细牙普通螺纹必须标螺距,对单线螺纹标螺距,对多线螺纹标导程(螺距);右旋螺纹的旋向省略不标,左旋螺纹的旋向标"LH"。

②螺纹公差带代号表示尺寸的允许误差范围,由公差等级数字和基本偏差代号组成,用数字表示螺纹公差等级,用字母表示螺纹公差的基本偏差。公差等级在前,基本偏差在后。内螺纹基本偏差代号用大写字母,外螺纹基本偏差代号用小写字母。普通螺纹有中径和顶径公差带代号两项,顶径指外螺纹的大径或内螺纹的小径,当中径和顶径公差带相同时只标注一个代号,如"M10—6H";梯形螺纹和锯齿形螺纹只有中径公差带代号。

③旋合长度有短(用S表示)、中(用N表示)、长(用L表示)之分,中等旋合长度可省略"N"。

例如,M20×1LH—5g6g—L 的含义为:

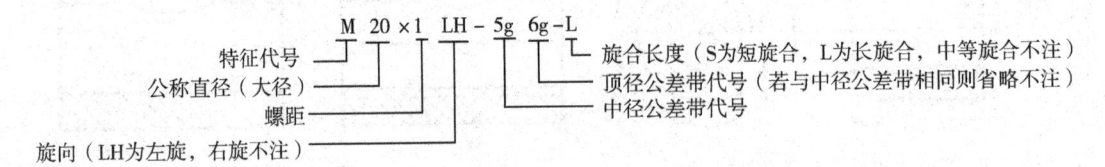

```
        M 20×1 LH-5g 6g-L
                         └─ 旋合长度(S为短旋合,L为长旋合,中等旋合不注)
                      └─ 顶径公差带代号(若与中径公差带相同则省略不注)
                 └─ 中径公差带代号
           └─ 旋向(LH为左旋,右旋不注)
         └─ 螺距
      └─ 公称直径(大径)
   └─ 特征代号
```

螺纹的标注应直接注在螺纹大径的尺寸线或者引出线上,如图2-3-28所示。其他螺纹的标注可查阅指定参考书或国家标准。

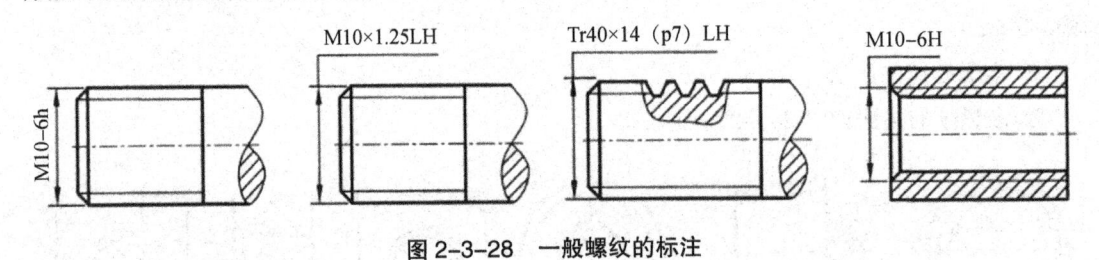

图2-3-28 一般螺纹的标注

(二) 管螺纹的标注

国家标准规定管螺纹代号标注的顺序和格式为:

| 特征代号 | 公称直径 | 中径公差带等级 — 旋向 |

各项说明如下:

各种管螺纹的特征代号见表2-3-2。

表 2-3-2 常用标准螺纹的分类

螺纹分类	螺纹种类	外形及牙型图	特征代号	螺纹分类	螺纹种类	外形及牙型图	特征代号
连接螺纹	粗牙普通螺纹	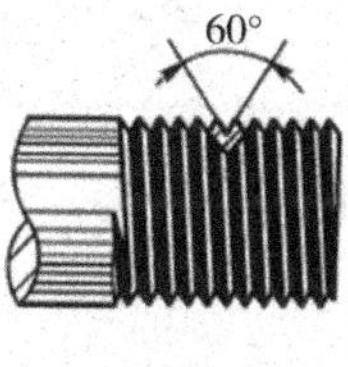 60°	M	连接螺纹	非螺纹密封的管螺纹	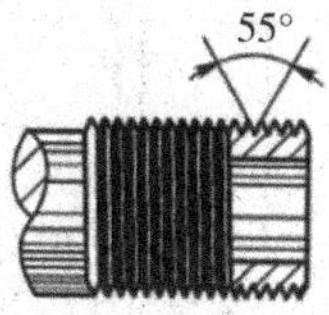 55°	G
	细牙普通螺纹				用螺纹密封的管螺纹	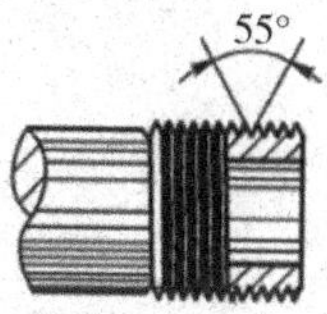 55°	R（外螺纹）Rc、Rp（内螺纹）
传动螺纹	梯形螺纹	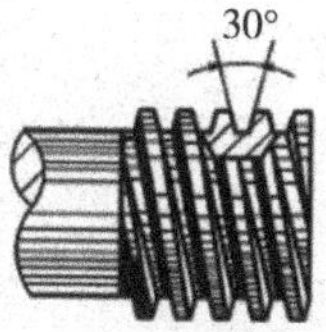 30°	Tr	传动螺纹	锯齿形螺纹	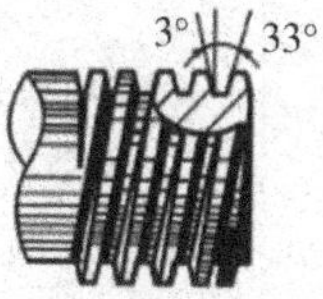 3° 33°	B

公称直径不是管螺纹的大径，而是近似等于管子的孔径，并且以英寸为单位，但不标注单位，只有特征代号为 G 的非螺纹密封管螺纹才有中径公差带等级，其中径公差带等级有 A、B 两种，其他管螺纹无中径公差等级；右旋螺纹的旋向省略不标，左旋螺纹的旋向标"LH"。

例如，R1/2—LH 的含义为：

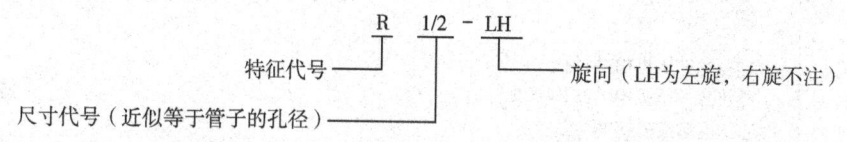

R 1/2 - LH
特征代号 ——— 旋向（LH为左旋，右旋不注）
尺寸代号（近似等于管子的孔径）

管螺纹的标记一律写在引出线上，引出线应由大径处引出，如图 2-3-29 所示。

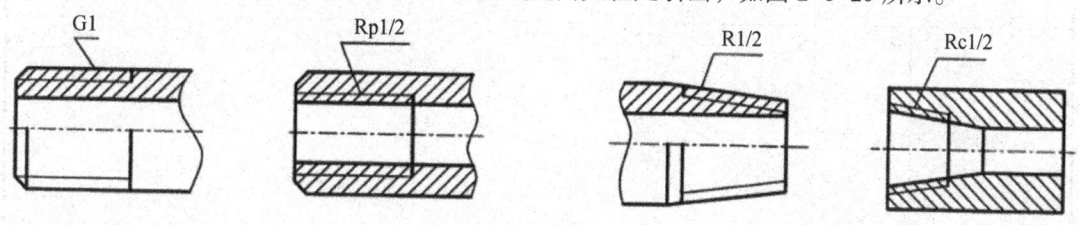

图 2-3-29 管螺纹的标注

（三）内、外螺纹旋合的标注

内、外螺纹旋合在一起时，其公差带代号可用斜线分开，分子表示内螺纹公差带代号，分母表示外螺纹公差带代号。米制螺纹直接标注在大径尺寸线上，如图 2-3-30（a）所示；管螺纹标注在引出线上，如图 2-3-30（b）所示。

（a） （b）

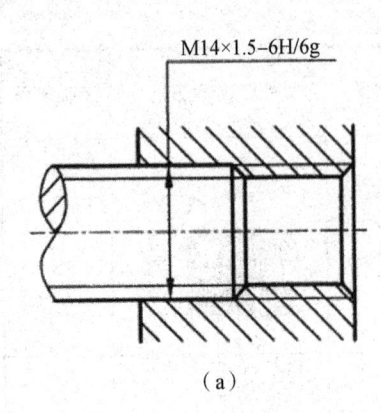

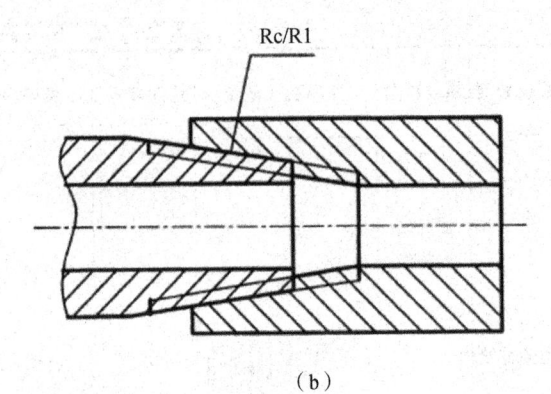

图 2-3-30 螺纹副的标注

实训3　冲压机构的拆装

实训名称	冲压机构的拆装
实训内容	通过冲压机构的拆装，了解冲压机构的结构并熟悉螺纹连接
实训目标	1. 熟悉冲压机构的结构； 2. 熟悉冲压机构的结构类型及运动过程； 3. 掌握螺纹连接的方式
实训课时	2课时
实训地点	1楼机械实训室

任务完成报告

姓名		学习日期		
任务名称	板类零件的连接			
学习自评	考核内容		完成情况	
	1. 螺纹连接		□好　□良好　□一般　□差	
	2. 螺纹及紧固件的绘制		□好　□良好　□一般　□差	
	3. 螺纹型标注方法		□好　□良好　□一般　□差	
学习心得				

任务 4 板类零件的制作

本任务主要目标是完成板类零件的制作,学生分组进行操作,依据零件图由给定的毛坯件进行板类零件的划线、钻孔、攻螺纹,制作流程如图 2-4-1 所示。

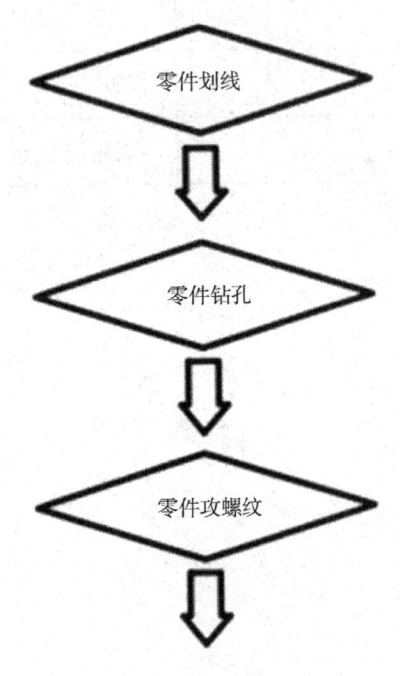

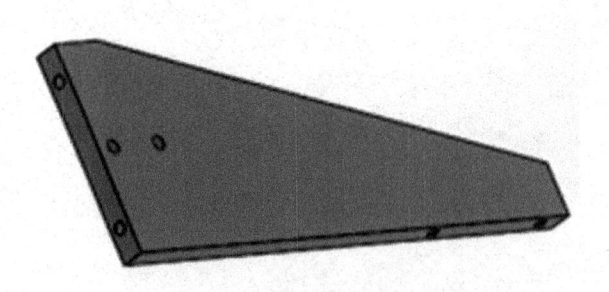

图 2-4-1 板类零件的制作流程

一、钳工入门

钳工大多是用手工工具且经常在台虎钳上进行手工操作的工种。钳工的主要工作是对产品进行零件加工和装配。另外,设备的维修,各种工、夹、量具和模具以及各种专用设备的制造,使用一些机械方法不能或不宜加工的操作等都由钳工来完成。

（一）钳工的职业能力

钳工是使用钳工工具，对工件进行加工、修整、装配的工种。

任何机械产品的制造过程通常都包括毛坯的制造、零件的加工制造、部件组装、整机装配和调试试运行等阶段。其中有大量的工作必须依靠钳工来完成。

钳工操作是机械制造业中最古老的加工技术之一。各种金属切削机床的发展和普及，虽然逐步使大部分钳工作业实现了机械化和自动化，但在机械制造过程中钳工操作仍是广泛应用的基本技术。其原因，一是划线、刮削、研磨机械装配等钳工作业，至今尚无适当的机械化设备可以全部代替；二是某些精密的样板、模具、量具和配合表面（如特殊导轨面和特殊轴瓦等），仍需要依靠工人的手艺做精密加工；三是在单件、小批量生产、修配工作或缺乏设备的条件下，采用钳工制造某些零件仍是一种经济适用的方法。

钳工技能不是简单的经验积累，钳工的工作对象不限于一般的重复性工作。钳工技能的本质在于人体器官能力的适当延伸，包括体力的直接延伸和脑力的恰当延伸。钳工能力体现在能够合理地运用现有的工具完成某一项作业，能够为某一项作业制造适用的手动工具，能够实施新的手工作业或对现行手工作业进行优化，以提高工效和作业质量。因此，钳工的劳动不是简单的手工劳动，钳工的能力不乏创造意义。从事或准备从事钳工职业的人员，应具备最基本的职业能力，并经过培训学习和职业技能鉴定考核获得职业资格。

（二）钳工基本操作内容

钳工的工作范围广，一般以手工为主，具有设备简单、操作方便、适用面广的特点，但生产效率低，劳动强度大，适合于单件与小批量制作或装配与维修作业。普通钳工技能包括：划线、錾削、锯削、锉削、钻孔、扩孔、攻螺纹、套螺纹、刮削和研磨等。钳工基本操作内容如表 2-4-1 所示。

表 2-4-1 钳工基本操作内容

序号	操作内容	操作演示	简介
1	划线		根据图样的尺寸要求，用划线工具在毛坯或半成品上划出待加工部位的轮廓线（或称加工界线）的一种操作方法
2	錾削		用锤子打击錾子对金属进行切削加工的操作方法

续表

序号	操作内容	操作演示	简介
3	锯削		利用锯条锯断金属材料（或工件）或在工件上进行切槽的操作
4	锉削		用锉刀对工件表面进行切削加工，使它达到零件图样要求的形状、尺寸和表面粗糙度的加工方法
5	钻孔 扩孔 锪孔		用钻头在实体材料上加工孔叫作钻孔。用扩孔工具扩大已加工出的孔称为扩孔。用锪钻在孔口表面锪出一定形状的孔或表面的加工方法叫作锪孔
6	铰孔		用铰刀从工件孔壁上切除微量金属层，以提高孔的尺寸精度和表面质量的加工方法
7	攻螺纹 套螺纹		用丝锥在工件内圆柱面上加工出内螺纹称为攻螺纹。用圆板牙在圆柱杆上加工出外螺纹称为套螺纹

续表

序号	操作内容	操作演示	简介
8	矫正弯曲		消除材料或工件弯曲、翘曲、凸凹不平等缺陷的加工方法称为矫正。将坯料弯成所需要形状的加工方法称为弯曲
9	铆接粘接		用铆钉将两个或两个以上工件组成不可拆卸的连接称为铆接。利用黏结剂把不同或相同的材料牢固地连接成一体的操作称为粘接
10	刮削		用刮刀在工件已加工表面上刮去一层很薄的金属的操作称为刮削
11	研磨		用研磨工具和研磨剂从工件上研去一层极薄表面层的精加工方法称为研磨
12	装配调试		将若干合格的零件按规定的技术要求组合成部件,或将若干个零件和部件组合成机器设备,并经过调整、试验等使之成为合格产品的工艺过程
13	测量		用量具、量仪来检测工件或产品的尺寸、形状和位置是否符合图样技术要求的操作

> **思考：**
> 手动冲压机（图2-4-2）的组成零件（图2-4-3）中，可以采用哪种钳工操作方法加工制作？

图 2-4-2　手动冲压机

图 2-4-3　手动冲压机爆炸图零件

（三）钳工实训环境的熟悉

1. 钳工操作的常用设备

钳工加工常用的设备大多比较简单，主要有钳台、台虎钳、砂轮机和钻床等。

（1）钳台

钳台也称钳工台或钳桌，主要用来安装台虎钳和存放常用手动工具、量具和夹具。钳台的样式有多人单排和多人双排两种。双排式钳台由于操作者面对面操作，中间必须设置防护板或防护网。钳台多由铸铁和坚实的木材制成，台面一般为长方形或六角形等形状，其长、宽尺寸由工作场地和工作需要确定，高度一般为 800~900mm，如图 2-4-4 所示。装上台虎钳后，能够得到合适的钳口高度（一般以齐人手肘为宜）。

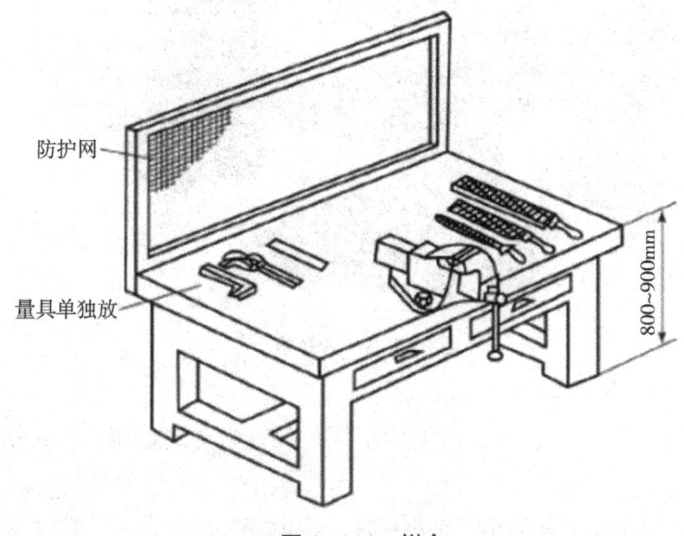

图 2-4-4 钳台

（2）台虎钳

台虎钳是用来夹持工件的通用夹具，通常安装在钳台上，是使用手动工具加工时的必备装备。台虎钳的结构类型可分为固定式、回转式和升降式 3 种，如图 2-4-5 所示。其中，回转式台虎钳的钳体可以旋转，能将工件旋转到合适的工作位置。

升级式台虎钳是一种新型的换代产品，它除了具有回转式台虎钳的全部功能外，还可以通过气压弹簧使整个钳体上升或下降，可满足不同身高操作者对钳口高度的要求。

台虎钳的规格以钳口的宽度表示，有 100mm、125mm 和 150mm 等。

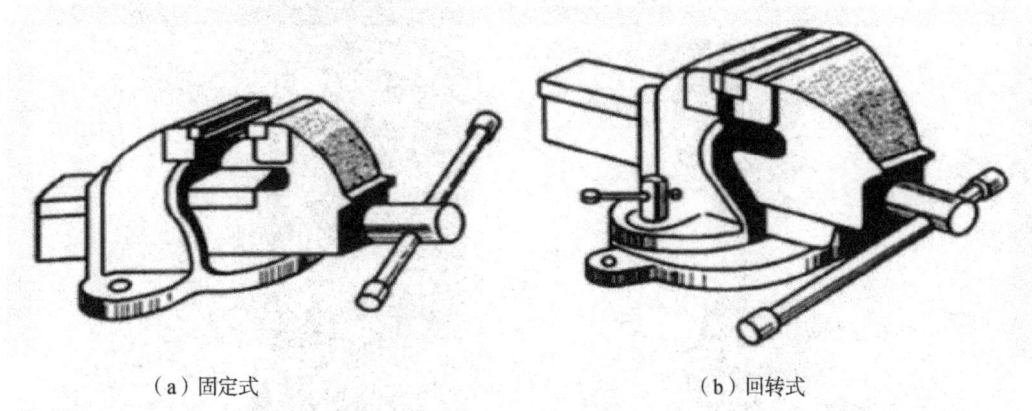

（a）固定式　　　　（b）回转式

图 2-4-5 台虎钳

（3）砂轮机

砂轮机主要用来刃磨各种刀具或磨削其他工具，如磨削錾子、钻头、刮刀、样冲、划针等，也可刃磨其他刀具，如图 2-4-6 所示。由于砂轮较脆且转速很高，使用不当容易伤人，使用时应严格遵守操作规程。

图 2-4-6 砂轮机

（4）钻床

钻床是钳工常用的孔加工设备，按结构不同，可分为台式钻床、立式钻床和摇臂钻床三种。

台式钻床是一种用于加工孔的小型钻削机床，一般安装在钳台上。它以钻头等作为刀具。工作时，工件固定不动，刀具旋转作为主运动，同时拨动手柄使主轴上下移动，实现进给运动和退刀，如图 2-4-7 所示。台式钻床转速高，使用灵活，效率高，适用于较小工件的钻孔。其最低转速较高，故不适宜进行扩孔和铰孔加工。

图 2-4-8 所示为立式钻床的一种布局形式。加工时，主轴的旋转作为主运动，其轴向移动实现进给运动。利用操纵手柄可使主轴方便地实现手工快速升降、手动进给或机动进给。摇动工作台手柄，也可使工作台沿立柱导轨上下移动，以适应加工不同高度的工件。立式钻床适宜于单件或小批中型工件的钻孔、锪孔、铰孔和攻螺纹等加工。

图 2-4-7 台式钻床　　　　图 2-4-8 立式钻床

摇臂钻床操作灵活省力，钻孔时，摇臂可沿立柱上下升降和绕立柱回转 360°，如图 2-4-9 所示。它可在大型工件上钻孔或在同一工件上钻多孔，最大钻孔直径可达 80mm。摇臂钻床的

主轴变速范围和进给量调整范围广,所以加工范围广泛,可用于钻孔、扩孔、锪孔、铰孔和攻螺纹等加工。

图 2-4-9 摇臂钻床

2. 钳工常用的工具

钳工工作中用到的工具很多,最常用的工具主要有扳手类、手钳类、螺钉旋具和手锤等。

(1) 扳手类

扳手是用来拆装各种螺纹连接件的常用工具。按结构形式和作用不同,可分为固定扳手、活动扳手、管扳手和特殊扳手四大类。

固定扳手主要用来旋紧或松开固定尺寸的螺栓或螺母。常见的种类有呆扳手、梅花扳手和两用扳手等。固定扳手的规格是以钳口开口的宽度来标识的。

呆扳手又称开口扳手,一端或两端制有固定尺寸的开口,用以拧转一定尺寸的螺母或螺栓,如图 2-4-10 所示。其开口的宽度大小有 8~10mm、12~14mm 和 17~19mm 等规格,通常成套装备,有 8 件一套、10 件一套等。

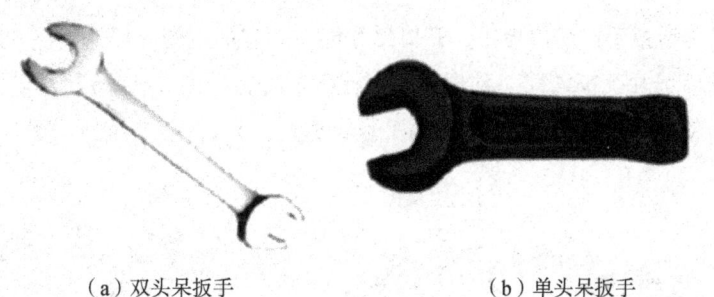

(a) 双头呆扳手　　　　　　　　(b) 单头呆扳手

图 2-4-10 呆扳手

梅花扳手两端具有带六角孔或十二角孔的工作端,如图 2-4-11 所示。由于梅花板手扳动 30°后,即可换位再套,因此适用于工作空间狭小、不能使用普通扳手的场合,而且强度高,使用时不易滑脱,应优先选用。其闭口尺寸大小也分 8~10mm、12~14mm 和 17~19mm 等规格,通常成套装备,有 8 件一套、10 件一套等。

两用扳手一端与单头呆扳手相同，另一端与梅花扳手相同，两端拧转相同规格的螺栓或螺母，如图 2-4-12 所示。

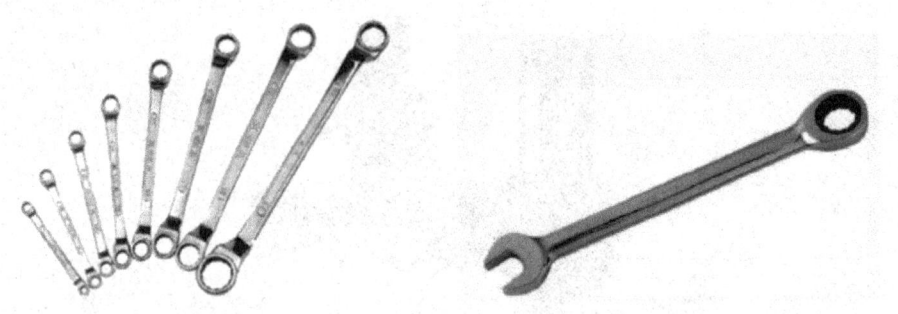

图 2-4-11　梅花扳手　　　　　　　　　　图 2-4-12　两用扳手

钩形扳手又称月牙形扳手，用于拧转厚度受限制的扁螺母等，如图 2-4-13 所示。

套筒扳手一般称为套筒，它是由多个带六角孔或十二角孔的套筒并配有手柄、接杆等多种附件组成，特别适用于拧转位置十分狭小或凹陷很深处的螺栓或螺母，如图 2-4-14 所示。

套筒头是一个凹六角形的圆筒，其外径的长短等由相应设备的形状和尺寸而定，没有统一的国家标准，所以使用起来比呆扳手更灵活和方便。

图 2-4-13　钩形扳手　　　　　　　　　　图 2-4-14　套筒扳手

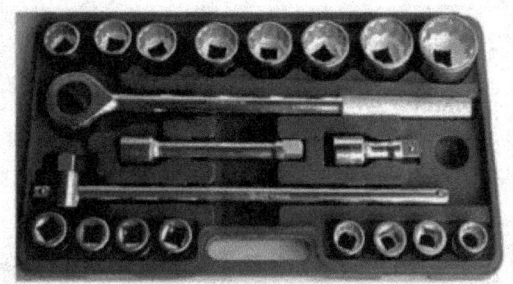

内六角扳手是形状为 L 形的六角棒状扳手，专用于拧转内六角螺钉，如图 2-4-15 所示。内六角扳手的型号以端面六边形的对边尺寸表示，有 3~27mm 尺寸共 13 种。其规格已经标准化。

活动扳手又称活扳手或活口扳手，开口尺寸能在一定的范围内任意调整。因此，一把活扳手可以扳动其开口尺寸范围内任一种规格的螺栓和螺母，如图 2-4-16 所示。活扳手的规格以其最大开口宽度（mm）× 扳手长度（mm）来表示。

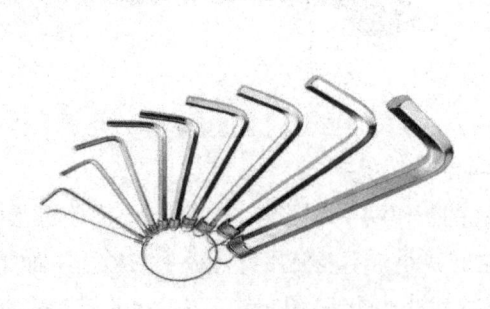

图 2-4-15　内六角扳手　　　　　　　　　图 2-4-16　活动扳手

特殊扳手是在结构和功用上有别于上述两类扳手的一类扳手，较为常用的有以下两种。

①扭力扳手。扭力扳手又称力矩扳手或扭矩扳手。扳手柄上带有刻度、指针或数显表，如图2-4-17所示。它在拧转螺栓或螺母时，能显示出所施加的力矩；或者当施加的力矩到达规定值后，会发出光或声响信号。扭力扳手适用于对力矩大小有明确规定的螺栓或螺母的拆装。

②气动扳手。气动板手以压缩空气为动力，力矩较大，可以连续转动，通常用来拆卸和上紧一些较大的螺母，如图2-4-18所示。

图 2-4-17　扭力扳手　　　　　　　　图 2-4-18　气动扳手

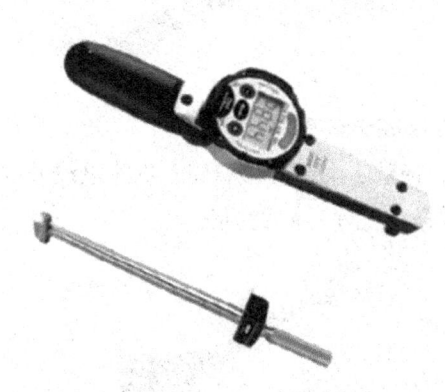

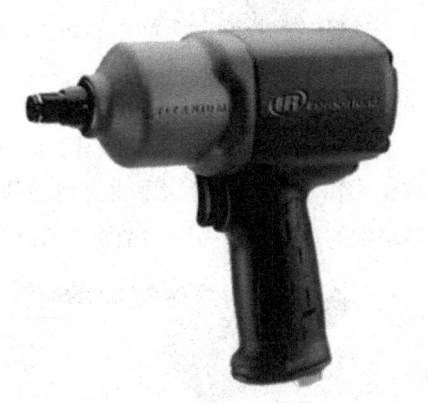

（2）手钳类

手钳按照用途不同，可分为夹持用手钳、夹持剪断用手钳、拆装扣环用卡环手钳和特殊手钳等。

①夹持用手钳。夹持用手钳的主要作用是夹持材料或工件，如图2-4-19所示。

图 2-4-19　夹持用手钳

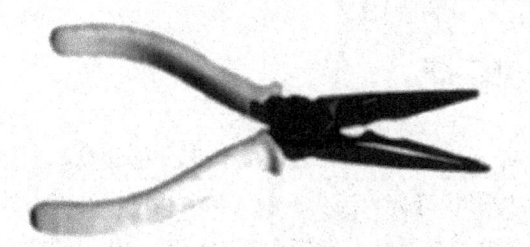

②夹持剪断用手钳。常见的夹持剪断用手钳分为侧剪钳和尖嘴钳，如图2-4-20所示。夹持剪断用手钳除可用来夹持材料或工件外，还可用来剪断小型物件，如钢丝、电线等。

图 2-4-20　夹持剪断用手钳

③拆装扣环用卡环手钳。拆装扣环用卡环手钳有直轴用卡环手钳和套筒用卡环手钳两种类

型,如图 2-4-21 所示。拆装扣环用卡环手钳的主要作用是装拆扣环,即可将扣环张开套入或移出环状凹槽。

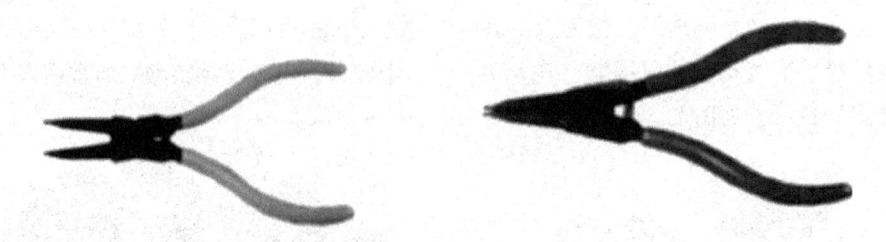

图 2-4-21 拆装扣环用卡环手钳

④特殊手钳。常用的特殊手钳有剪切薄板、钢丝、电线的斜口钳;剥除电线外皮的剥皮钳;夹持扁物的扁嘴钳;夹持大型筒件的链管钳等,如图 2-4-22 所示。

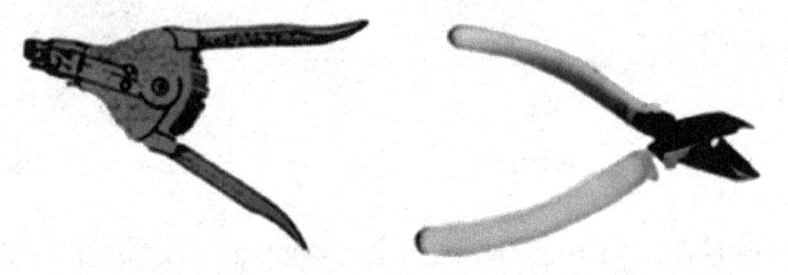

图 2-4-22 特殊手钳

(3) 螺钉旋具

螺钉旋具又称螺丝刀、改锥、起子,主要用于旋紧或松退螺钉连接件。常见的螺丝刀有一字形、十字形和双弯头形三种,如图 2-4-23 所示。螺丝刀由手柄、刀体和刃口三部分组成,其规格以刀体部分的长度来表示。常用的规格有 100mm、150 mm、200 mm 和 300mm 等几种。

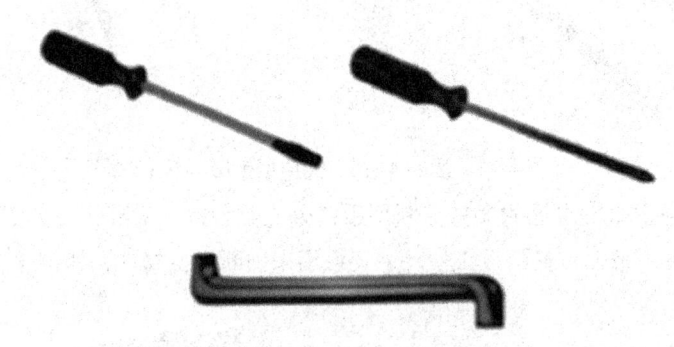

图 2-4-23 螺钉旋具

(4) 手锤

手锤是用来敲击物件的工具,如图 2-4-24 所示。手锤一端平面略有弧形,是其基本工作面,另一端球面用来被击凹凸形状的工件。锤头按形状可分为圆头、扁头和尖头三种类型;按材料可分为金属手锤和非金属手锤两种。其中常用的金属锤有钢锤和铜锤两种,常用的非金属锤有塑胶锤、橡胶锤、木锤等。手锤的规格是以锤头的质量来表示的,以 0.5 ~ 0.75kg 最为常用。

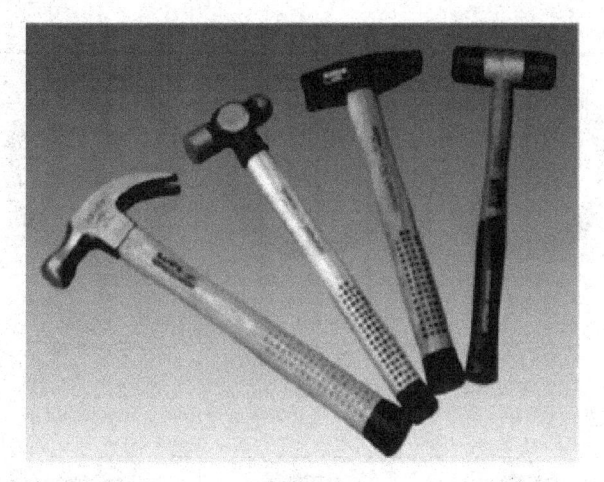

图 2-4-24　手锤

(四) 安全文明生产教育

1. 安全文明生产常识

文明生产和安全生产是实训的重要内容，它涉及国家、学校、个人的利益，影响实训的效果，也影响设备的利用率和使用寿命，还影响学生的人身安全。因此，在实训车间等工作场所应设置醒目的标志，提醒学生正确着装，并做好安全防护工作。只有正确理解各种安全标志，避免各类技术安全事故发生，才能保证实训的正常进行。常见的安全标志见表 2-4-2。

表 2-4-2　常见安全标志

禁止烟火 (No burning)	禁止吸烟 (No smoking)	禁止带火种 (No kindling)	禁止用水浇灭 (No extinguishing with water)	禁止放置易燃物 (No laying inflammable thing)
禁止堆放 (No stocking)	禁止启动 (No starting)	禁止合闸 (No switching on)	禁止转动 (No turning)	禁止叉车和厂内机动车辆通行 (No access for fork lift trucks and other industrial vehicles)

续表

禁止乘人 (No riding)	禁止靠近 (No nearing)	禁止入内 (No entring)	禁止推动 (No pushing)	禁止停留 (No stoping)
禁止通行 (No thoroughfare)	禁止跨越 (No striding)	禁止攀登 (No climbing)	禁止跳下 (No jumping down)	禁止伸出窗外 (No stretching out of the window)
禁止倚靠 (No leaning)	禁止坐卧 (No sitting)	禁止蹬踏 (No stepping on surface)	禁止触摸 (No touching)	禁止伸入 (No reaching in)
禁止饮用 (No drinking)	禁止抛物 (No tossing)	禁止戴手套 (No putting on gloves)	禁止穿化纤服装 (No putting on chemical fibre clothings)	禁止穿带钉鞋 (No putting on spikes)

续表

注意安全 （Warning danger）	当心腐蚀 （Warning corrosion）	当心触电 （Warning electric shock）	当心电缆 （Warning cable）	当心爆炸 （Warning explosion）
当心吊物 （Warning overhead load）	当心落物 （Warning falling material）	当心机械伤人 （Warning mechanical injury）	当心自动启动 （Warning automatic start-up）	当心烫伤 （Warning scald）
当心伤手 （Warning injure hand）	当心弧光 （Warning arc）	必须戴防护眼镜 （Must wear protective goggles）	必须戴耳机 （Must wear headphones）	必须戴安全帽 （Must wear safety helmet）
必须戴防护帽 （Must wear protective cap）	必须穿防护鞋 （Must wear protective shoes）	必须接地 （Must connect an earth terminal to the ground）	必须拔出插头 （Must disconnect mains plug from electrical outlet）	紧急出口 （Emergency exit）
可动火区 （Flare up region）	急救点 （First aid）	急救电话 （Emergency telephone）	急救医疗站 （Doctor）	应急避难场所 （Erucuation accembly point）

2. 钳工实训安全操作基本要求

（1）实训前

①实训（工作）前必须穿好工作服，戴好防护用品；否则不许进入实训车间。

②工作服：不得缺扣，穿戴要"三紧"，即领口紧、袖口紧和衣满紧。夏季，男生不得穿背心、短裤；女生不得穿裙子。冬季，禁止穿大衣、戴围巾。

③鞋：可以穿胶鞋、皮鞋、旅游鞋等，要系好鞋带；禁止穿高跟鞋、拖鞋；穿耐油、防滑和鞋面耐砸的劳动保护鞋。

④帽：安全帽的帽衬与帽衣要有空间；头发长的同学（工人）必须戴安全帽，且将长发纳入帽中。

⑤眼镜要擦净。

⑥机械加工时，必须有两人以上在场。

⑦禁止戴手套操作机床。

⑧禁止两人及两人以上同时操作同一台机床。

⑨实训期间禁止打电话、玩手机，不允许嬉戏、打闹。

（2）实训中

①带把的工具必须装牢，不许使用有松动的工具。不能使用没有装手柄或手柄裂开的工具。

②使用锤子时，严禁戴手套，手和锤柄均不得有油污，锤柄要牢靠。掌握适当的挥动方向，挥锤方向附近不得有人停留。

③使用钳工工具时注意放置地方及方位，以防伤害他人。

④使用台虎钳装夹小工件时，手指要离开钳口少许，以免夹伤手指；装夹大工件时，人的站立位置要适当，以防工件落地砸伤脚。

⑤使用手锯时，返回方向在一条直线上，以防折断锯条。工件将要断开时，用力要小，动作要慢。

⑥锉削时，工件表面要高于钳口面。不能用钳口面作基准面来加工工件，防止损坏锉刀和台虎钳。不许用嘴吹锉屑，禁止用手擦拭锉刀和工件表面，以免锉屑吹入眼中、锉刀打滑等。

⑦使用扳手拧紧或松开时，不可用力过猛，应逐渐施力，以免扳手打滑伤人或擦伤手部。

⑧不可用铲刀、凿子去铲淬过火的材料。

⑨刮刀和锉刀木柄应装有金属箍，不可用无手柄或刀柄松动的刮刀和锉刀，以免伤人。

⑩钻孔时，应遵守钻床安全操作规程。

⑪使用砂轮机时，应遵守砂轮机安全操作规程。砂轮机必须安装钢板防护罩。操作砂轮机时，严禁站在砂轮机的直径方向操作，并应戴防护眼镜。磨削工件时，应缓慢接近，不要猛烈碰撞，砂轮与磨架之间的间隙以3mm为宜。不得在砂轮上磨铜、铅、铝、木材等软金属和非金属物件。砂轮磨损直径大于夹板25mm时，必须更换，不得继续使用。更换砂轮时应切断电源，装好后应先试运转，确认无误后方可使用。

⑫使用带电工具时应首先检查是否漏电，并遵守安全用电规定，电源插座上应装有漏电保护器。

⑬多人操作时,必须一人指挥,相互配合,协调一致。
⑭量具应在固定地点使用和摆放,加工完毕后,应把量具擦拭干净并装入盒内。
(3)实训后
①清理切屑,打扫实训现场卫生,把刀具、工具、材料等物品整理好。
②按机床润滑图逐点进行润滑,经常观察油标、油位,采用规定的润滑油和油脂,适时调整轴承和导轨间隙。
③必须做好防火、防盗工作,检查门窗、相关设备和照明电源是否关好。

实训4　机电实训室参观

实训名称	机电实训室参观
实训内容	参观机电专业实训室,熟悉典型的机电产品及常用工具,对机电技术应用专业具有整体感性认识
实训目标	1.了解实训室中的典型产品; 2.了解实训室常用工具
实训课时	2课时
实训地点	1楼机械实训室、液压气动实训室、机器人实训室

二、手动冲压机零件划线

(一)手动冲压机零件认识

手动冲压机作为机械模块的项目载体,其结构如图2-4-25所示。进行手动冲压机的制作,采用分组进行的方式,通过手动冲压机的制作,完成钳工技能的训练。从图2-4-25中可以看出,手动冲压机由肘夹、衬套、导向轴、底板、连接螺钉等一系列零件组成,这些零件中,有的是作为一个独立的运动单元体而运动的,有的是由于结构和工艺上的需要,与其他零件刚性地连接在一起作为一个整体而运动的。它们各自工作,共同为手动冲压机的工作发挥作用。

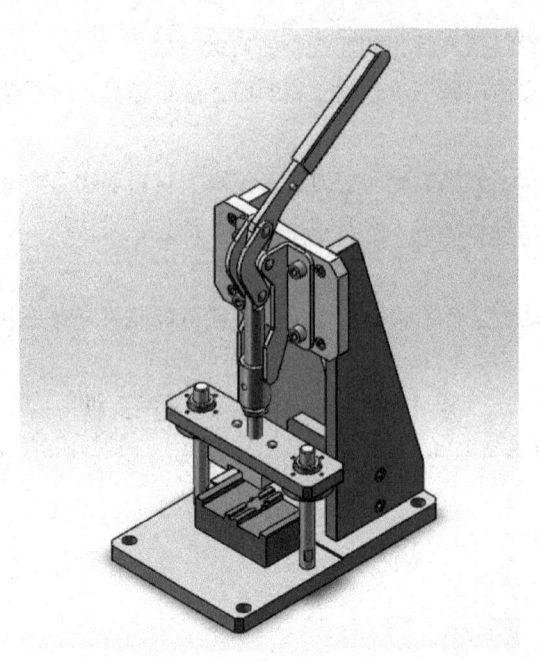

图 2-4-25 手动冲压机的结构

为进一步看清其结构，我们采用爆炸图的形式对手动冲压机的结构进行标示，如图 2-4-26 所示。

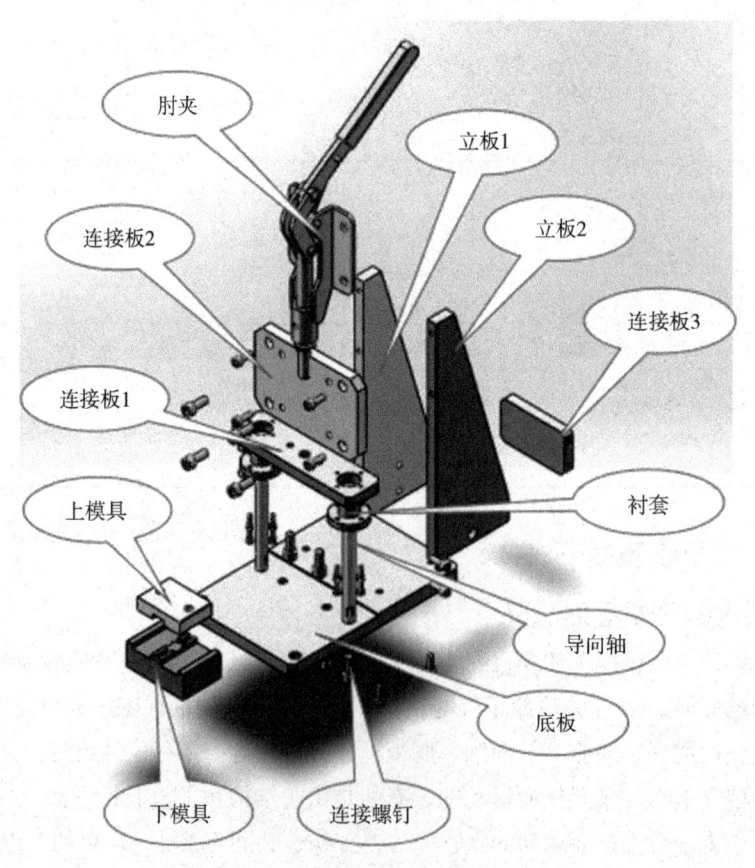

图 2-4-26 手动冲压机爆炸图

从图 2-4-26 可以看出,手动冲压机的组成零件包括底板、导向轴、衬套、连接板、立板、肘夹、上模具、下模具及相应的连接螺钉,分别对其中的零件进行编号,其明细表如表 2-4-3 所示。

表 2-4-3 手动冲压机零件明细表

序号	零件编号	零件名称	数量	备注
1	CYJ-101	底板	1	
2	CYJ-102	导向轴	2	
3	CYJ-103	轴套	2	
4	CYJ-104	连接板1	1	
5	CYJ-105	连接板2	1	
6	MC07-12	手柄	1	外购
7	CYJ-106	立板1	1	
8	CYJ-107	立板2	1	
9	CYJ-108	连接板3	1	
10	CYJ-109	下模具	1	
11	CYJ-110	上模具	1	
12	GB/T 70.1: M4×12	内六角圆柱头螺钉	8	
13	GB/T 70.1: M6×16	内六角圆柱头螺钉	12	
14	GB/T 70.1: M8×25	内六角圆柱头螺钉	10	

通过手动冲压机爆炸图及零件明细表可以看出,在组成手动冲压机的零件中,共有6件不同的板类零件,分别为表 2-4-3 中的第 1、4、5、7、8、9 项,即表中进行标粗显示的零件。进行手动冲压机的制作,依据给定的毛坯件,对6件不同的板类零件进行手动加工制作。

(二)手动冲压机划线

要进行毛坯零件的孔加工,首先要确定进行加工的孔的位置。对于孔的位置,采用划线的形式来确定。

1. 划线概述

根据图样要求,用划线工具在毛坯或已加工表面上划出代加工界线,叫作划线。划线具有以下作用:

①确定工件上各加工面的加工位置,合理分配加工余量;
②可全面检查毛坯的形状和尺寸是否满足加工要求;
③在坯料出现缺陷的情况下,往往可通过划线时"借料"的方法,起到一定的补救作用;
④在板料上划线下料,可使板料得到充分利用;
⑤便于复杂工件在机床上安装,可以按划线找正位置。

在单件及中小批量生产和形状较复杂的零件生产中,以及切削加工前通常都需要划线。

划线可以分为平面划线和立体划线两种。平面划线只需要在工件的一个表面上划线,如图 2-4-27(a)所示,立体划线需要同时在工件上多个相互成一定角度的表面上划线,如图 2-4-27(b)所示为在支架的多个外表面上划出加工线。

（a）平面划线　　　　　　　　　　　（b）立体划线

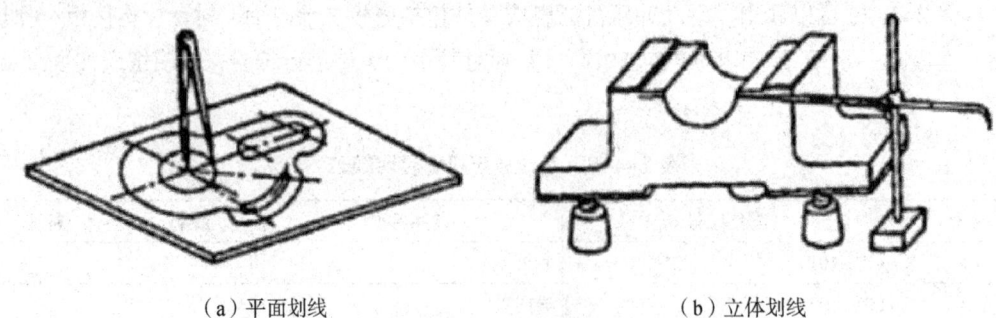

图 2-4-27　划线的种类

2. 划线工具

按用途不同，划线工具分为基准工具、夹持工具、直接绘划工具和测量工具等，如图 2-4-28 所示。

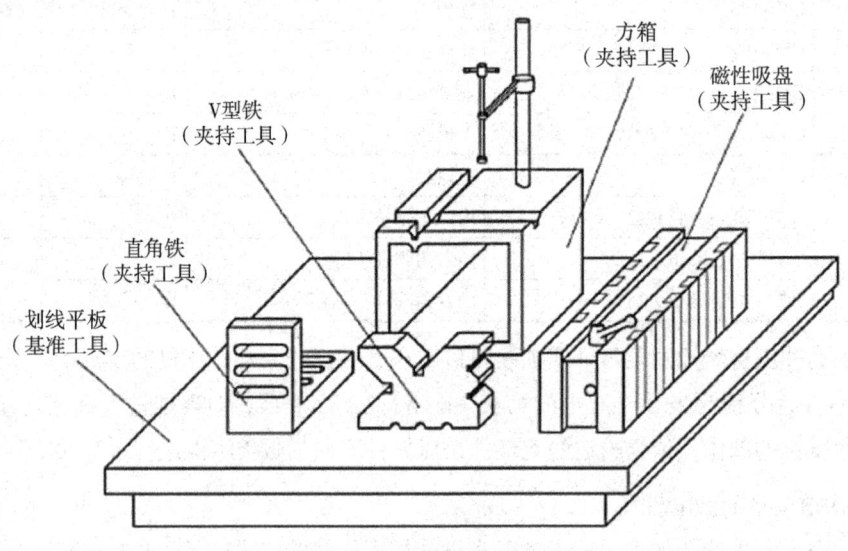

图 2-4-28　划线工具

（1）基准工具——划线平板

划线平板由铸铁制成。由于整个平面是划线的基准平面，因此要求非常平直和光洁。按照国家计量标准，划线平板精度划分为 0 级、1 级、2 级、3 级四个等级，在制造上采用高强度的铸铁面板，一般标准的规格都在 200mm×200mm~2000mm×4000mm。

划线平板使用时要注意以下几点：

①划线平板要安放得平稳牢固，并且上平面应保持水平。

②划线平板不准碰撞和锤击，以免其精度降低。

③划线平板长期不用时，应涂油防锈，并加盖保护罩。

（2）夹持工具——方箱、千斤顶、V 型铁等

①方箱。方箱是铸铁制成的空心立方体，并且各相邻的两个面均互相垂直。方箱用于夹持、支承尺寸较小而加工面较多的工件。通过翻转方箱，便可在工件的表面上划出互相垂直的线条。

②千斤顶。千斤顶是在平板上支撑较大或不规则工件时使用，并且其高度可以调整。通常用3个千斤顶支撑工件。

③V型铁。V型铁用于支撑圆柱形的工件，以使工件轴线与底板平行。

（3）直接绘划工具——钢直尺、直角尺、划线样板、划针、划规、划线盘、样冲等

①钢直尺、直角尺、划线样板。钢直尺、直角尺用于划直线和一些特殊的角度。在工件批量划线时，可按要求制作一些专用划线样板以直接划线。划线样板要求尺身平整，棱边光滑，没有毛刺。

②划针。划针是用来在工件表面上划线用的工具，如图2-4-29所示。划针一般用 $\phi 3 \sim \phi 4$ 的弹簧钢丝或高速钢制成，尖端磨成15°~20°的尖角，经淬火处理，常与钢直尺、角尺或划线样板等导向工具一起使用。

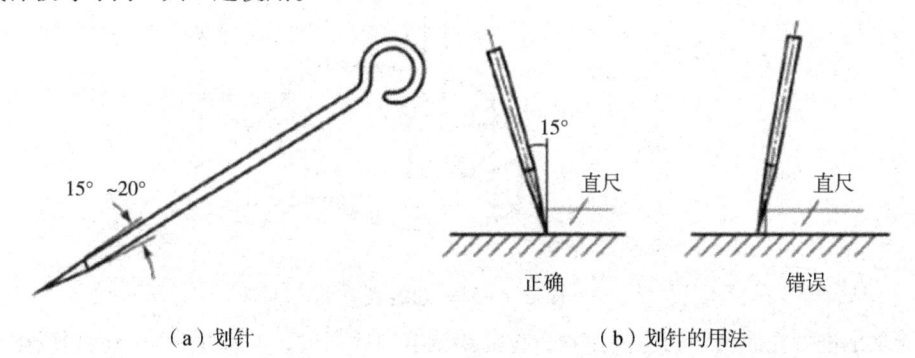

（a）划针　　　　　　　　　　（b）划针的用法

图2-4-29　划针及用法

划线时针尖要靠近导向工具的边缘，上部向外倾斜15°~20°，向划线方向倾斜45°~75°并一次划出，不可以重复。为使划出的线条清晰准确，针尖要保持尖锐锋利，用钝后可用油石修磨。

③划规。划规是圆规式划线工具，由中碳钢或工具钢制成，两脚尖端经淬火后磨钝，以提高硬度和耐磨度，如图2-4-30所示。划规一般用来划圆或弧线、等分线段、量取尺寸及找工件圆心等。它的用法与制图的圆规相似。

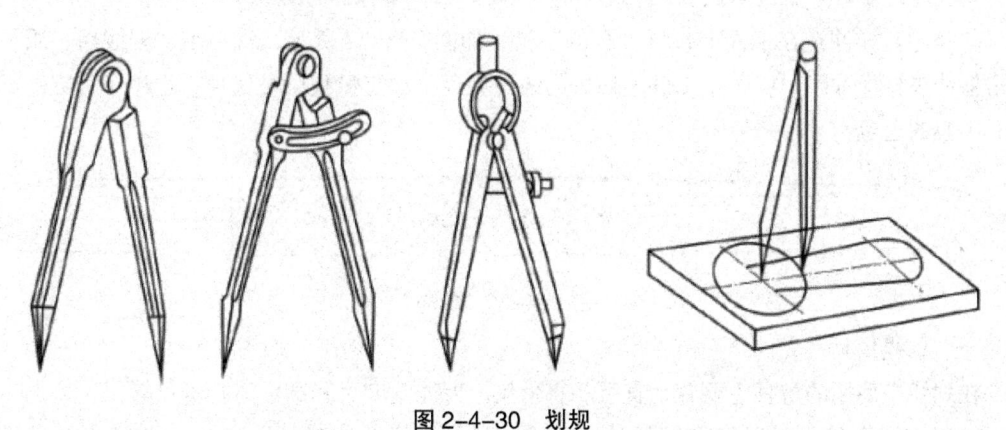

图2-4-30　划规

④划线盘。划线盘是带有划针的可调划线工具，主要用于立体划线和校正工件的位置。如图2-2-31所示，划线盘由底座、立杆、划针和锁紧装置等组成。划针的两端常分为直头端和弯头端：直头端用来划线；弯头端用来找正工件的位置。

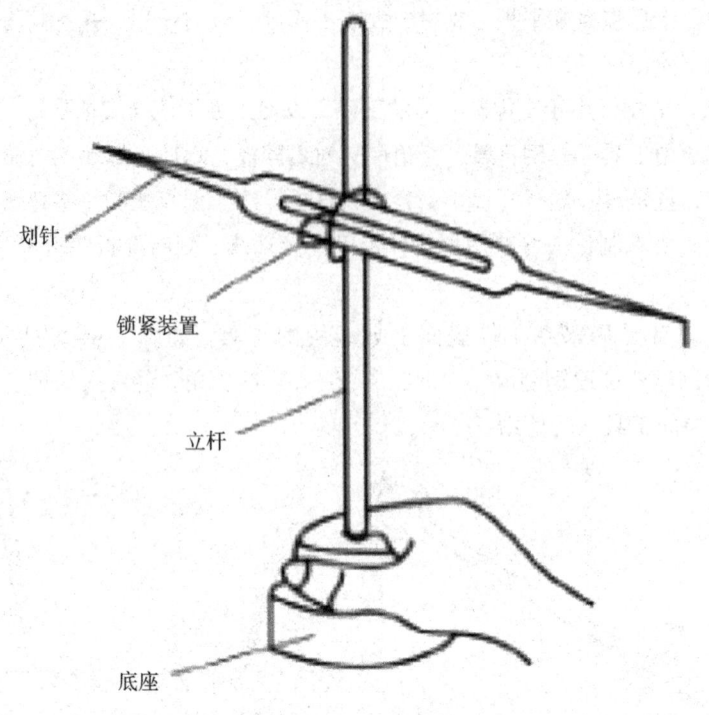

图 2-4-31 划线盘

划线盘是进行立体划线的主要工具，按需要调节划针高度，并在平台上拖动划线盘，划针即可在工件上划出与平台平行的线，弯头端可用来找正工件的位置。

采用划线盘进行划线，要注意以下事项：

用划线盘划线时，划针伸出夹紧装置以外不宜过长，并要夹紧牢固，防止松动且应尽量接近水平位置夹紧划针；

划线盘底面与平板接触面均应保持清洁；

拖动划线盘时，应紧贴平板工作面，不能摆动、跳动；

划线时，划针与工件划线表面的划线方向保持 40°~60° 的夹角。

⑤样冲。样冲是在工件上打样冲孔的工具，如图 2-4-32 所示。常在工件划线后，用手锤敲击样冲来打样冲眼，以防止工件上划好的线在搬运、加工过程中被磨掉；也用于划圆弧或钻孔时中心的定位。

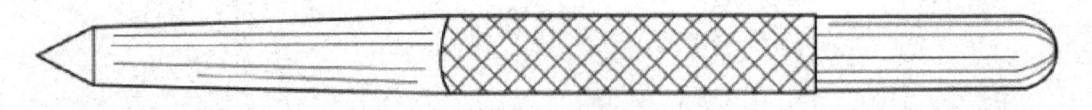

图 2-4-32 样冲

（4）划线量具

在划线中使用的量具主要有钢直尺、直角尺、万能角度尺和高度游标卡尺等。

高度游标卡尺是一种精密的量具及划线工具，如图 2-2-33 所示。其工作原理与游标卡尺相同，可以用来测量高度尺寸。在游标卡尺上装有硬质合金划线头，能直接在工件表面上划线。

图 2-4-33　高度游标卡尺

实训5　板类零件的划线

实训名称	板类零件的划线
实训内容	学生对每人领取到的零件进行划线操作，完成手动冲压机板类零件的划线
实训目标	1. 掌握划线加工的方法； 2. 完成所领取的零件的划线加工
实训课时	10课时
实训地点	3楼机械实训室

三、手动冲压机零件钻孔

（一）钻孔概述

用钻头在实体材料上加工孔的方法叫钻孔。

在机械制造中，从每个零件的制造到机器组装，每一个环节几乎都离不开钻孔。任何一种机器，如果没有孔是不能装配在一起的。例如在零件的相互联连接中，需要有穿过铆钉、螺钉和销钉的孔；在气、液压设备上，需要有流体通过的孔；在传动机械上，需要有安装传动零件的孔；各种需要安装轴承的孔；各种机械设备上的注油孔、减重孔、防裂孔以及其他各种工艺孔。因而，孔加工在机械加工中非常重要。

在手动冲压机板类零件的加工中，在任务1中，分析了需要加工的孔类型有通孔、沉孔及螺纹孔。各种零件的孔加工，除去一部分由车床和铣床等机床完成外，很大一部分是由钳工利用钻床和钻孔工具（钻头、扩孔钻、铰刀等）完成的。钻床是钻孔的主要设备，常用的钻床有台式钻床、立式钻床和摇臂钻床。

在钻床上钻孔时，一般情况下，钻头应同时完成两个运动：主运动，即钻头绕轴线的旋转运动（切削运动）；辅助运动，即钻头沿轴线方向对着工件的直线运动（进给运动），如图 2-4-34 所示。

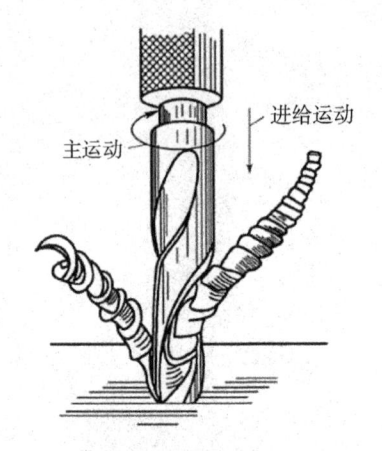

图 2-4-34 钻孔

钻孔时，钻头结构上存在的缺点会影响加工质量，钻孔只能加工要求不高的孔或完成孔的粗加工。

（二）常用的钻床

常用的钻床有台式钻床、立式钻床和摇臂钻床。

1. 台式钻床

台式钻床简称台钻，它是一种安放在作业台上、主轴垂直布置的小型钻床。最大的钻孔直径为 13mm。台钻的型号较多，常见结构如图 2-4-35 所示。台钻的特点是：小巧灵活，使用方便，结构简单，主要用于加工小型工件上的各种小孔，并在仪表制造、钳工装配中用得较多。

对于手动冲压机板类零件的加工，我们即采用台式钻床进行。

2. 立式钻床

立式钻床简称立钻，它是一种应用广泛的孔加工机床。常用的型号为 Z525、Z5140 等，最大的钻孔直径分别为 25mm、40mm，结构如图 2-4-36 所示。立式钻床的特点是：刚性好、功率大，因而允许钻削较大的孔；生产率较高；加工精度也较高。立钻可用来进行钻孔、扩孔、镗孔、铰孔、攻螺纹和锪端面等，并且适用于单件、小批量生产中加工中、小型零件。

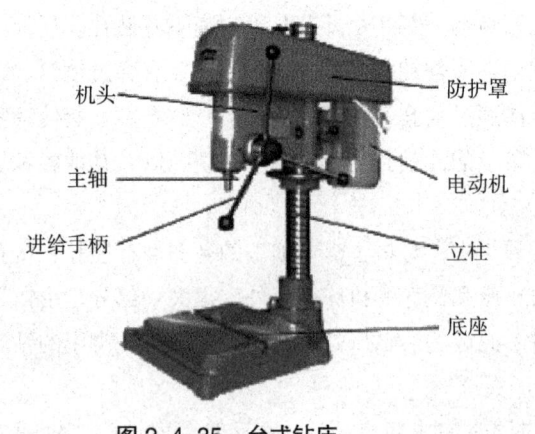

图 2-4-35 台式钻床

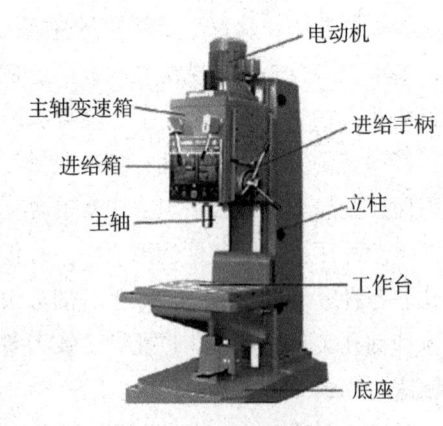

图 2-4-36 立式钻床

3. 摇臂钻床

摇臂钻床适用于一些笨重的大工件以及多孔工件的加工。因为它是靠移动钻床的主轴来对准工件上的孔中心的，所以加工时比立式钻床方便，结构如图2-4-37所示。摇臂钻床的特点是：刚性好、功率更大，摇臂可做360°转动，生产效率高，加工精度也较高。摇臂钻床可用来对大、中型工件在同一平面内、不同位置的多孔系，进行钻孔、扩孔、锪孔、镗孔、铰孔、攻螺纹和锪端面等。

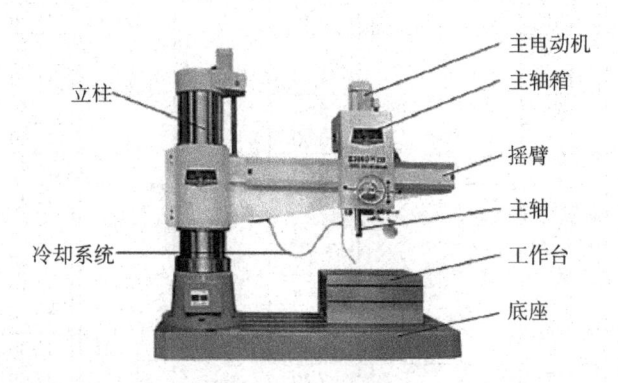

图 2-4-37　摇臂钻床

（三）钻头选择及领取

对于手动冲压机的板类零件进行钻孔加工，要根据孔的类型，选择合适的钻头。对于不同形式的孔，需要选择不同类型的钻头，以及相应的规格。

1. 通孔

对于通孔的加工，最常用的钻孔工具是麻花钻。麻花钻通常用高速钢材料制成，结构为整体式。如图2-4-38所示，麻花钻由柄部，颈部和工作部分组成。切削部分在钻孔时起主要切削作用。导向部分是指切削部分与颈部之间的部分，钻孔时起导向作用，同时也起排屑和修光孔壁的作用。麻花钻柄部有直柄和锥柄两种形式：一般直径小于13mm的钻头做成直柄；直径大于13mm的钻头做成锥柄。钻头的规格、材料和商标等刻印在颈部。

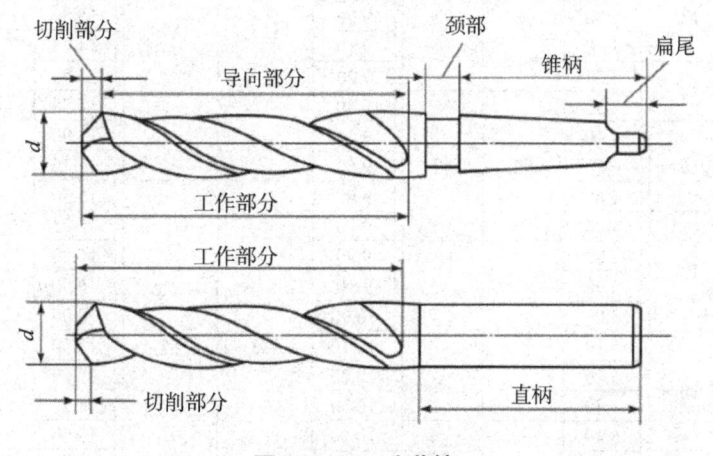

图 2-4-38　麻花钻

对于高速钢麻花钻，在进行钻孔加工时，依据所需加工的孔的大小，选择钻头的规格，直柄麻花钻的形式和尺寸如表2-4-4所示（GB/T 6135.2—2008）。

表 2-4-4　麻花钻尺寸表

单位：mm

d h8	l	l_1	d h8	l	l_1	d h8	l	l_1	d h8	l	l_1
0.2	19	2.5	1.90	46	22	5.80	93	57	10.80	142	94
0.22			1.95			5.90			10.90		
0.25		3	2.00	49	24	6.00	101	63	11.00		
0.28			2.05			6.10			11.10		
0.30			2.10			6.20			11.20		
0.32		4	2.15	53	27	6.30			11.30		
0.35			2.20			6.40			11.40		
0.38			2.25			6.50			11.50		
0.40	20	5	2.30			6.60			11.60		
0.42			2.35			6.70			11.70		
0.45			2.40			6.80			11.80		
0.48			2.45			6.90			11.90		
0.50	22	6	2.50	57	30	7.00	109	69	12.00		
0.52			2.55			7.10			12.10		
0.55		7	2.60			7.20			12.20		
0.58	24		2.65			7.30			12.30		
0.60			2.70			7.40			12.40		
0.62	26	8	2.75	61	33	7.50			12.50	151	101
0.65			2.80			7.60			12.60		
0.68			2.85			7.70			12.70		
0.70	28	9	2.90			7.80			12.80		
0.72			2.95			7.90			12.90		
0.75			3.00			8.00	117	75	13.00		
0.78	30	10	3.10	65	36	8.10			13.10		
0.80			3.20			8.20			13.20		
0.82			3.30			8.30			13.30		
0.85			3.40			8.40			13.40		
0.88	32	11	3.50	70	39	8.50			13.50	160	108
0.90			3.60			8.60			13.60		
0.92			3.70			8.70			13.70		
0.95			3.80			8.80			13.80		
0.98			3.90			8.90			13.90		
1.00	34	12	4.00	75	43	9.00	125	81	14.00		
1.05			4.10			9.10			14.25		
1.10	36	14	4.20			9.20			14.50	169	114
1.15			4.30			9.30			14.75		
1.20			4.40			9.40			15.00		
1.25	38	16	4.50	80	47	9.50			15.25		
1.30			4.60			9.60			15.50	178	120
1.35			4.70			9.70			15.75		
1.40	40	18	4.80			9.80			16.00		
1.45			4.90			9.90			16.50	184	125
1.50			5.00			10.00			17.00		
1.55			5.10	86	52	10.10	133	87	17.50	191	130
1.60	43	20	5.20			10.20			18.00		
1.65			5.30			10.30			18.50	198	135
1.70			5.40			10.40			19.00		
1.75	46	22	5.50			10.50			19.50	205	140
1.80			5.60			10.60			20.00		
1.85			5.70			10.70	142	94			

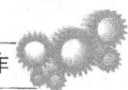

2. 圆柱头用沉孔

对于圆柱头用沉孔的加工，最常用的钻孔工具是锪钻。用锪钻在孔口表面锪出一定形状的孔或表面的加工方法称为锪孔。锪钻常见的使用形式如图 2-4-39 所示，图中分别标示了三种不同的锪钻用于锪圆柱形孔（a）、锪锥形孔（b）及锪孔口和凸台平面（c）。

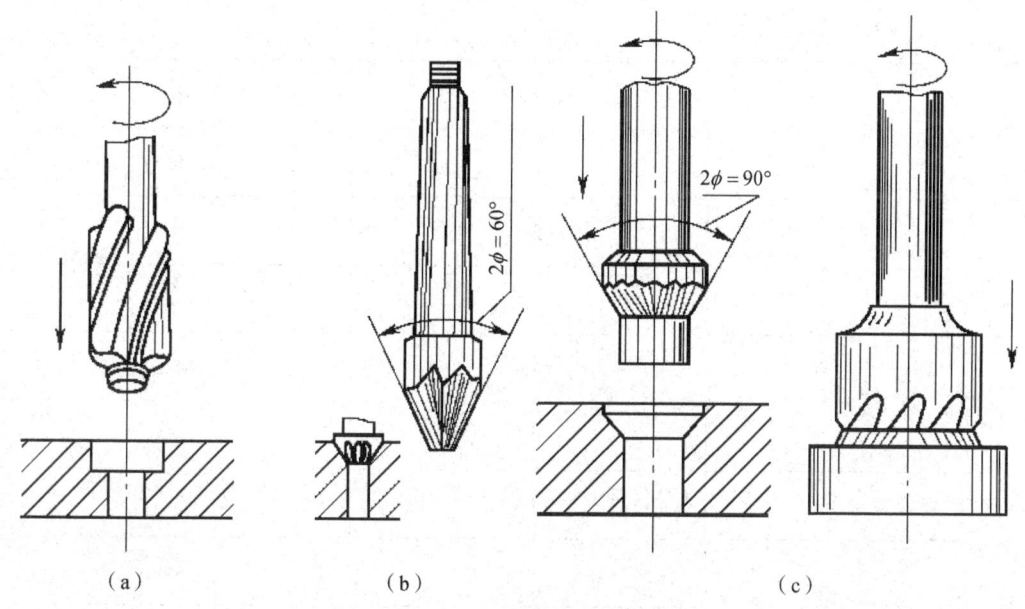

图 2-4-39 锪钻的使用形式

在手动冲压机的制作中，需要进行的加工为锪圆柱形圆柱头用沉孔，采用直柄平底锪钻，其结构如图 2-4-40 所示。从图中可以看出，锪钻前端的小圆柱部分为导向圆柱，起导向作用。

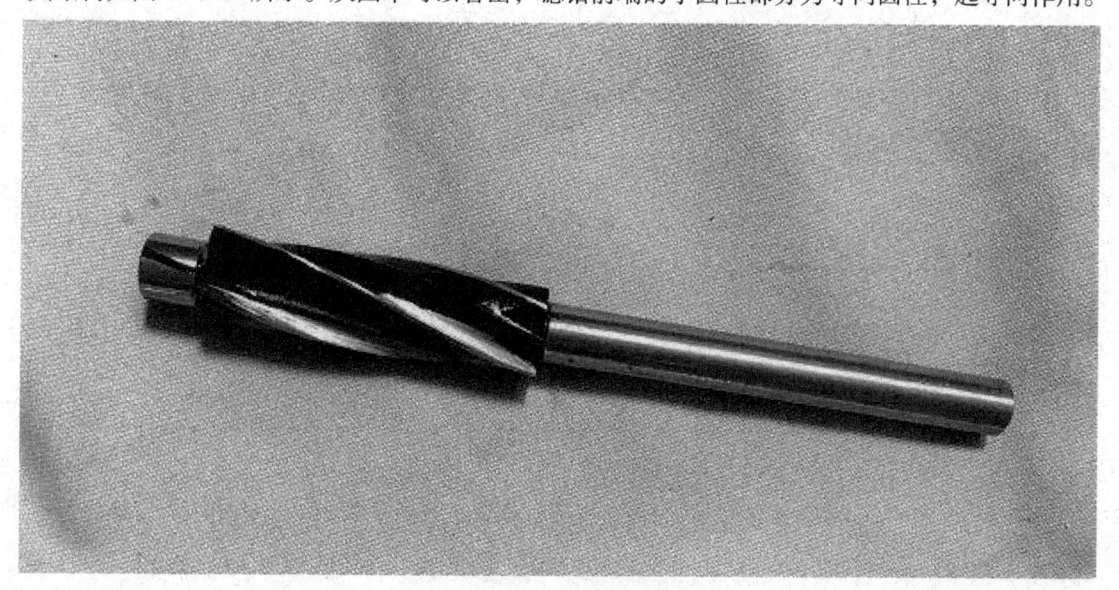

图 2-4-40 直柄平底锪钻

在进行锪孔加工时，依据所进行加工的圆柱头用沉孔的大小，首先采用麻花钻加工出底孔，然后采用锪钻进行沉头的加工，对于所用到的直柄平底锪钻尺寸如表 2-4-5 所示（GB/T 4260—2004）。

表 2-4-5 直柄平底锪钻尺寸

切削直径 d_1 (mm)	导柱直径 d_2 (mm)	适用的螺钉或螺栓规格
3.3	1.8	M1.6
4.3	2.4	M2
5	1.8	M1.6
5	2.9	M2.5
6	2.4	M2
6	3.4	M3
8	2.9	M2.5
8	4.5	M4
9	3.4	M3
10	4.5	M4
10	5.5	M5
11	5.5	M5
11	6.6	M6
13	6.6	M6
15	9	M8
18	9	M8
18	11	M10
20	13.5	M12

直柄平底锪钻标记：

直径 $d_1=10$mm，导柱直径 $d_2=5.5$mm 的带整体导柱的柄平底锪钻的标记为：直柄平底锪钻 10×5.5 GB/T 4260—2004。

3. 螺纹孔

螺纹孔是在钻孔完成底孔的加工后进行攻丝得到的。对于螺纹孔，首先也要钻出底孔，根据螺纹孔的大小，选择所有进行钻孔的麻花钻的大小。用粗牙、细牙普通螺纹来攻螺纹钻底孔用的钻头直径可从表 2-4-6 中查得。

表 2-4-6 攻普通螺纹钻底孔用的钻头直径

单位：mm

螺纹大径 D	螺距 P	钻头的直径 d_0	
		当被加工材料为铸铁、青铜、黄铜时	当被加工材料为钢、可锻铸铁、紫铜、层压板时
2	0.4 0.25	1.6 1.75	1.6 1.75
2.5	0.45 0.35	2.05 2.15	2.05 2.15
3	0.5 0.35	2.5 2.65	2.5 2.65
4	0.7 0.5	3.3 3.5	3.3 3.5
5	0.8 0.5	4.1 4.5	4.2 4.5
6	1 0.75	4.9 5.2	5 5.2
8	1.25 1 0.75	6.6 6.9 7.1	6.7 7 7.2
10	1.5 1.25 1 0.75	8.4 8.6 8.9 9.1	8.5 8.7 9 9.2
12	1.75 1.5 1.25 1	10.1 10.4 10.6 10.9	10.2 10.5 10.7 11
14	2 1.5 1	11.8 12.4 12.9	12 12.5 13
16	2 1.5 1	13.8 14.4 14.9	14 14.5 15

（四）钻削用量的选择

钻削用量是切削速度、背吃刀量和进给量的总称。合理选择钻削用量，可提高钻孔精度、生产效率，并能防止机床过载或损坏。

1. 切削速度

钻削时钻头切削刃上最大直径处的线速度，计算公式为

$$v_c = \frac{\pi D n}{1000}$$

式中，D——钻头直径（mm）；

n——钻头转速（r/min）；

v_c——切削速度（m/min）。

在进行切削速度选择时，钻头直径较小则取大值，钻头直径较大则取小值；工件材料较硬则取小值，工件材料较软则取大值。高速钢钻头切削速度选择如表2-4-7所示。

表 2-4-7 高速钢钻头切削速度

工件材料	切削速度（m·min^{-1}）
铸铁	14~22
碳钢	16~24
黄铜或青铜	30~60

2. 背吃刀量

钻削加工的背吃刀量 a_p 是指沿主切削刃测量的切削层厚度，在数值上等于钻头的半径 d。

$$a_p = \frac{1}{2}d$$

3. 进给量

进给量是指钻头每转一周沿轴向方向的移动距离。一般钢料的钻削进给量如表2-4-8所示。

表 2-4-8 钢料的钻削进给量

钻孔直径（mm）	1~2	2~3	3~5	5~10
进给量 f（mm·r^{-1}）	0.30~0.50	0.60~0.75	0.75~0.85	0.85~1

对手动冲压机的板类零件进行钻孔加工，采用台式钻床进行，进给量由手柄确定，后续将学习台式钻床的使用。

4. 切削液的选择

为了便于钻头散热冷却，减少钻削时钻头与工件、切屑之间的摩擦，消除黏附在钻头和工件表面上的积屑瘤，从而降低切削抗力、提高钻头寿命和改善加工孔表面的质量，钻孔时要加注足够的切削液。切削液在钻削加工过程中，起到冷却、润滑、清洗、防锈的作用。根据要进行加工的零件不同，使用不同的切削液。钻钢件上的孔时，可用3%~5%的乳化液；钻铸铁上的孔时，一般可不加或连续加注5%~8%的乳化液。钻各种材料选用的切削液如表2-4-9所示。

表 2-4-9 钻各种材料选用的切削液

工件材料	切削液
各类结构钢	3%~5%乳化液；7%硫化乳化液
不锈钢、耐热钢	3%肥皂加2%亚麻油水溶液；硫化切削油
纯铜、黄铜、青铜	5%~8%乳化液
铸铁	可不用；5%~8%乳化液；煤油

续表

工件材料	切削液
铝合金	可不用；5%~8% 乳化液；煤油；煤油与菜油的混合油
有机玻璃	5%~8% 乳化液；煤油

（五）台式钻床的使用

1. 安全规范

对于台钻的使用，首先熟读以下安全规范，每组内同学采用旋转木马的方式对安全事项进行复述，内外两个圈的学生相对站立或相对而坐，如图 2-4-41 所示，学生彼此向对方介绍或讨论自己对所阅读的安全规范的理解和看法。外圈学生按顺时针旋转，内圈学生按逆时针旋转，每次交流时间为 1~3 min。然后内外圈继续旋转，直到内外圈同学彼此都进行了交流。然后，随机选取 4~5 名学生展示对安全事项的学习讨论成果，最后由教师对安全规范进行强调。

①按规定加注润滑脂。检查手柄位置，进行保护性运转。

②检查穿戴、扎紧袖口。女同学和长发男同学必须戴工作帽。

③严禁戴手套操作，以免被钻床旋转部分铰住，造成事故。

④安装钻头前，需仔细检查钻套，钻套标准化锥面部分不能碰伤凸起，如有，应用油石修好、擦净后才可使用。拆卸时必须使用标准斜铁。

⑤钻薄板零件、小工件、扩孔或钻大孔时，严禁用手把持进行加工。

⑥未得到指导教师的许可，不得擅自开动钻床。机床未停稳，不得转动变速盘变速，禁用手把握未停稳的钻头或钻夹头。操作时只允许一人进行。

⑦清除铁屑要用毛刷等工具，不得用手直接清理或用嘴吹。

⑧工作结束后，要清理好机床，加油维护，切断电源，弄好场地卫生。

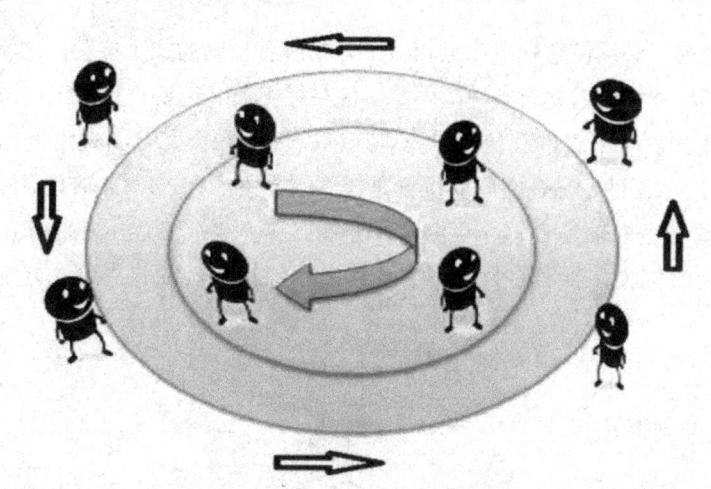

图 2-4-41 旋转木马示意图

2. 钻头的装拆

（1）直柄钻头的装拆

直柄钻头用钻夹头夹持，用钻夹头钥匙转动钻夹头旋转外套，可做夹紧或放松动作，如图 2-4-42（a）所示。钻头夹持长度不能小于 15mm。

（2）锥柄钻头的装拆

锥柄钻头的柄部锥体与钻床主轴锥孔直接连接，需要利用加速冲力一次装接，如图2-4-42（b）所示。

连接时必须将钻头锥柄及主轴锥孔擦干净，且使矩形舌部的方向与主轴上的腰形孔中心线方向一致。

拆卸钻头时，是用斜铁敲入头套或钻床主轴上的腰形孔内，斜铁的直边要放在上方，利用斜边的向下分力使钻头与钻头套或主轴分离，如图2-4-42（c）所示。

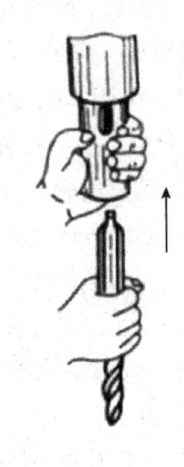

（a）在钻夹头上装拆钻头　　（b）用钻头套装夹钻头　　（c）用斜铁拆下钻头

图2-4-42　钻头的装拆

手动冲压机的板类零件加工中采用直柄钻头，用钻夹头钥匙进行钻头的装拆，保证安装的牢固。

（3）工件的定位

工件在加工之前，必须使它在机床上相对于刀具占有正确的加工位置，这就是定位。定位是保证加工质量和尺寸精度的先决条件，因此工件在加工前一定要把定位工作做好。

①六点定位规则。一个工件在位置没有确定前，可以看作在空间直角坐标系中的自由物体。如图2-4-43所示工件，它在空间的位置是任意的，可沿 X、Y、Z 轴有不同的位置，通常称为工件沿三个垂直坐标轴具有移动自由度，分别以 $\vec{X}$、$\vec{Y}$、$\vec{Z}$ 表示。此外，工件也可以绕 X、Y、Z 轴有不同的位置，通常称为绕三个垂直坐标轴具有转动自由度，分别以 $\hat{X}$、$\hat{Y}$、$\hat{Z}$ 表示。

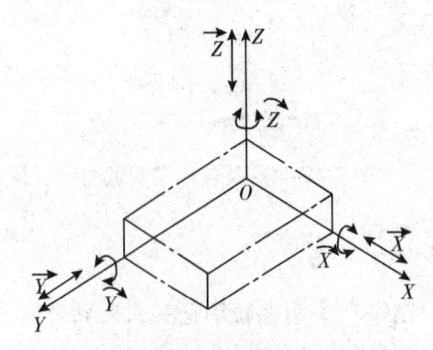

图2-4-43　工件的六个自由度

任何工件在直角坐标系中都有以上六个自由度,要使工件定位时有确定的位置,必须消除工件在某几个(或全部)方位上的任何影响精度的移动和转动自由度。

无论工件的结构形式怎样不同,都可以用六个支承点来限制它们的六个自由度,只是六个支承点的分布有所不同。我们把适当分布的与工件接触的六个支承点来限制工件六个自由度的规则,称为六点定位规则。

需要强调以下几点:

a. 工件用六个支撑点限制了工件的六个自由度,但没有夹紧,在加工时产生相反运动是属于没有夹紧的问题,不是工件没有正确定位的问题。

b. 如果工件被夹紧不动了,就认为限制了工件的六个自由度,这是错误的。

② 工件的定位形式。

a. 不完全定位。有些工件在加工时,并不需要把六个自由度全部限制住,如图 2-4-44(a)所示,将工件装入钻模夹具中,要钻 ϕD 孔时,只要使钻孔中心在以 R 为半径的圆周上即可,而不要求在圆周上的具体位置,因此,就不需要限制工件绕 Oy 轴旋转的自由度。这种限制工件的自由度少于六点的正确定位方法称为不完全定位。

b. 完全定位。如图 2-4-44(b)所示工件,在加工其上小孔时,由于要求小孔与工件左端插口在统一直径上,此时就必须限制工件绕 Oy 轴的转动,即必须限制工件的全部六个自由度。这种限制了工件全部自由度的正确定位方法称为完全定位。

需要说明的是,不完全定位和完全定位,是根据工件的不同加工要求或不同结构形式而采取的正确定位方法。

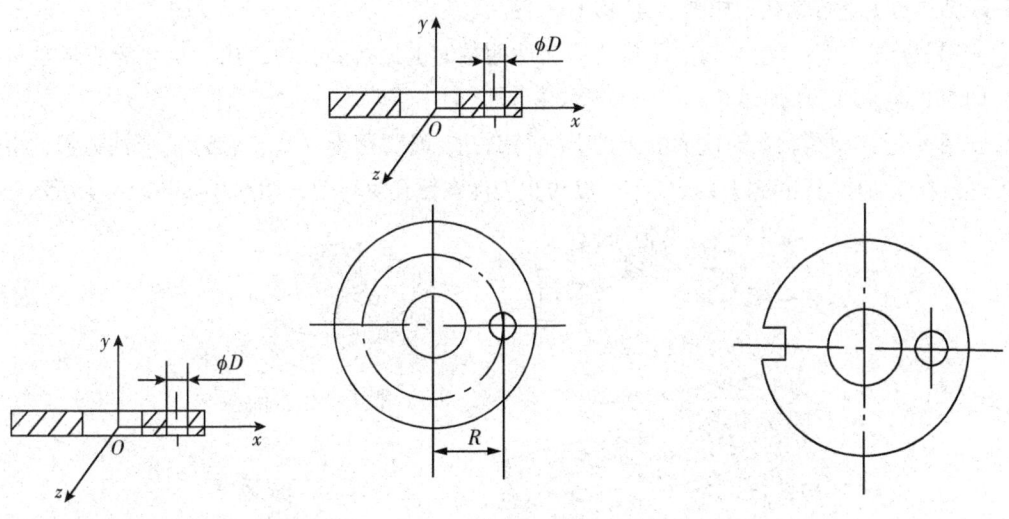

(a)不完全定位实例　　　　(b)完全定位实例

图 2-4-44　不完全定位和完全定位

c. 欠定位。根据工件的加工要求,应该限制的自由度没有完全被限制的定位,称为欠定位。欠定位无法保证加工要求,所以是绝不允许的。

d. 过定位。工件的同一自由度被两个或两个以上的支承点重复限制,称为过定位,如图 2-4-45 所示,过定位可能造成工件的定位误差,或者出现部分工件装不进夹具的情况。

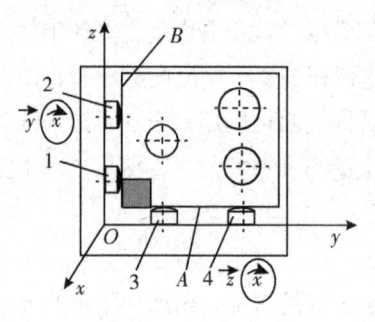

图 2-4-45 过定位

（4）工件的夹紧

钻孔时，工件的装夹方法应根据钻孔直径的大小及工件的形状来决定。一般钻削直径小于 8mm 的孔，而工件又可用手握牢时，可用手拿住工件钻孔，但工件上锋利的边角要倒钝；当孔快要被钻穿时要特别小心，并且进给量要小，以防发生事故。除此之外，还可采用其他不同的装夹方法，来保证钻孔质量和安全。

①用手虎钳夹紧。在小型工件、板上钻小孔，或不能用手握住工件钻孔时，必须将工件放置在定位块上，并用手虎钳夹持来钻孔，如图 2-4-46（a）所示。

②用平口钳夹紧。若钻孔直径超过 8mm 且在表面平整的工件上钻孔，则可用平口钳来装夹，如图 2-4-46（b）所示。装夹时，工件应放置在垫铁上，以防止钻坏平口钳，并且工件的表面与钻头要保持垂直。

③用压板夹紧。对于钻大孔或不便用平口钳夹紧的工件，可用压板、螺栓、垫铁直接固定在钻床工作台上进行钻孔，如图 2-4-46（c）所示。

④用三爪自定心卡盘夹紧。在圆柱形工件的端面上进行钻孔时，用三爪自定心卡盘来夹紧，如图 2-4-46（d）所示。

⑤用 V 形铁夹紧。在圆柱形的工件上进行钻孔，既可用带夹紧装置的 V 形铁夹紧，也可将工件放在 V 形铁上并配以压板压牢，以防止工件在钻孔时转动，如图 2-4-46（e）所示。

（a）用手虎钳夹紧

（b）用平口钳夹紧

（c）用压板夹紧

（d）用三爪自定心卡盘夹紧

（e）用带夹紧装置的V形铁夹紧

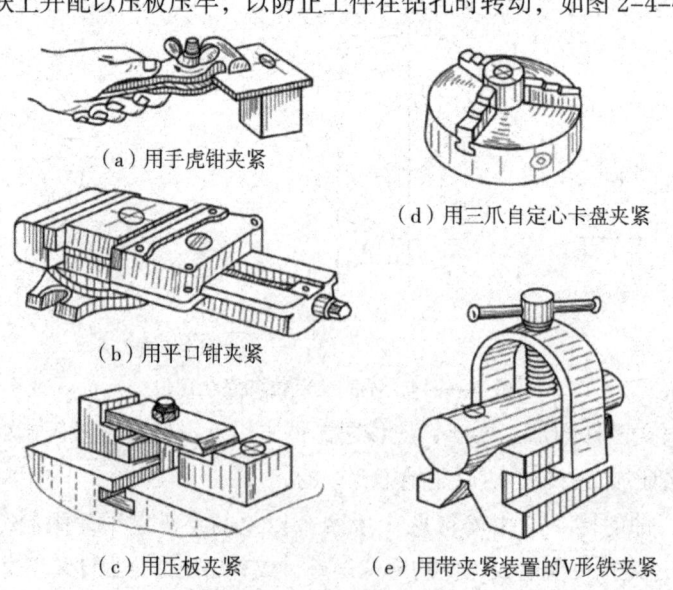

图 2-4-46 工件的装夹方法

手动冲压机的板类零件加工中,依据不同的零件,选择合适的夹紧方式,将零件装夹牢固。

3. 零件钻孔

(1) 起钻及进给操作

钻孔时,先使钻头对准划线时样冲中心钻出一浅坑,并观察钻孔位置是否正确。不断地找正使浅坑与钻孔中心同轴。

具体的找正方法为:若偏位较少,可在起钻的同时用力将工件向偏位的反方向推移,以达到逐步校正;若偏位较多,则可在校正的方向打几个样冲眼,以减小此处的切削阻力,并达到校正的目的。无论采用何种方法,都必须在浅坑的外圆直径小于钻头直径之前完成,否则校正就困难了。

当起钻达到钻孔的位置要求后,即可按要求完成钻孔。在手动进给时,进给用力不应使钻头产生弯曲,以免使钻孔的轴线歪斜,如图2-4-47所示。

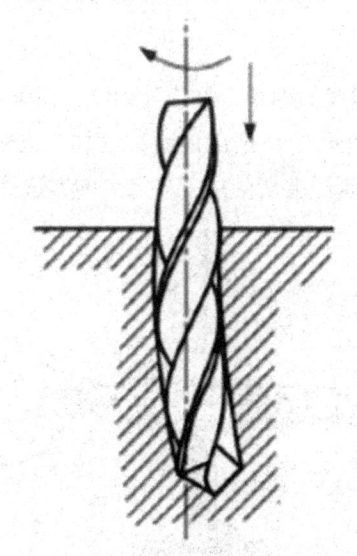

图 2-4-47 钻孔的轴线歪斜

当孔将要钻穿时,必须减少进给量——如果采用自动进给方式,那么此时最好改为手动进给。因为当钻尖将要钻穿工件材料时,轴向的阻力突然减小。由于钻床进给机构的间隙和弹性变形恢复,将使钻头以很大的进给量自动切入,因此将出现钻头被折断或钻孔质量降低等现象。

(2) 钻孔加工

对零件装夹合适的钻头,并且零件固定牢固,选定合适的转速后,可以对零件进行钻孔加工。在进行钻孔加工时,每组分为两个小组(三人一组),采用角色扮演的方式,加工自己的零件时为操作员,另外两人分别为安全员及质检员,对加工过程的安全操作及加工后的质量进行检验,并依次轮换角色。

在钻孔完成后,对需要进行锪孔的圆柱头用沉孔进行锪孔加工,同时注意以下事项:

进行锪孔时,选择的进给量是钻孔的2~3倍,而切削速度为钻孔时的1/3~1/2;

在进行孔加工时,可按照顺序,对不同小组的同种零件进行同步加工。

实训6 板类零件的钻孔

实训名称	板类零件的钻孔
实训内容	学生对每人领取到的零件进行钻孔操作,完成手动冲压机板类零件的钻孔
实训目标	1. 掌握钻孔加工的方法; 2. 完成所领取的零件的钻孔加工
实训课时	10课时
实训地点	3楼机械实训室

四、手动冲压机零件攻螺纹

(一)螺纹加工概述

在圆柱或圆锥的外表面上所形成的螺纹,称为外螺纹;在圆柱或圆锥的内表面上所形成的螺纹,称为内螺纹。用丝锥在工件孔中切削出内螺纹的加工方法称为攻螺纹,俗称攻丝,如图2-4-48所示。用扳牙在圆杆或管子上切削加工外螺纹的方法称为套螺纹。

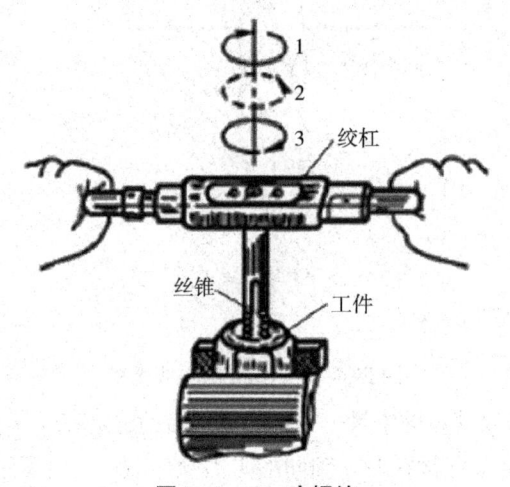

图2-4-48 攻螺纹

(二)攻螺纹工具

1. 丝锥

丝锥是加工内螺纹的工具,并有手用和机用、左旋和右旋、粗牙和细牙之分。手用丝锥一般采用合金工具钢(如9SiCr)或轴承钢(如GCr9)制造,机用丝锥通常用高速钢制造。

丝锥的构造如图2-4-49所示,它由工作部分和柄部组成。工作部分包括切削部分和校准部分。切削部分被磨出锥角,并使切削负荷分布在几个刀齿上。这样不仅工作省力,丝锥还不易崩刃或被折断,而且在攻螺纹时的导向作用好,也保证了螺孔的质量。校准部分有完整的牙型,不仅用来校准、修光已切出的螺纹,还引导丝锥沿轴向前进。丝锥的柄部有方榫,用以夹持并传递切削转矩。丝锥沿轴向开有几条容屑槽,以容纳切屑,同时形成切削刃和前角。

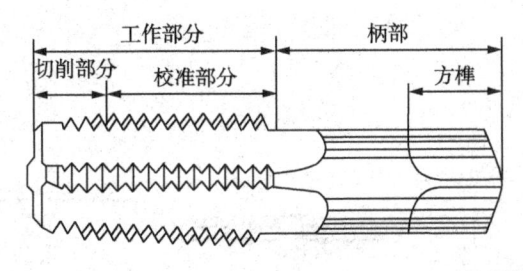

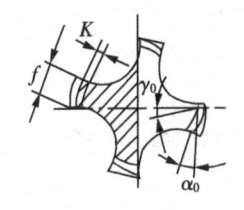

图 2-4-49 丝锥的构造

为了减小切削力,通常使用成套丝锥将整个切削量分配给几支丝锥。丝锥切削量的分配形式有锥形分配和柱形分配两种,如图 2-4-50 所示。锥形分配成套丝锥中的每支丝锥校准部分的大径、中径和小径尺寸都相同,只是切削部分的切削锥角及长度不同;柱形分配成套丝锥中的每支丝锥的大径和小径尺寸都不同,而且切削部分的切削锥角及长度也不同。锥形分配的丝锥在攻通孔时,用头锥一次即可完成,其二锥或三锥只在攻盲孔和交叉攻螺纹时才起作用;使用柱形分配的螺纹锥时要依次进行,只有在攻完后才算完成攻螺纹。这种分配形式使切削省力,攻螺纹质量也高,但效率低,一般用于大于或等于 M12 的丝锥。

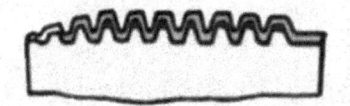

图 2-4-50 丝锥切削量分配

2. 铰杠

铰杠是手工攻螺纹时使用的一种辅助工具,并用来夹持丝锥,分为普通铰杠和丁字形铰杠两类。

(1)普通铰杠

如图 2-4-51(a)所示,普通铰杠又分为固定式铰杠和活络式铰杠两种。固定式铰杠的方孔尺寸和柄长符合一定的规格,并使丝锥的受力不会过大,故丝锥不易折断,即操作比较合理,但规格的准备要多。一般攻 M5 以下的螺纹,宜采用固定式铰杠。活络式铰杠可以调节方孔的尺寸,故应用范围较广,并有 150~600mm 六种规格。活络式铰杠的长度应根据丝锥尺寸的大小选择,以控制一定的攻螺纹扭矩,适用范围见表 2-4-10。

表 2-4-10 活络式铰杠适用范围

活络式铰杠的规格(mm)	150	230	280	380	580	600
适用丝锥的范围	M5~M8	M8~M12	M12~M14	M14~M16	M16~M22	M24 以上

(2)丁字形铰杠

如图 2-4-51(b)所示,它适用于攻制有台阶的侧边螺孔或攻制箱体内部的螺孔,也分为活络式和固定式两种。

(a) 普通铰杠

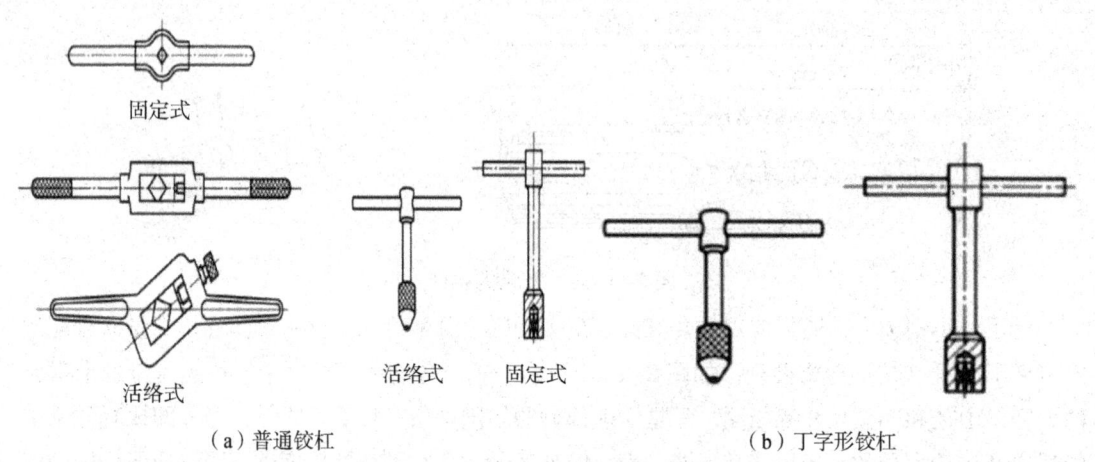

(b) 丁字形铰杠

图 2-4-51 铰杠的类别

（三）攻螺纹前底孔的直径和深度

在任务 3 中，讲解了通过查表确定加工螺纹孔底孔所需麻花钻的直径，对于螺纹孔底孔的直径和深度，也可以通过计算的方式来得到。

1. 攻螺纹前底孔直径的确定

在攻螺纹时，丝锥的切削刃除起切削作用外，还对材料产生挤压，因此被挤压的材料在牙型的顶端会凸起一部分，如图 2-4-52 所示。若材料的塑性越大，则被挤压出的越多。此时，如果丝锥的刀齿根部与工件的牙型顶端之间没有足够的间隙，那么丝锥就会被挤压出来的材料轧住，并导致崩刃、折断和工件螺纹的烂牙。

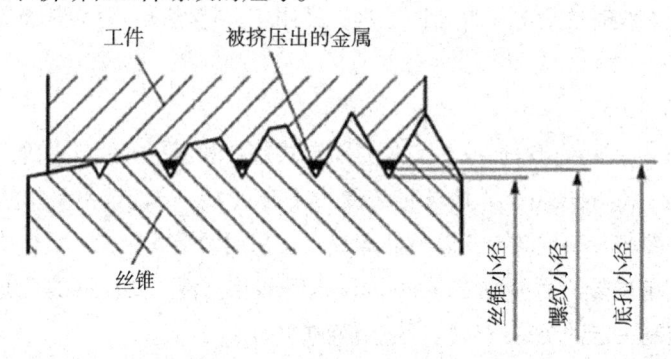

图 2-4-52 攻螺纹时的挤压现象

螺纹底孔直径的大小，要根据工件材料的塑性和钻孔时的扩张量来确定。一般按照经验公式来计算。

① 在加工钢和塑性较大的材料，即扩张量中等的条件下：

$$D_{钻} = D - P$$

式中，$D_{钻}$——螺纹底孔直径，mm；

D——螺纹大径，mm；

P——螺纹螺距，mm。

② 在加工铸铁和塑性较小的材料，即扩张量较小的条件下：

$$D_{钻} = D - (1.05 \sim 1.1)P$$

2. 攻螺纹的操作要点

①在螺纹底孔的孔口处要倒角，通孔螺纹的两端均要倒角，这样可以保证丝锥比较容易切入，并防止孔口出现挤压出的凸边。

②起攻时应使用头锥。用手掌按住铰杠中部，沿丝锥轴线方向加压用力，另一只手配合做顺时针旋转；或两手握住铰杠两端均匀用力，并将丝锥顺时针旋进。起攻方法如图 2-4-53 所示。操作中一定要保证丝锥中心线与底孔中心线重合，不能歪斜。

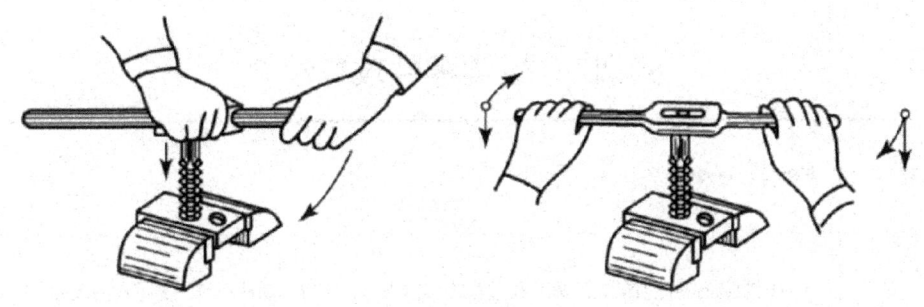

图 2-4-53　起攻方法

在丝锥攻入 1~2 圈后，应及时从前后左右方向，用工具检查丝锥的垂直度，如图 2-4-54 所示，并不断校正至要求。

③当丝锥切削部分全部进入工件时，不要再施加压力，只需靠丝锥自然旋进切削。此时，两手要均匀用力，铰杠每转 1/2~1 圈，应倒转 1/4~1/2 圈断屑。

④改螺纹时必须按头锥、二锥、三锥的顺序攻削，以减小切削负荷，防止丝锥折断。

⑤攻盲孔螺纹时，可在丝锥上做上深度标记，并经常退出丝锥，将孔内切屑清除，否则会因切屑堵塞而折断丝锥或攻不到规定深度。

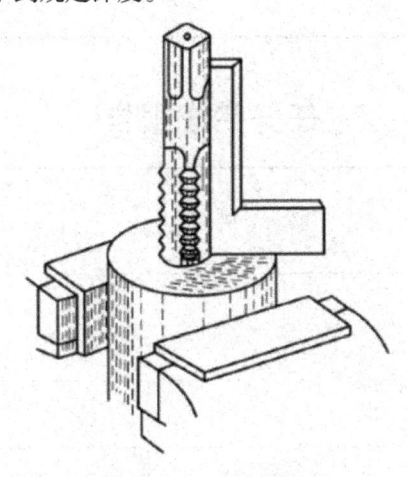

图 2-4-54　检查丝锥垂直度

（四）攻螺纹的注意事项

①转动铰杠时，操作者的两手用力要平衡，切忌用力过猛和左右晃动，否则容易将螺纹牙型撕裂和导致螺纹孔扩大及出现锥度。

②攻螺纹时，如感到很费力，切不可强行操作，应将丝锥倒转，使切屑排除，或用二锥攻削几圈，以减轻头锥切削部分的负荷，然后再用头锥继续攻螺纹。若仍然很吃力，则说明切削

不正常或丝锥磨损,应立即停止攻螺纹,并查找原因,否则丝锥有折断的可能。

③攻盲孔螺纹时,当末锥攻完,用铰杠带动丝锥倒旋松动后,应用手将丝锥旋出,不宜用铰杠旋出丝锥,尤其不能用一只手快速拨动铰杠来旋出丝锥。因为攻完的螺纹孔和丝锥的配合较松,而铰杠又重,若用铰杠旋出丝锥,则容易产生摇摆和振动,从而破坏螺纹的表面粗糙度。攻削通孔螺纹时,丝锥的校准部分尽量不要全部出头,以免扩大或损坏最后的几扣螺纹。

④攻削不通的螺孔时,要经常把丝锥退出,将切屑清除,以保证螺纹孔的有效长度。

实训7　板类零件攻螺纹

实训名称	板类零件攻螺纹
实训内容	对领取到的零件所需要的螺纹孔进行攻螺纹操作,完成手动冲压机板类零件的攻螺纹
实训目标	1. 掌握螺纹孔攻螺纹的方法; 2. 完成所领取零件的螺纹孔加工
实训课时	10 课时
实训地点	3 楼机械实训室

任务完成报告

姓名		学习日期		
任务名称	板类零件的制作			
学习自评	考核内容	完成情况		
	1. 钳工入门	□好　□良好　□一般　□差		
	2. 手动冲压机零件划线	□好　□良好　□一般　□差		
	3. 手动冲压机零件钻孔	□好　□良好　□一般　□差		
	4. 手动冲压机零件攻螺纹	□好　□良好　□一般　□差		

续表

学习心得	

项目3　手动冲压机轴类零件的认识

　　轴及轴类的支撑装置在机械工程中应用十分广泛，本项目将以手动冲压机为项目载体，认识工业中轴的分类、材料、结构和应用以及轴类零件的主要连接方式和支撑方式，熟悉轴类零件的图样画法。在轴的主要支撑方式中着重讲解滚动轴承的类型、特点、代号及应用，并对滑动轴承作简要介绍。

　　任务1　轴类零件的支撑。了解轴的分类、材料、结构和应用以及轴承的分类和作用，重点讲解滚动轴承的类型、特点、代号和应用，并对滑动轴承作简单介绍。

　　任务2　轴类零件的连接。了解轴类零件的三种主要连接方式：键连接、销连接和联轴器，以及键连接、销连接的工程图绘制方法，并对三种连接方式的种类、特点及应用作讲解。

　　任务3　轴类零件的绘制。熟悉零件图的作用及画法，并掌握轴类零件的图样绘制方法。

任务1 轴类零件的支撑

做运动的任何零部件都需要有相应的其他零件的支持，才能保持其沿预定方向运动，这些提供支持的零件就是支撑。支撑的作用是：支持运动部件，使之沿预定的方向运动，并将运动部件上的载荷传至支架。

支撑通常可以分为两大类：一类为轴承，用以支撑旋转轴；另一类为导轨，用以支撑移动部件。支撑按接触表面摩擦性质不同，又可以分为滑动摩擦支撑和滚动摩擦支撑，因而有滑动轴承和滚动轴承、滑动导轨和滚动导轨之分，本任务主要介绍轴类零件支撑中的滑动支撑和滚动支撑。

知识目标：

①了解轴的分类、材料、结构和应用；

②了解轴承的分类和作用，重点掌握轴承分类中的滚动轴承相关知识并对滑动轴承知识点作简单了解；

③了解齿轮轴的拆装操作和滑动轴承在齿轮轴中的作用。

能力目标：

①能够区分机械中常见的轴、轴承的种类；

②掌握滚动轴承的类型、特点、代号和应用；

③掌握齿轮轴拆卸和装配的基本操作。

学习内容：

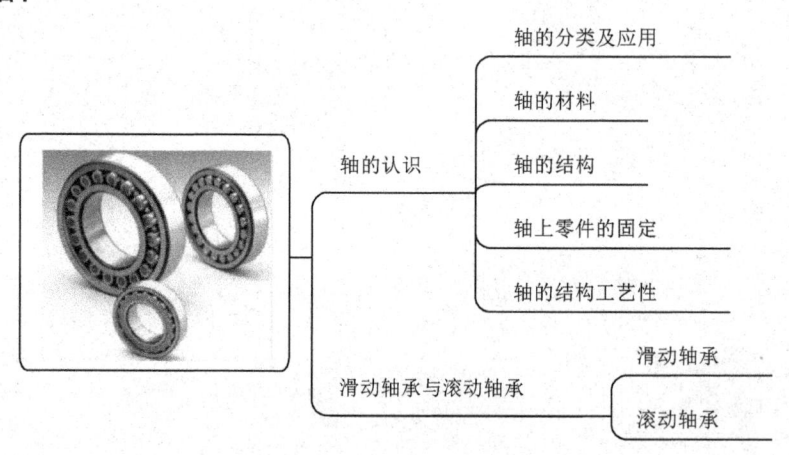

```
                            ┌─ 轴的分类及应用
                            ├─ 轴的材料
              轴的认识 ──────┼─ 轴的结构
                            ├─ 轴上零件的固定
                            └─ 轴的结构工艺性

                                      ┌─ 滑动轴承
              滑动轴承与滚动轴承 ──────┤
                                      └─ 滚动轴承
```

一、轴的认识

轴是组成机器的重要零件之一，轴的功能在于支持转动零件，使其具有确定的工作位置，并传递运动和动力。本节将从轴的分类、应用、材料、结构等入手，详细介绍轴的相关知识。

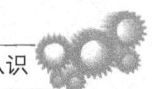

> **思考：**
> 仔细观察图3-1-1所示三种轴，分析其结构和应用上的特点。

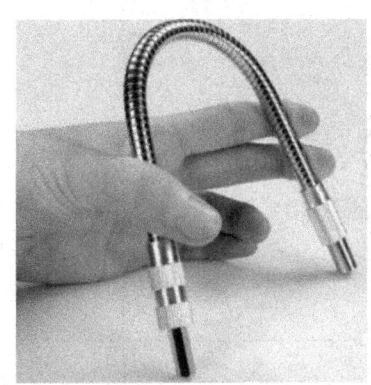

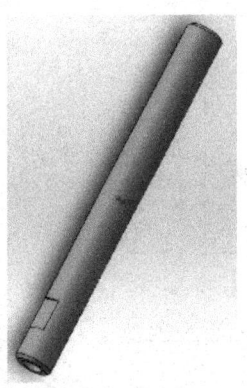

（a）披头万向软轴　　（b）曲轴　　（c）冲压机导向轴

图 3-1-1　轴

（一）轴的分类及应用

根据轴所承受的载荷不同，可分为心轴、转轴、传动轴三大类。它们的承载情况和特点见表 3-1-1。根据轴线的形状不同，可以分为直轴和曲轴两类，直轴又分为光轴和阶梯轴。直轴广泛应用于各类机械产品中，如机床、汽车变速箱等，曲轴主要用于有往复运动的机械中，如内燃机中的曲轴。根据工作要求或减轻重量的目的，轴可以分为实心轴和空心轴，空心轴是为减轻重量（如大型水轮机轴、航空发动机轴）或满足工作要求（如机床的主轴中心常需穿过其他零件）而设计的。另外，还有一些特殊用途的轴，如钢丝软轴，主要用于空间不开敞的位置。

表 3-1-1　各类轴受载情况及特点

分类	受力特点	举例		其他分类名称
心轴	只承受弯矩，不承受扭矩；起支撑作用	固定心轴	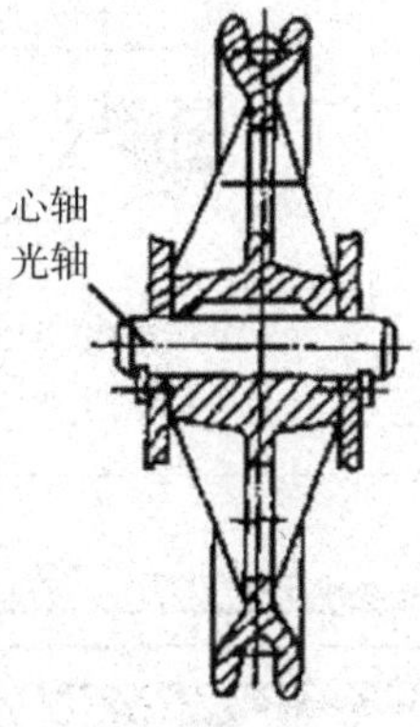 （心轴、光轴图示）	实心光轴

续表

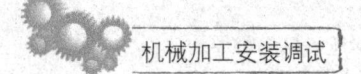

分类	受力特点	举例		其他分类名称
心轴	只承受弯矩,不承受扭矩;起支撑作用	转动心轴	(心轴 阶梯轴图示)	实心阶梯轴
传动轴	主要承受扭矩,不承受或承受很小弯矩		(传动轴图示)	实心阶梯轴
			(钢丝软轴图示：被驱动装置、接头、钢丝软轴（外层为护套）、接头、动力源)	软轴
转轴	既承受弯矩又承受扭矩		(转轴,阶梯轴图示：端轴颈、轴头、中轴颈、轴头) 轴颈：轴上与轴承配合的部分 轴头：轴上安装传动件轮毂的部分	实心阶梯轴
			(空心阶梯轴图示)	空心阶梯轴

续表

分类	受力特点	举例	其他分类名称
转轴	既承受弯矩又承受扭矩		曲轴

（二）轴的材料

轴的工作应力多为交变应力，所以，轴的主要失效形式为疲劳破坏，故轴的材料应具有足够的疲劳强度且对应力集中的敏感性低，同时要有较好的工艺性和经济性。机器中轴的材料主要采用碳素钢和合金钢，钢轴毛坯多采用轧制圆钢和锻件。

> **思考：**
> 根据所学知识，分析说明手动冲压机导向轴采用Q235-A材料的原因。

碳素钢比合金钢价廉，对应力集中的敏感性较低，可用热处理或化学处理的办法提高其耐磨性和抗疲劳强度，故应用广泛，其中最常用的是45钢。不重要或受力较小的轴，则可采用Q235、Q275等普通碳素钢。

合金钢比碳素钢具有更好的力学性能和淬火性能。所以对于重要、承载能力要求高、具有耐磨损及防腐蚀等要求，或要求重量轻的场合，可采用合金钢。但应注意，合金钢对应力集中敏感，价格较高；在一般工作温度下（200℃以下），合金钢和碳素钢的弹性模量差不多，故用合金钢代替碳素钢并不能达到提高轴的刚度的目的。

高强度铸铁和球墨铸铁容易制成复杂的形状，且具有价廉、良好的吸振性和耐磨性、对应力集中的敏感性低等优点，可用于制造外形复杂的轴（如曲轴），但其冲击韧性低、质量不够稳定。

表3-1-2列出了轴的常用材料及其主要力学性能。

表3-1-2 轴的常用材料及其主要力学性能

材料		毛坯直径（mm）	力学性能				备注
类别	牌号		强度极限	屈服点	弯曲疲劳极限	剪切疲劳极限	
碳素钢	Q235	≤16	460	235	200	105	用于不重要或承载不大的轴
		≤40	440	225			
	45	≤100	600	300	275	140	应用最广

续表

材料		毛坯直径（mm）	力学性能				备注
类别	牌号		强度极限	屈服点	弯曲疲劳极限	剪切疲劳极限	
合金钢	40Cr	≤100	750	550	350	200	用于承载较大和无很大冲击的重要轴
		>100~300	700	550	340	185	
	40MnB	25	1000	800	485	280	性能接近于40Cr，用于重要轴
		≤200	750	500	835	195	

（三）轴的结构

轴结构设计的任务就是要定出轴的合理外形和全部结构尺寸，包括各轴段的尺寸和长度以及各细小部分的结构尺寸。为使轴的结构和各个部位都具有合理的形状和尺寸，在考虑轴的结构时，应着重满足以下三方面的要求：

①轴上零件应准确可靠定位；
②轴便于加工且尽量避免和减少应力集中；
③轴上零件便于安装、调整、拆卸。

（四）轴上零件的固定

1. 轴向固定

为保证零件在轴上有确定的轴向位置，防止零件做轴向移动，并能承受轴向力，须在轴上设计出轴肩或辅助轴环、轴端挡圈、轴套、圆螺母、弹性线圈等零部件，如图3-1-2所示。

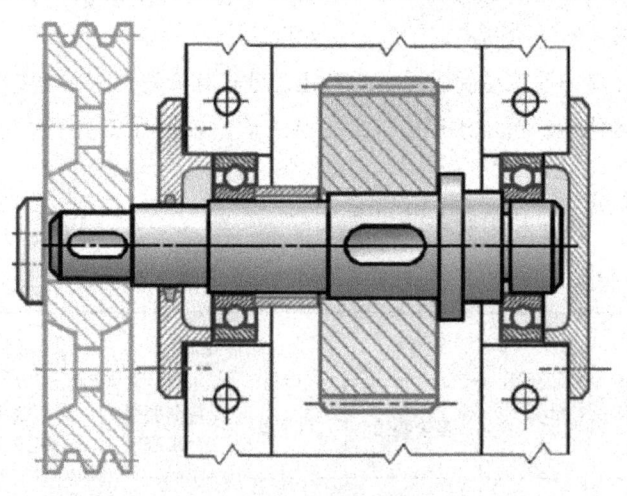

图3-1-2 轴的定位

2. 周向固定

为传递扭矩，防止零件与轴之间发生相对转动，在进行零件与轴的固定和连接时，可根据实际情况采用键连接、过盈配合、键与过盈配合组合、紧定螺钉、圆锥销等方式。

（五）轴的结构工艺性（图3-1-3）

①台阶轴的直径需设计成中间大、两端小，便于轴上零部件的安装。

②轴端、轴颈、轴肩的过渡部分要设计倒角和过渡圆弧，以便于轴上零件装配并减少应力集中。

③为便于轴的加工，轴上有螺纹时需设计退刀槽，必要时应在轴端设计中心孔。

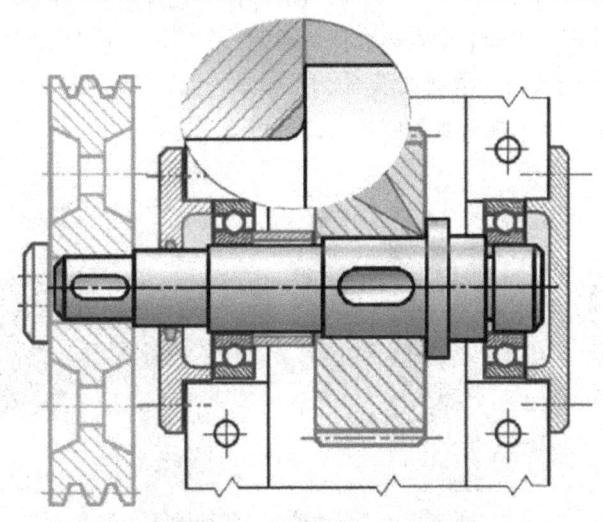

图 3-1-3　轴的结构工艺性

④轴上有多个键槽时，尽可能用同一规格尺寸，并安排在同一条直线上。

实训1　轴类零件测量

实训名称	轴类零件测量
实训内容	测量轴类零件的尺寸（长度、直径及深度）
实训目标	1. 掌握游标卡尺的使用方法； 2. 掌握外径千分尺的使用方法； 3. 了解零部件的关键尺寸
实训课时	1课时
实训地点	课堂

二、滑动轴承与滚动轴承

轴承是当代机械设备中一种重要的零部件。它的主要功能是支撑机械旋转体，降低其运动过程中的摩擦系数，并保证其回转精度。

按照运动元件摩擦性质的不同，轴承可分为滑动轴承和滚动轴承两大类，如图3-1-4所示。其中，滚动轴承已经系列化、标准化，但与滑动轴承相比，它的径向尺寸、振动和噪声较大。滚动轴承一般由外圈、内圈、滚动体和保持架四部分组成，按照滚动体的形状，滚动轴承分为球轴承和滚子轴承两大类。滑动轴承不分内外圈，也没有滚动体，一般由耐磨材料制成，常用于低速、重载及加注润滑油和维护困难的机械转动部位。

（a）滚动轴承　　　　　　　　　　（b）滑动轴承

图3-1-4　滚动轴承与滑动轴承

（一）滑动轴承

滑动轴承由于是面接触，在接触面间有油膜减震，所以具有承载能力大、抗震性能好、工作平稳、噪声小等特点。若采用液体摩擦滑动轴承，则可长期保持较高的旋转精度，因此在高速、高精度、重载和结构上要求剖分等场合（如汽轮机、内燃机高速高精度磨床、压缩机、轧钢机、化工机械及锻压机械等），滑动轴承仍占有重要地位，是滚动轴承所不能完全替代的。另外，由于它结构简单、制造容易且成本低，故也广泛应用于各种简单机械中。

1. 径向滑动轴承的结构

常见的径向滑动轴承结构有整体式、剖分式和调心式。图3-1-5为整体式滑动轴承的结构，

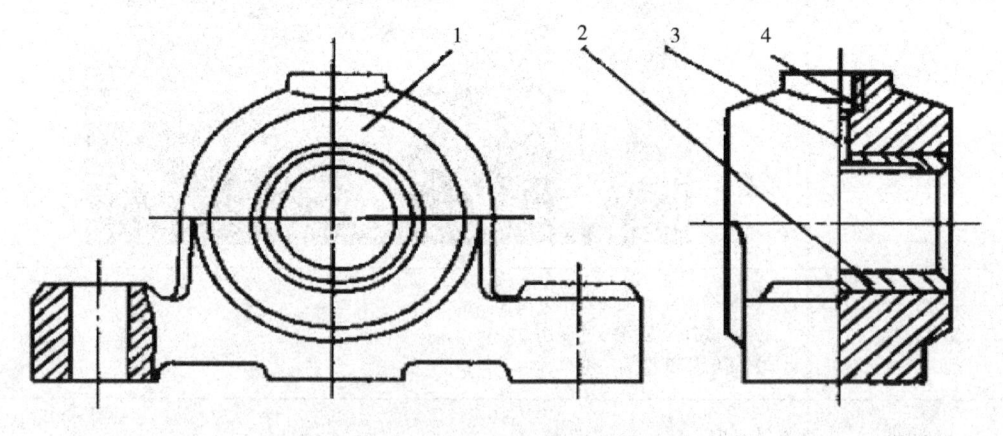

图3-1-5　整体式径向滑动轴承的结构

1—轴承座；2—整体轴瓦；3—油孔；4—螺纹孔

它由轴承座和整体轴瓦组成。整体式滑动轴承具有结构简单、成本低、刚度大等优点。但在装拆时需要轴承或轴做较大的轴向移动,故装拆不便。而且当轴颈与轴瓦磨损后,无法调整其间的间隙。所以这种结构常用于轻载、不需经常装拆且不重要的场合。

剖分式轴承的结构如图 3-1-6 所示,它由轴承座、轴承盖、剖分式轴瓦和连接螺栓等组成,为防止轴承座与轴承盖间相对横向错动,接合面要做成阶梯形或设止动销钉。这种结构装拆方便,且在接合面之间可放置垫片,通过调整垫片的厚薄,可以调整轴瓦和轴颈间的间隙,以补偿磨损造成的间隙增大。

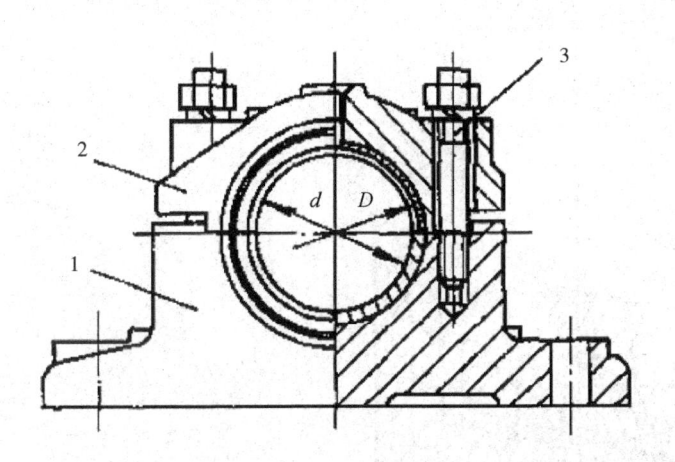

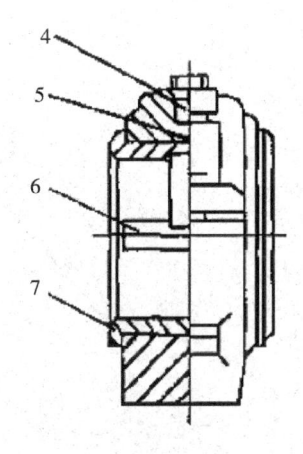

图 3-1-6 剖分式径向滑动轴承的结构

1—轴承座;2—轴承盖;3—双头螺柱;4—螺纹孔;5—油孔;6—油槽;7—剖分式轴瓦

调心式轴承的结构如图 3-1-7 所示,其轴瓦和轴承座之间以球面形成配合,使轴瓦和轴相对于轴承座可在一定范围内摆动,从而避免安装误差或轴的弯曲变形较大时,造成轴颈与轴瓦端部的局部接触所引起的剧烈偏磨和发热。但球面加工不易,所以这种结构一般只用在轴承的长度和直径之比,即长径比 l/d 较大的场合。

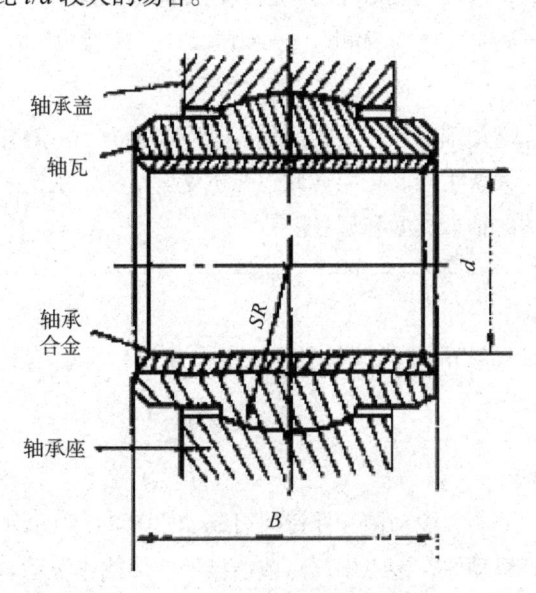

图 3-1-7 调心式滑动轴承的结构

2. 止推滑动轴承的结构

图 3-1-8 所示为一种止推滑动轴承的结构。它由轴承座、轴承盖、止推轴瓦、径向轴瓦和防止轴瓦转动的止动销钉等组成，止推轴瓦和轴承座形成球面配合，起自动调位作用，径向轴瓦有一定的承受径向载荷的能力。

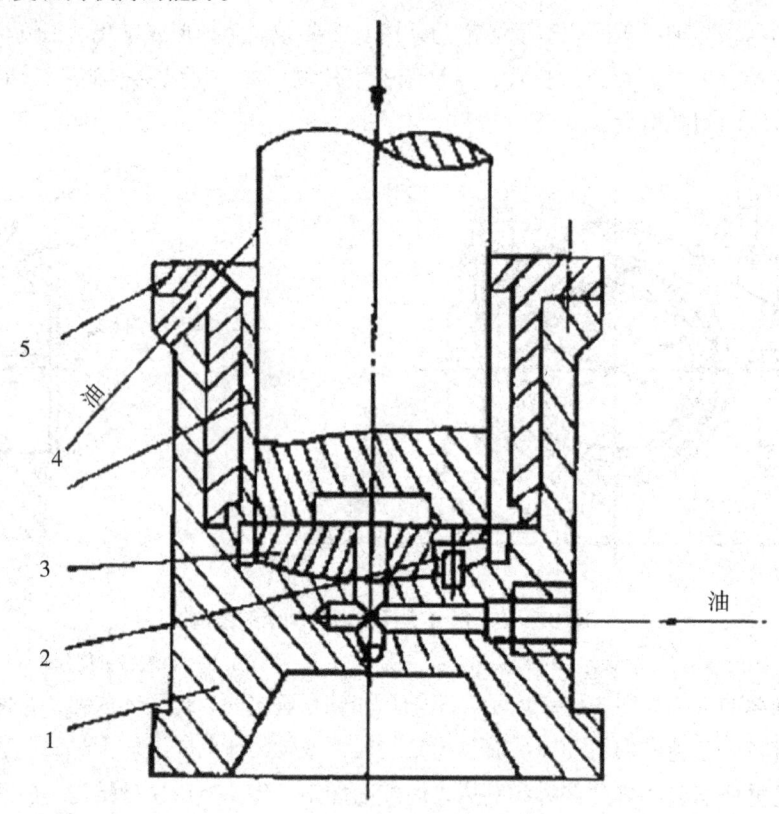

图 3-1-8 止推滑动轴承的结构

1—轴承座；2—止动销钉；3—止推轴瓦；4—径向轴瓦；5—轴承盖

（二）滚动轴承

与滑动轴承相比，滚动轴承应用更为广泛，其摩擦阻力小，功耗少，易启动。滚动轴承多为标准件，由专业工厂大量生产。正因如此，在机械设计中，主要是根据滚动轴承的使用条件和工作状况来选择合适的轴承类型和型号。

> **思考：**
> 请举例说明滚动轴承在自行车中的应用及作用，分析自行车脚蹬处滚动轴承的常见失效方式。

1. 滚动轴承的结构

滚动轴承由内圈、外圈、滚动体和保持架组成，如图 3-1-9 所示。在外圈内表面和内圈的外表面上加工有滚道，滚动体在滚道中以点或线接触的形式作滚动。保持架将各滚动体相互隔开，可避免运动过程中发生碰撞和磨损，常用滚动体的形状如图 3-1-10 所示。

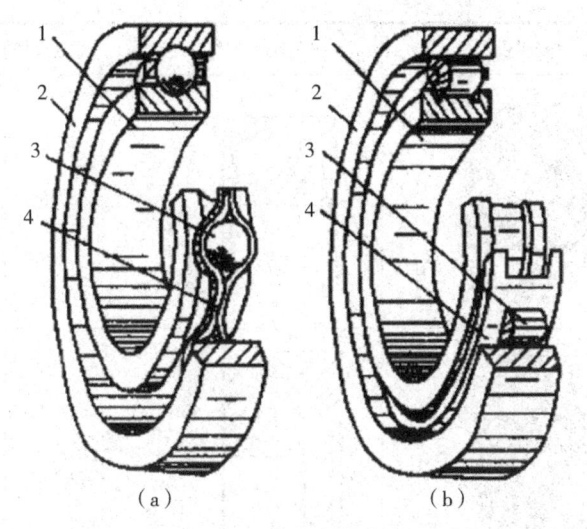

项目3 手动冲压机轴类零件的认识

（a） （b）

图 3-1-9 滚动轴承的结构

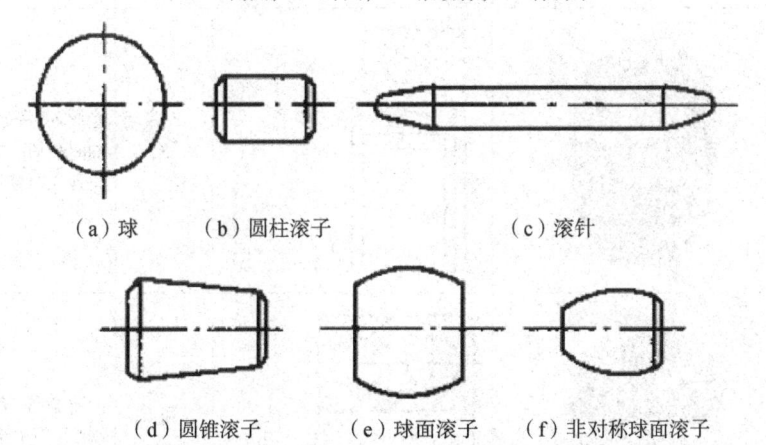

1—内圈；2—外圈；3—滚动体；4—保持架

（a）球　　（b）圆柱滚子　　（c）滚针

（d）圆锥滚子　　（e）球面滚子　　（f）非对称球面滚子

图 3-1-10 常用滚动体形状

2. 滚动轴承的主要类型及性能

在国家标准中，将滚动轴承分为13种类型，表3-1-3中列举了其中常见的11种。

表 3-1-3 常见滚动轴承的类型、主要性能和特点

轴承名称	结构图	简图及承载方向	类型代号	基本特性
调心球轴承			1	主要承受径向载荷，也可承受少量的双向轴向载荷，一般不能承受纯轴向载荷，能够自动调心

137

续表

轴承名称		结构图	简图及承载方向	类型代号	基本特性
调心滚子轴承				2	与调心球轴承的特性基本相同,除承受径向载荷外,还可承受双向轴向载荷及其联合载荷
推力调心滚子轴承				2	能承受很大的轴向载荷,在承受轴向载荷的同时还可以承受径向载荷
圆锥滚子轴承				3	能同时承受较大的径向和轴向载荷;内、外圈可分离,通常成对使用
双列深沟球轴承				4	主要承受径向载荷,也能承受一定的双向轴向载荷
推力球轴承	单向			5(5100)	只能承受单向轴向载荷,适用于轴向载荷大而转速不高的场合
	双向			5(5200)	能够承受双向轴向载荷,适用于轴向载荷大而转速不高的场合

续表

轴承名称	结构图	简图及承载方向	类型代号	基本特性
推力圆柱滚子轴承			8	能承受大的单向轴向载荷，承载能力比推力球轴承大很多
圆柱滚子轴承			N	外圈无挡边，只能承受纯径向载荷，与球轴承相比，承受载荷能力较大
深沟球轴承			6	主要承受径向载荷，也可同时承受少量的轴向载荷，摩擦阻力小，极限转速高，结构简单，价格便宜
角接触球轴承			7	能同时承受轴向和径向载荷，适用于转速较高，同时承受轴向和径向载荷的场合

3. 滚动轴承代号

滚动轴承的类型较多，而每一类型又有多种不同的结构、尺寸和公差等级，为便于组织生产和选用，有必要采用统一的代号来表示，GB/T 272—2017 规定了轴承代号的表示方法。

滚动轴承代号由基本代号、前置代号和后置代号组成，用数字和字母表示，其构成见表 3-1-4。

表 3-1-4 滚动轴承代号的构成

前置代号	基本代号					后置代号						
	五	四	三	二	一							
轴承分部件代号	类型代号	尺寸系列代号		内径代号		内部结构代号	密封和防尘结构代号	保持架及其材料代号	特殊轴承材料代号	公差等级代号	游隙代号	多轴承配置代号	其他代号
		宽度系列代号	直径系列代号										

注：基本代号下面的一～五表示代号自右向左的位置序数。

（1）基本代号

基本代号用来表示轴承的内径、直径系列、宽度系列和类型，最多五位。

内径代号：用基本代号右起第一、二位数字表示。对于轴承内径为 20~480mm 的轴承，以内径 d 除以 5 的商数为内径代号，若商为个位数，则在商数左边加 0；对于轴承内径为 10mm、12mm、15mm、17mm 的轴承分别用 00、01、02 作为内径代号；对于内径小于 10mm 和大于 500mm 的轴承的表示方法，可参阅 GB/T 272—2017。

尺寸系列代号：对于同一类型同一内径的轴承，为了适应不同载荷大小的需要，采用不同的滚动体，因而使轴承的外径和宽度也随之改变，这种变化用尺寸系列代号来表示，尺寸系列由直径系列代号（右起第三位）和宽度系列代号（右起第四位）组成。代号所表示的意义如表 3-1-5 所示。

表 3-1-5 尺寸系列代号

代号	7	8	9	0	1	2	3	4	5	6
宽度系列	—	特窄	—	窄	正常	宽	特宽			
直径系列	超特轻	超轻		特轻		轻	中	重	—	—

在轴承代号中，宽度系列代号为"0"时常被省略，有时甚至代号为"1"或"2"时也被省略。

轴承类型代号 用基本代号右起第五位的数字或字母表示。

（2）前、后置代号

前、后置代号是轴承在结构形状、尺寸、公差、技术要求等有改变时的补充代号。

前置代号用以指明所表示的是轴承的一部分，如用 K 表示轴承的棍子和保持架组件。

后置代号中的内部结构代号表示结构中的某些特殊点，在基本代号的紧右侧的位置上用字母表示，代号的意义可参看 GB/T 272—2017。

公差等级代号用以表示轴承制造的精度等级，分别用 P0（为普通级精度，在代号中省略不标）、P6x、P6、P5、P4、P2 表示，精度按以上次序由低到高。

其余后置代号无特殊要求可以不标。

> **思考：**
> 根据所学知识，说明轴承代号6202所代表的含义。

实训2　单轴圆柱齿轮减速器拆装

实训名称	单轴圆柱齿轮减速器拆装
实训内容	使用合适的工具，完成减速器的拆卸与安装
实训目标	1. 掌握轴的类型、结构与应用； 2. 能够使用专业工具拆装减速器； 3. 对零件建立感性认识，为后续绘图知识讲解打下基础
实训课时	1课时
实训地点	实训室

任务完成报告

姓名		学习日期	
任务名称	轴类零件的支撑		
学习自评	考核内容	完成情况	
	1. 轴的认识	□好 □良好 □一般 □差	
	2. 滑动轴承与滚动轴承	□好 □良好 □一般 □差	
学习心得			

任务2 轴类零件的连接

为了便于机器的制造、安装、运输、维修，各零部件广泛地使用各种连接组合在一起。如果没有连接，各种零部件均是相对独立的，无法配合完成工作。本项目载体手动冲压机由不同的零件组成，零件之间需要连接才能组合到一起，协调配合完成工作。

按被连接件是否可以相对运动，将机器中的连接分为静连接和动连接。被连接件间相互固定、不能做相对运动的连接称为静连接；被连接件间能按一定运动形式做相对运动的连接称为动连接。在机器制造中,"连接"这一术语,实际上只指机械静连接,本书中除指明外,所用到的"连接"均指静连接。

机械的静连接可以分为可拆连接和不可拆连接。可拆连接是不需要毁坏连接中的任一零件就可拆开的连接,故多次拆装无损于其使用性能,例如螺纹连接、键连接和销连接等。不可拆连接是至少必须毁坏连接中的某一部分才能拆开的连接,例如焊接、胶接等。本任务主要学习可拆连接的部分。

知识目标:
①了解键连接的功用与分类;
②理解平键连接的结构与标准及工程图绘制方法;
③了解销连接的类型、特点、应用;
④了解连轴器的功能、类型、特点和应用。

能力目标:
①能够理解并掌握平键连接的结构与标准及工程图绘制方法;
②能够认识不同类型的销连接及不同类型销连接的作用;
③能够正确拆卸和安装联轴器。

学习内容:

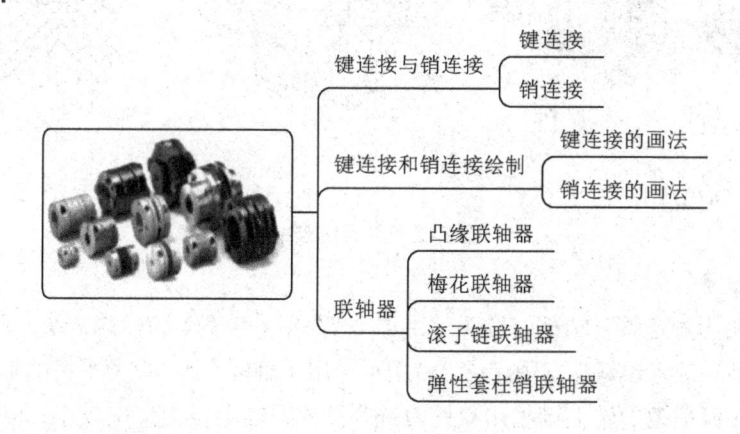

一、键连接与销连接

(一)键连接

安装在轴上的齿轮、带轮、链轮等传动零件,其轮毂与轴间的连接主要靠键连接、花键连接、销连接等。键和花键主要用于轴和带毂零件(如齿轮、带轮、蜗轮等)之间的连接,以实现周向固定、传递转矩。

销主要用来固定零件之间的相互位置(定位销),也用于轴、毂之间或其他零件之间的连接(连接销),还可充当过载剪断元件(安全销)。

键是标准件,主要用于轴和带毂零件的周向固定,以传递转矩。轴上零件轴向移动时还可用导向键来导向。

按照结构特点和工作原理,键连接可分为平键连接、半圆键连接、花键连接、楔键连接等,如图 3-2-1 所示。其中最常用的为平键连接。

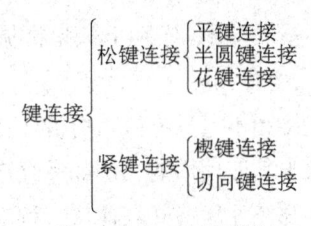

$$\text{键连接}\begin{cases}\text{松键连接}\begin{cases}\text{平键连接}\\\text{半圆键连接}\\\text{花键连接}\end{cases}\\\text{紧键连接}\begin{cases}\text{楔键连接}\\\text{切向键连接}\end{cases}\end{cases}$$

图 3-2-1 键的分类

1. 平键连接

平键连接如图 3-2-2 所示。平键的下面与轴上键槽的底面紧贴，上面与轮毂键槽的顶面留有间隙，两侧面为工作面，依靠键与键槽之间的挤压力传递转矩。平键加工容易，连接拆卸方便，对中性良好，用于传动精度要求较高或承受变载、冲击等的场合。平键分为普通平键、导向平键和滑键三种。还有一种键高较小的普通平键称为薄壁平键，可用于薄壁零件的连接。

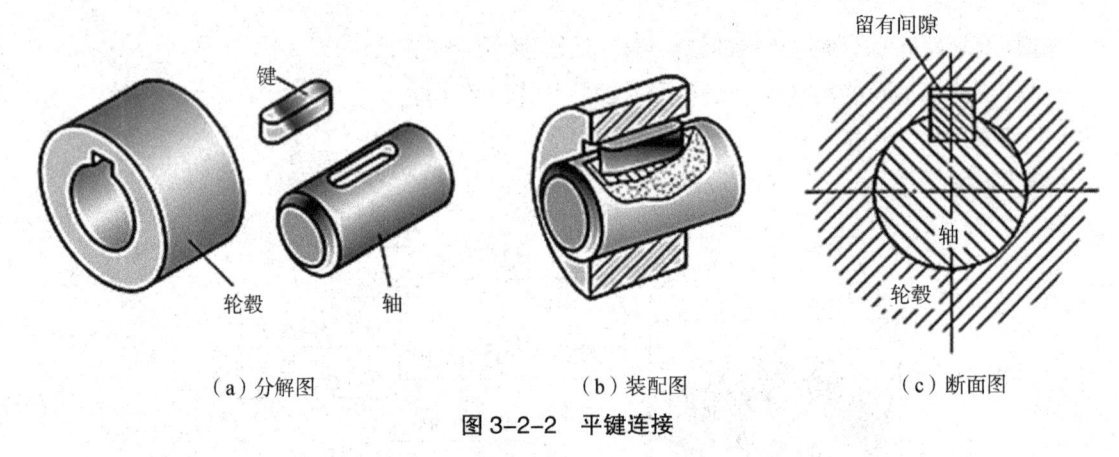

（a）分解图　　　　（b）装配图　　　　（c）断面图

图 3-2-2 平键连接

（1）普通平键

普通平键用于静连接，端部有圆头（A 型）、方头（B 型）和一端方头一端圆头（C 型）三种形式。A 型平键定位好，应用广泛。C 型平键用于轴端。A、C 型平键的轴上键槽用立铣刀铣削而成。B 型平键的轴上键槽用盘铣刀铣削而成，轴上应力集中较小，但对于尺寸较大的键，要用紧定螺钉压紧，以防松动。图 3-2-3（a）为圆头（A 型），图 3-2-3（b）为方头（B 型），图 3-2-3（c）为单圆头（C 型）。

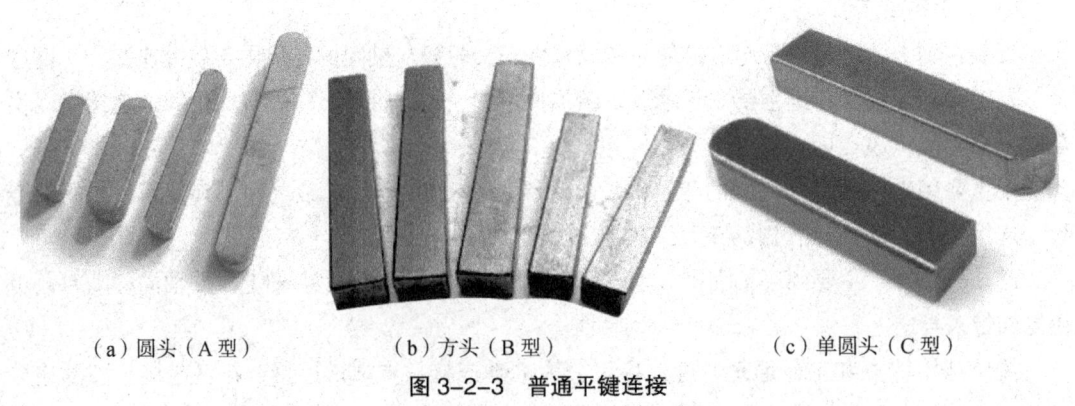

（a）圆头（A 型）　　　　（b）方头（B 型）　　　　（c）单圆头（C 型）

图 3-2-3 普通平键连接

平键是标准件，其尺寸如图 3-2-4 所示，在使用时，只需根据用途、轴径、轮毂长度选取键的类型和尺寸。

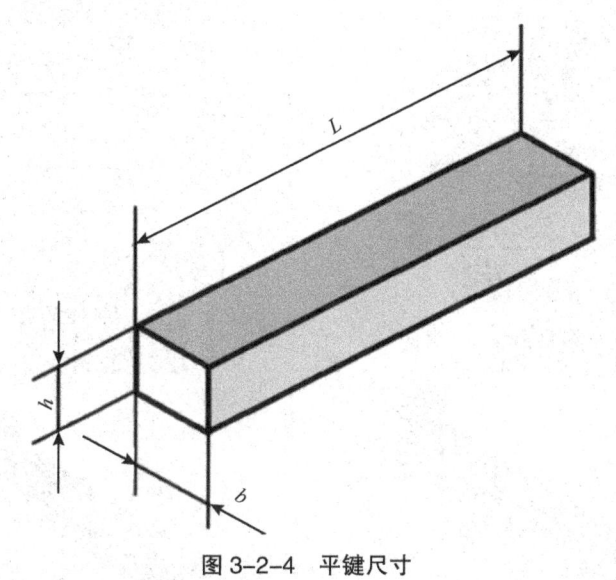

图 3-2-4　平键尺寸

（2）导向平键

导向平键（导键）连接和滑键连接都是动连接。导键固定在轴上，而毂可以沿着键移动。导键中间有用来起键的螺纹孔。导键有圆头的和方头的，一般用螺钉紧固在轴上，如图 3-2-5 所示。

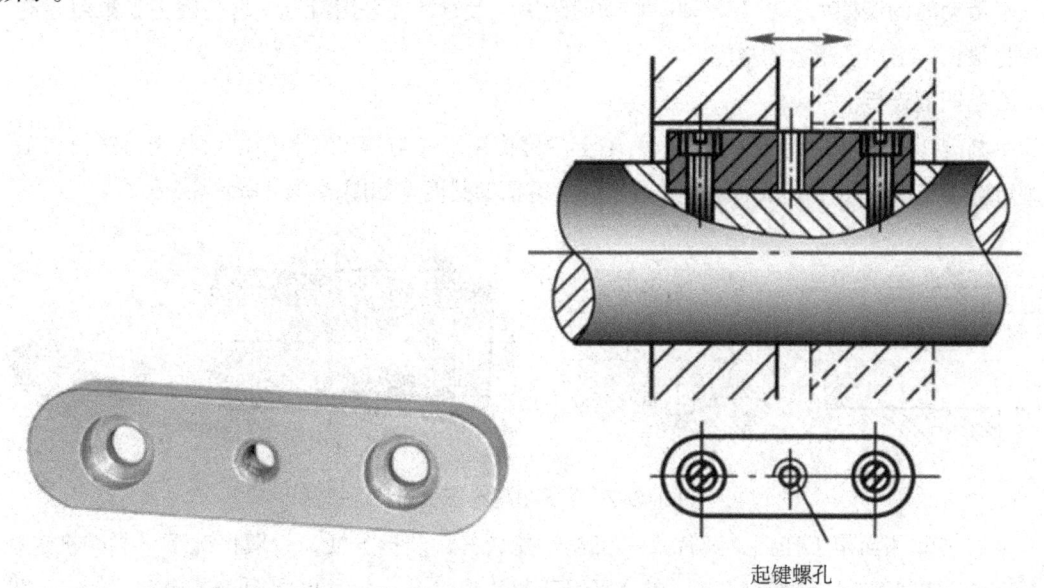

图 3-2-5　导向平键与导向平键连接方式

（3）滑键

滑键连接一般有两种形式，如图 3-2-6 所示。滑键的侧面为工作面，靠侧面传递动力，对中性好，拆装方便。滑键固定在轮毂上，轮毂带动滑键在轴上的键槽中做轴向滑移。键长不受滑动距离的限制，只需在轴上铣出较长的键槽，而且滑键可长可短。

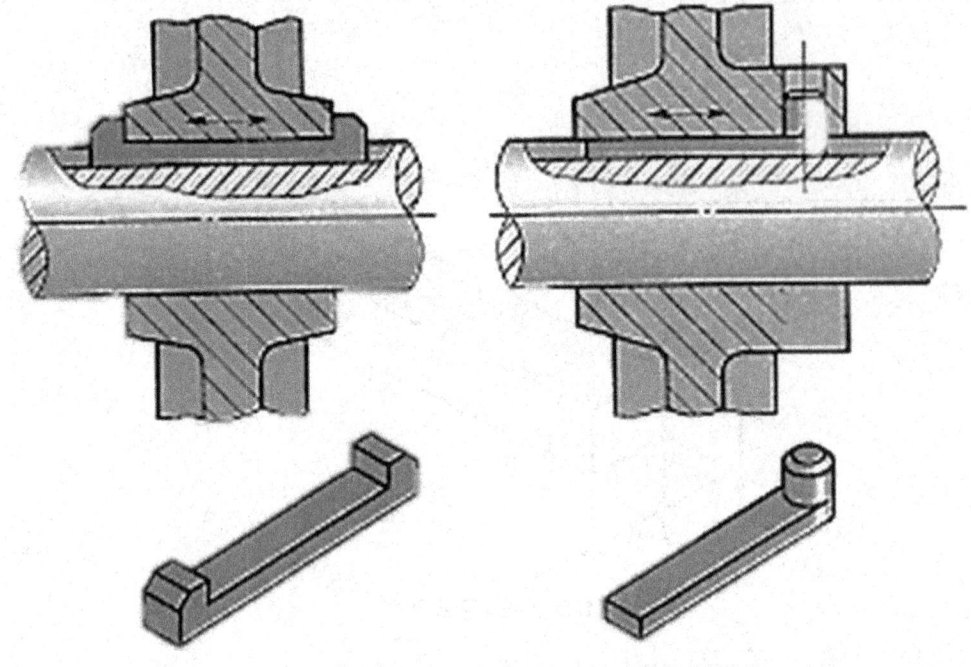

（a）钩头滑键连接　　　　　　（b）圆柱头滑键连接

图 3-2-6　滑键连接

键与其相对滑动的键槽之间的配合为间隙配合。键与键槽的滑动面的表面粗糙度值要低，以减小滑动时的摩擦力。当沿着轴向移动的距离较大时，宜采用滑键，这是因为如果用导键，导键将很长，增加了制造的难度。

2. 半圆键连接

半圆键用圆钢切制或冲压后磨制。轴上的键槽用半径与键半径相同的盘状铣刀铣削加工。半圆键在槽中绕其几何中心摆动，以适应毂上键槽的斜度，如图 3-2-7 所示。

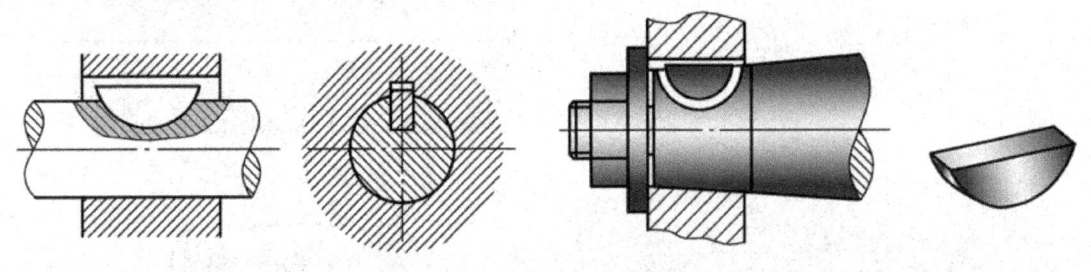

图 3-2-7　半圆键与半圆键连接

半圆键的侧面是工作面，其优点是工艺性能较好，装拆方便，一般情况下不影响被连接件的定心，缺点是轴上键槽较深。它主要用于载荷较轻的连接，也常用于圆锥轴连接的辅助装置。

3. 花键连接

花键连接由内花键和外花键组成，如图 3-2-8 所示。内、外花键均为多齿零件，在外圆柱表面上的花键为外花键，在内圆柱表面上的花键为内花键。显然，花键连接是平键连接在数量上的发展。

外花键

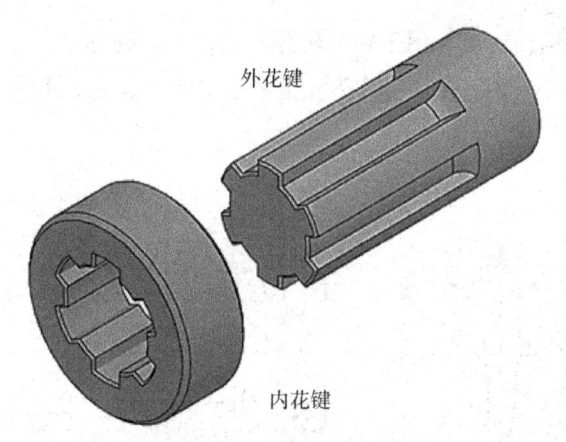

内花键

图 3-2-8　内花键与外花键

花键连接是靠轴和毂上的纵向齿的侧面互相挤压传递转矩，其适用于定心精度要求高、传递转矩大或经常滑移的连接场合。

与平键连接比较，花键连接有以下特点：

①因为在轴上与毂孔上直接而均匀地制出对称的齿与槽，使连接受力较为均匀；

②花键齿浅，齿根处应力集中较小，轴的强度削弱较少；

③齿数较多，总接触面积较大，因而可承受较大的载荷；

④轴上零件与轴的对中性好，这对高速及精密机器很重要；

⑤导向性好，这对动连接很重要；

⑥制造工艺较复杂，有时需要专门设备，成本较高。

花键连接多用于重载和要求对中性好的场合，尤其适用于经常滑动的连接。按齿形的不同，花键连接可以分为矩形花键连接和渐开线花键连接，如图 3-2-9 所示。

（a）矩形花键连接　　（b）渐开线花键连接

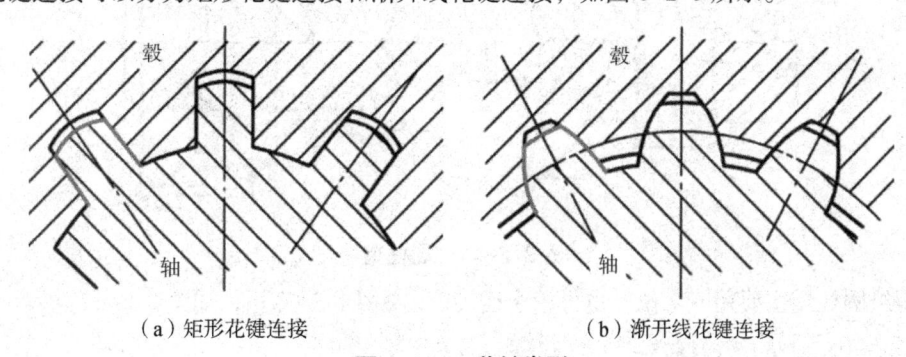

图 3-2-9　花键类型

矩形花键齿的两侧面为平面，形状简单，加工方便。由于制造时轴和轮毂上的结合面都要经过磨削，因此能消除热处理所产生的变形。它具有定心精度高、定心稳定性好、应力集中较小、承载能力较大等特点，所以应用较为广泛。

渐开线花键的齿廓为渐开线，其特点是制造精度较高、齿根强度高、应力集中小、承载能力大、定心精度高，因此常用于载荷较大、定心精度要求较高、尺寸较大的连接。

（二）销连接

销连接的主要用途是固定零件之间的相对位置，即定位，并可传递不大的载荷，如

图 3-2-10（a）所示。销连接也可用于轴与轮毂的连接或其他零件的连接，如图 3-2-10（b）所示，但传递的载荷较小。销连接还可作为安全装置中的过载剪断元件，如图 3-2-10（c）所示，称为安全销。

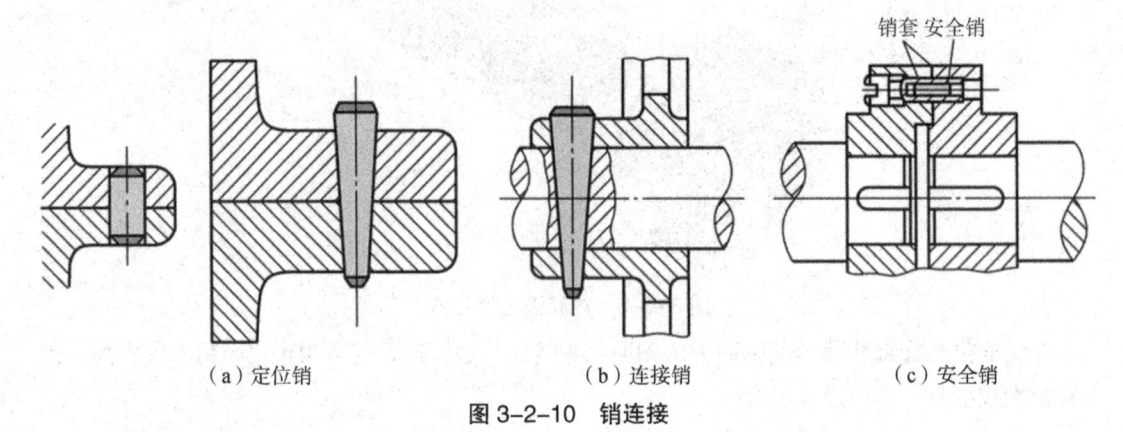

（a）定位销　　　　　　　（b）连接销　　　　　　　（c）安全销

图 3-2-10　销连接

销可分为圆柱销、圆锥销、槽销、开口销及特殊形状的销等，其中圆柱销、圆锥销及开口销均有国家标准。

1. 圆柱销

圆柱销主要用于定位，也可用于连接，利用微量过盈与铰光的销孔配合，如图 3-2-11 所示。为了保证定位精度和连接的紧固性，圆柱销不宜经常装拆。

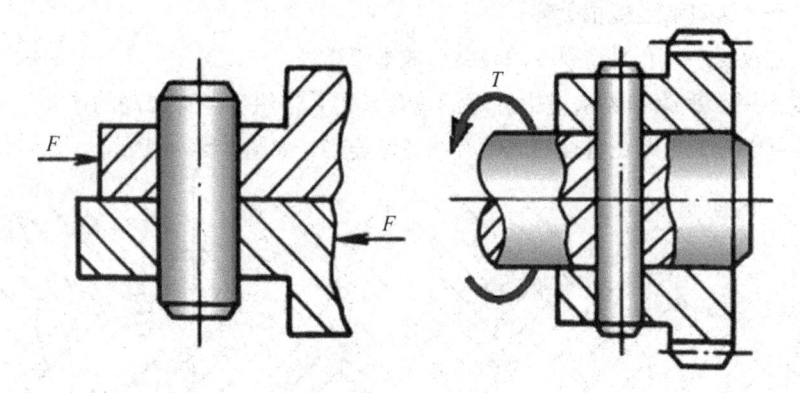

图 3-2-11　圆柱销

内螺纹圆柱销主要用于定位，也可用于连接，内螺纹供拆卸用，如图 3-2-12 所示。

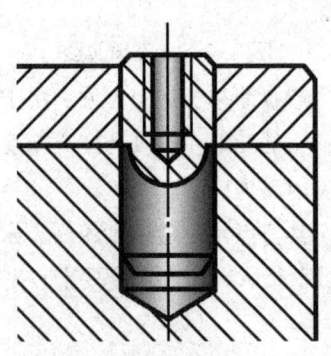

图 3-2-12　内螺纹圆柱销

2. 圆锥销

圆锥销具有 1∶50 的锥度，靠圆锥的挤压作用固定在铰光的销孔中，可多次装拆。如图 3-2-13 所示，其小端直径为标准值，自锁性能好，定位精度高。

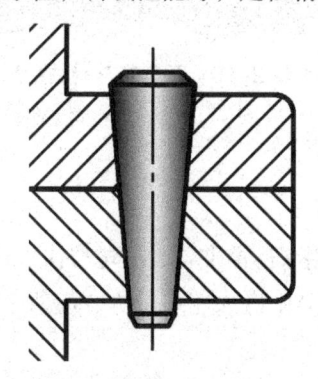

图 3-2-13　圆锥销

内螺纹圆锥销，螺孔用于拆卸，可用于不通孔。拆卸方便，可多次进行拆装，定位精度高，能自锁，如图 3-2-14 所示。

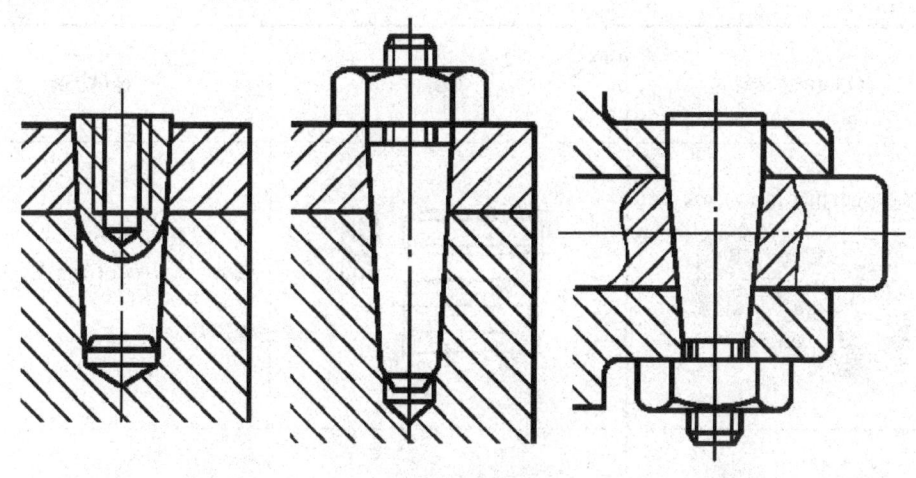

图 3-2-14　内螺纹圆锥销

3. 异形销

异形销种类很多，其中开口销工作可靠、装拆方便，常与槽形螺母合用，锁定螺纹连接件；其中螺纹轴的径向开有通孔，开口销穿过孔后，其尾部被开，如图 3-2-15 所示。

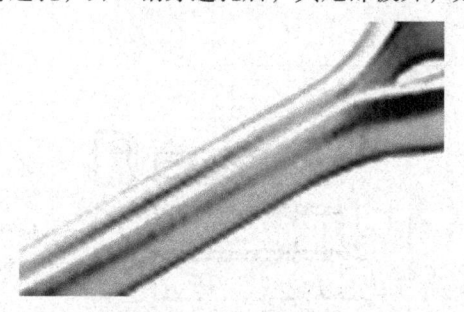

图 3-2-15　开口销

开口销与销轴用于两零件的铰接处，构成铰链连接，如图 3-2-16 所示。

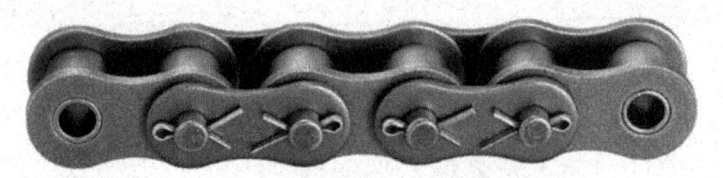

图 3-2-16　开口销与销轴配用

二、键连接和销连接绘制

（一）键连接的画法

键是一种标准件，在机械上用来连接带轮、齿轮与轴同时转动的一种连接件。它的一部分安装在轴上键槽内，另一突出部分则嵌入轮毂槽内，使两个零件一起转动，起到传递扭矩的作用。

键的种类很多，常用的有普通平键、半圆键、钩头楔键等，它们的形式和规定标记如表 3-2-1 所示。

表 3-2-1　键的标记和连接画法

名称及标准编号	图例	标记示例
普通平键 GB/T 1096—1979		键 10×36 GB/T 1096—1979 表示：圆头普通平键（A 字可不写） 键宽 b=10 键长 L=36
半圆键 GB/T 1099—1979		键 6×25 GB/T 1099.1—2003 表示：半圆键 键宽 b=6 键长 d_1=25
钩头楔键 GB/T 1565—1979		键 8×40 GB/T 1565—2003 表示：钩头楔键 键宽 b=8 键长 L=40

1. 普通平键连接

用键连接轴和齿轮，需先在轴和齿轮上分别开一个键槽，图 3-2-17（a）为轴上键槽的画法及尺寸标注法，图 3-2-17（b）为轮毂上键槽的画法及尺寸标注法。

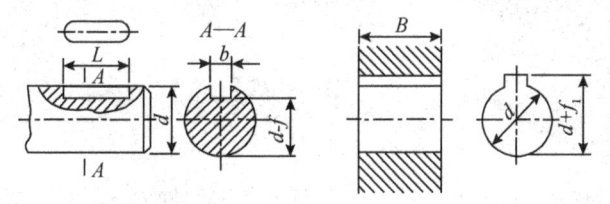

（a）轴上键槽的画法及尺寸标注法　　（b）轮毂上键槽的画法及尺寸标注法

图 3-2-17　普通平键键槽画法

普通平键是用两侧面为工作面来做周向固定和传递运动及动力，因此，其两侧面和下底面均与轴上、轮毂上键槽的相应表面接触，而平键顶面与轮子键槽顶面之间不接触，留有间隙。其装配图画法如图 3-2-18 所示。

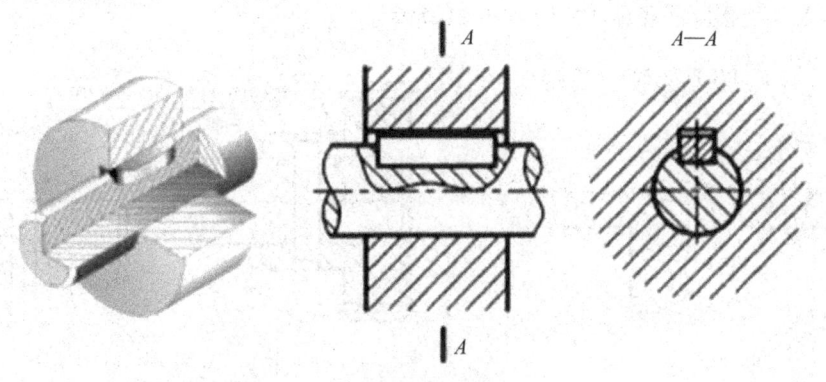

图 3-2-18　普通平键连接画法

2. 半圆键连接

半圆键的两侧面为工作面，与轴和轮上的键槽两侧面接触，而半圆键的顶面与轮子键槽顶面之间不接触，留有间隙。由于半圆键在键槽中能绕槽底圆弧摆动，可以自动适应轮毂中键槽的斜度，因此适用于具有锥度的轴，如图 3-2-19 所示。

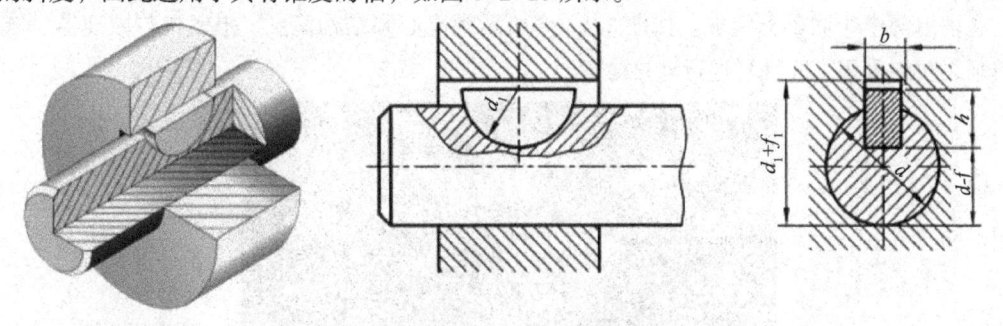

图 3-2-19　半圆键连接画法

3. 钩头楔键连接画法

钩头楔键的上下两面是工作面，而键的两侧为非工作面，楔键的上表面有 1∶100 的斜度，装配时打入轴和轮毂的键槽内，靠楔面作用传递扭矩，能轴向固定零件和传递单向的轴向力，如图 3-2-20（a）所示。钩头楔键连接的画法如图 3-2-20（b）所示。

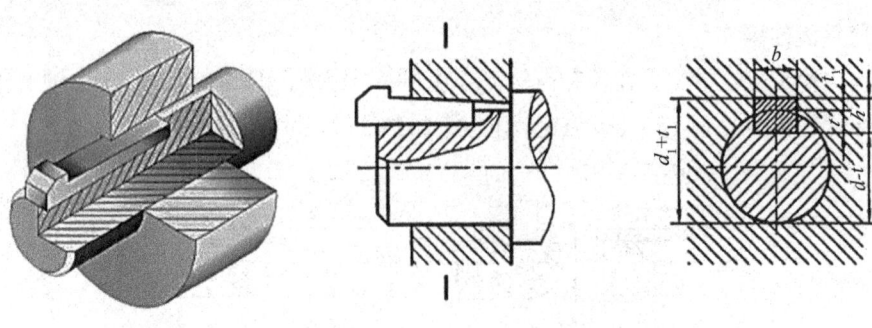

（a）轴上键槽的画法及尺寸标注法　　　　　（b）轮毂上键槽的画法及尺寸标注法

图 3-2-20　钩头楔键连接画法

（二）销连接的画法

销主要是用来连接和定位的。常用的有圆柱销、圆锥销和开口销等。用销连接和定位的两个零件的销孔，一般须一起加工，并在图上注写"装配时作"或"与××件配作"的字样。

常用销及其连接画法和标注如图 3-2-21 所示。

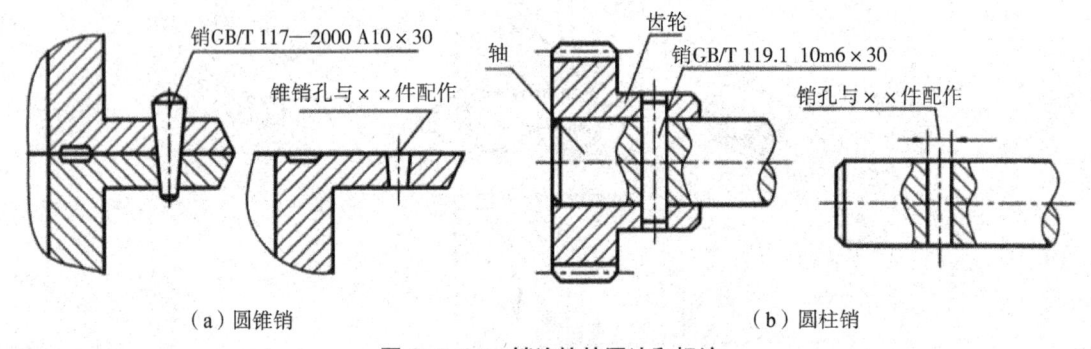

（a）圆锥销　　　　　　　　　　　　　　　（b）圆柱销

图 3-2-21　销连接的画法和标注

三、联轴器

除了以上连接外，联轴器也是许多机器或设备经常需要用到的零件，如图 3-2-22 所示为不同类型的联轴器。联轴器又叫靠背轮、对轮、联轴节等，作为连接件用在主动机与从动机之间。通常由两个半联轴器组成。如图 3-2-23 所示为离心泵结构简图，电动机与减速器、减速器与泵之间均采用了联轴器进行连接。

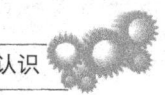

图 3-2-22 不同类型联轴器

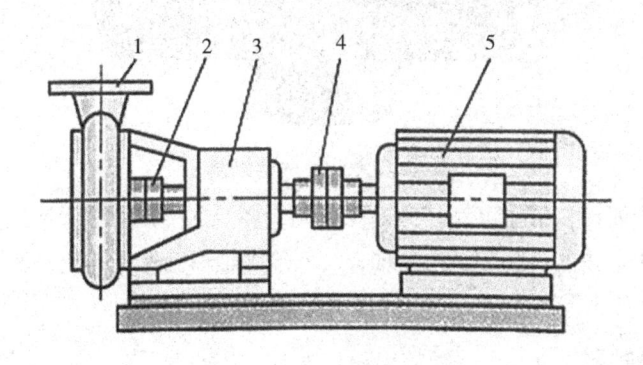

图 3-2-23 联轴器应用

1—离心式水泵；2、4—联轴器；3—减速器；5—发电机

联轴器用于将两轴连接在一起，机器运转时两轴不能分离，只有在机器停车时才可将两轴分离，联轴器能传递运动和转矩。联轴器的类型很多，根据性能可分为刚性联轴器和挠性联轴器两类，其中，挠性联轴器又分为无弹性元件挠性联轴器和有弹性元件挠性联轴器，联轴器的分类如图 3-2-24 所示，下面讲述几种常用的联轴器。

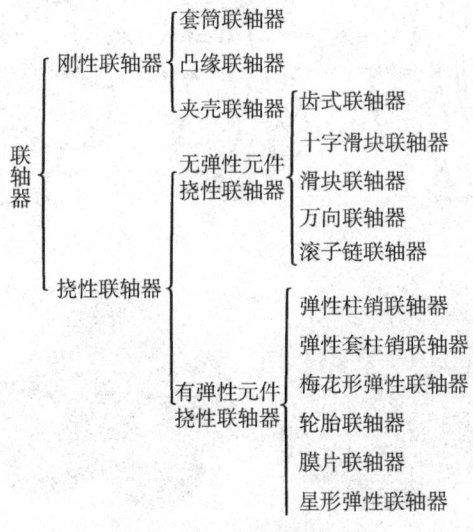

```
                    ┌ 套筒联轴器
         ┌ 刚性联轴器 ┤ 凸缘联轴器
         │          └ 夹壳联轴器
         │                        ┌ 齿式联轴器
         │          ┌ 无弹性元件   │ 十字滑块联轴器
联         │          │ 挠性联轴器   ┤ 滑块联轴器
轴 ────┤          │              │ 万向联轴器
器         │          │              └ 滚子链联轴器
         │ 挠性联轴器 ┤
         │          │              ┌ 弹性柱销联轴器
         │          │              │ 弹性套柱销联轴器
         │          │ 有弹性元件   │ 梅花形弹性联轴器
         │          │ 挠性联轴器   ┤ 轮胎联轴器
         └          └              │ 膜片联轴器
                                   └ 星形弹性联轴器
```

图 3-2-24 联轴器分类

（一）凸缘联轴器

凸缘联轴器属于刚性联轴器，是把两个带有凸缘的半联轴器用普通平键分别与两轴连接，然后用螺栓把两个半联轴器连成一体，以传递运动和转矩，如图 3-2-25 所示。

图 3-2-25 凸缘联轴器

凸缘联轴器结构简单，工作可靠，传递转矩大，装拆方便，适用于连接两轴刚度大、对中性好、安装精确且转速较低、载荷平衡的场合。凸缘联轴器已经标准化，其尺寸可按有关国家标准选用。

（二）梅花联轴器

梅花联轴器是一种应用很普遍的联轴器，也叫爪式联轴器，如图 3-2-26 所示，它由两个金属爪盘和一个弹性体组成。两个金属爪盘一般是 45 号钢，但是在要求载荷灵敏的情况下也有用铝合金的。

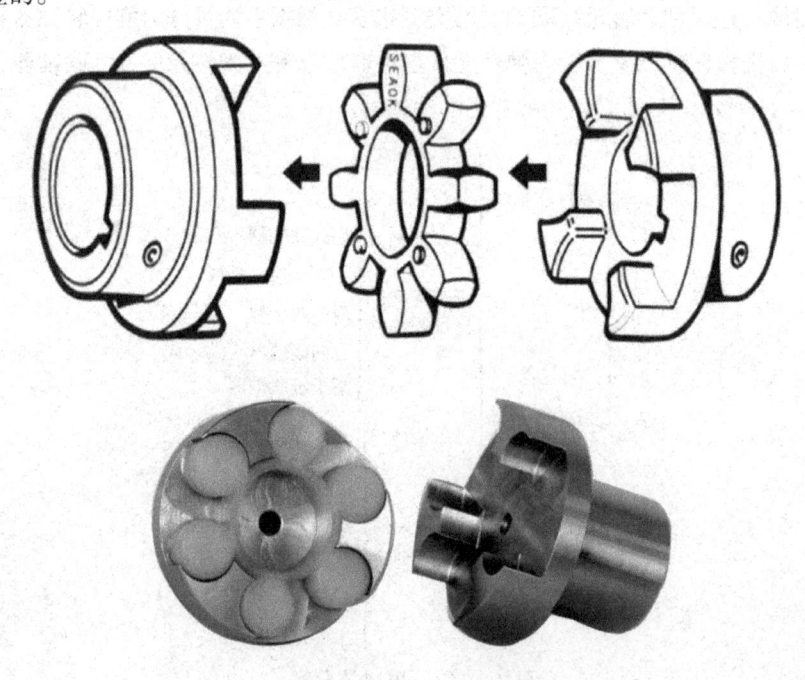

图 3-2-26 梅花联轴器

梅花联轴器结构简单、无须润滑、方便维修、便于检查、免维护、可连续长期运行。高强度聚氨酯弹性元件耐磨耐油，承载能力大，使用寿命长，安全可靠。工作稳定可靠，具有良好的减振、缓冲和电气绝缘性能。具有较大的轴向、径向和角向补偿能力。结构简单、径向尺寸小、重量轻、转动惯量小，适用于中高速场合，广泛用于数控机床、数控车床、加工中心、雕刻机、数控铣床、冶金机械、矿山机械、石油机械、化工机械、起重机械、运输机械、轻工机械、纺织机械、水泵、风机等。

梅花联轴器的安装与拆卸要注意以下事项：

①将安装轴表面的灰尘污浊擦拭干净，同时抹一层薄薄的机油或者润滑剂。
②联轴器内孔清洁干净，抹机油或者润滑剂。
③将联轴器插入安装轴，如孔径偏紧，应避免用铁锤或硬金属击打安装。
④定位完成后，用扭力扳手（规定拧紧力矩的1/4）轻轻地拧紧螺丝。
⑤加大力度（规定拧紧力矩的1/2）重复完成第（4）步动作。
⑥按规定的拧紧力矩进行拧紧固定。
⑦按圆周方向依次拧紧固定螺丝。
⑧梅花联轴器拆卸时，请在装置完全停止的状态下，依次松开锁紧螺丝。

（三）滚子链联轴器

滚子链联轴器是利用公用的链条，同时与两个齿数相同的并列链轮啮合，如图3-2-27所示。不同结构形式的滚子链联轴器的主要区别是采用的链条不同，常见的有双排滚子链联轴器、单排滚子链联轴器、齿形链联轴器、尼龙链联轴器等。

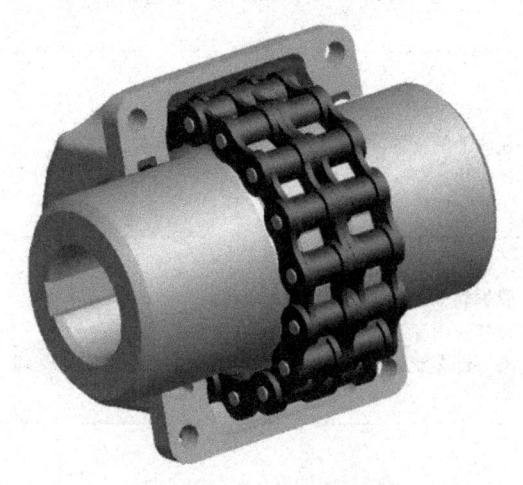

图 3-2-27 滚子链联轴器

滚子链联轴器可用于纺织、农机、起重运输、工程、矿山、轻工、化工等机械的轴系传动，适用于高温、潮湿和多尘工况环境，不适用高速、有剧烈冲击载荷和传递轴向力的场合，链条联轴器应在有良好的润滑和防护罩的条件下工作。

（四）弹性套柱销联轴器

弹性套柱销联轴器利用一端套有弹性套（橡胶材料）的柱销，装在两半联轴器凸缘缘孔以实现两半联轴器的连接，如图3-2-28所示。

图 3-2-28 弹性套柱销联轴器

弹性套柱销联轴器的特点：结构简单、安装方便、更换容易、尺寸小、重量轻。由于弹性套工作时受到挤压发生的变形量不大，且弹性套与销孔的配合间隙不宜过大，因此弹性柱销联轴器的缓冲和减震性不高，补偿两轴之间的相对位移量较小。

实训3　联轴器拆装

实训名称	联轴器拆装
实训内容	使用合适的工具，完成联轴器的拆卸与安装
实训目标	1. 掌握联轴器的类型、结构与应用； 2. 能够使用专业工具拆装联轴器； 3. 对零件图建立感性认识，为学习后续绘图知识打下基础
实训课时	2课时
实训地点	机械实训室

任务完成报告

姓名		学习日期	
任务名称	轴类零件的连接		
学习自评	考核内容	完成情况	
	1. 键连接与销连接	□好　□良好　□一般　□差	
	2. 键连接和销连接绘制	□好　□良好　□一般　□差	
	3. 联轴器	□好　□良好　□一般　□差	
学习心得			

任务3 轴类零件的绘制

在生产实际中,由于机件的形状复杂多样,为了准确、完整、清晰地表达它们的内外结构,国家标准《技术制图》(GB/T 17451—1998,GB/T 17452—1998)和《机械制图》(GB/T 4458.1—2002,GB/T 4458.6—2002)中的"图样画法"规定了各种表示方法,在绘制图样时,每个工程技术人员都应该严格遵守并熟练掌握。

知识目标:
①了解视图的概念及视图的分类;
②熟悉断面图、剖视图及其他视图的绘制方法;
③了解零件图的作用及内容;
④熟悉轴类零件图的视图选择及尺寸标注;
⑤熟悉轴类零件图的绘制和识读。

能力目标:
①掌握剖视图、断面图、斜视图的绘制方法;
②掌握零件图的作用和内容以及零件图的视图选择与尺寸标注原则;
③掌握轴类零件图的绘制方法并学会识读轴类零件图。

学习内容:

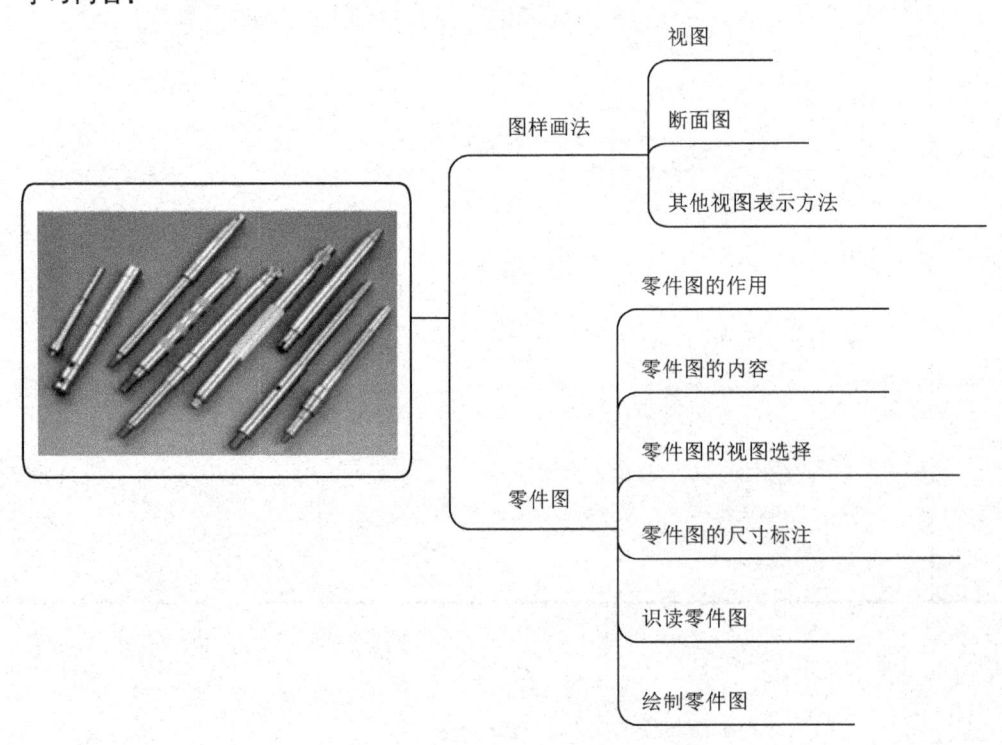

- 图样画法
  - 视图
  - 断面图
  - 其他视图表示方法
- 零件图
  - 零件图的作用
  - 零件图的内容
  - 零件图的视图选择
  - 零件图的尺寸标注
  - 识读零件图
  - 绘制零件图

一、图样画法

> **思考:**
> 如何绘制准确、完整、清晰的轴类零件工程图?

轴类零件的工程图绘制与其他机件的工程绘制有着相似的过程,本任务将以轴类零件的工程图绘制为主线,详细介绍轴类零件及其他零件的工程图绘制方法。要准确、完整、清晰地表达轴类零件,需选择合理的视图,为清楚表达键槽的形状需合理绘制断面图,对于轴类零件细节部分的表达可采用局部放大图、断面图等,图纸绘制完毕后需合理添加尺寸标注,如图 3-3-1 所示。

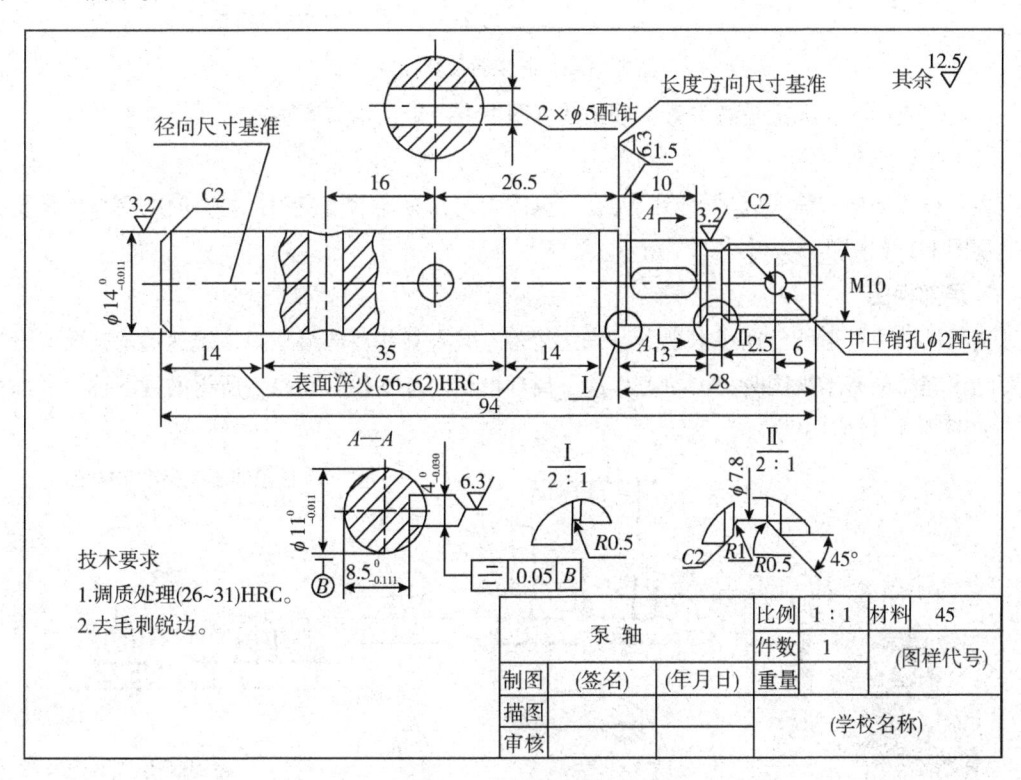

图 3-3-1 泵轴工程图

(一)视图

视图主要用于表达机件的外形,一般只画出机件的可见部分,必要时才用虚线画出其不可见部分,视图可分为基本视图、向视图、局部视图和斜视图。图 3-3-1 泵轴工程图合理选择基本视图投影,清楚地表达出轴上的主要结构特征及轴的主要尺寸。

1.向视图

向视图是可以自由配置的基本视图,是基本视图的另一种配置形式。

(1)向视图的标注

在向视图上方用大写拉丁字母标出"X",在相应的视图附近用箭头指明投射方向并标注同样的字母"X",如图3-3-2中"A""B"所示。

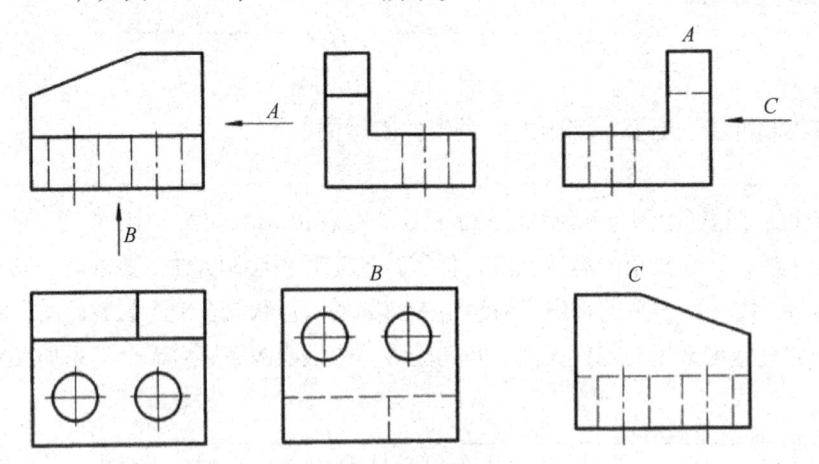

图 3-3-2　向视图及其标注

在标注视图时,无论是箭头旁字母还是视图上方字母,均与读图方向一致水平书写。

（2）投射箭头位置

表示投射方向的箭头应尽可能配置在主视图上,只有表示后视图投射方向的箭头才配置在其他视图上,如图3-3-2中"C"所示。

2. 局部视图

当机件的主要形状已在基本视图上表达清楚,只有某些局部形状尚未表达清楚,而又没有必要画出完整的基本视图时,可单独将这一局部形状向基本投影面投射所得的视图称为局部视图,如图3-3-3中"A""B"所示。

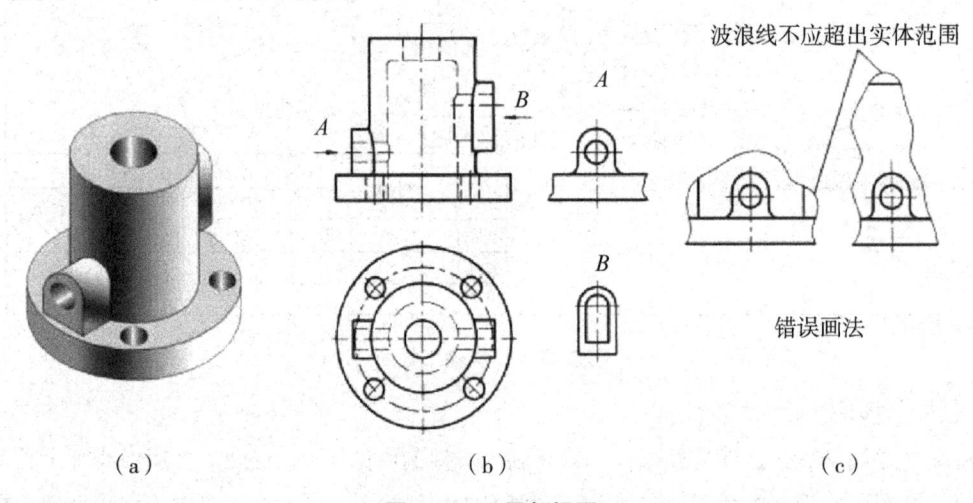

图 3-3-3　局部视图

局部视图的配置与标注:

①局部视图按基本视图的形式配置,如图3-3-3中"A"视图,左视图用局部视图画出,如在主、左视图之间没有其他视图隔开,此时可省略标注"A"。

②局部视图按向视图的形式配置,如图3-3-3中"B"视图,右视图用局部视图画出,必须加标注,标注形式与向视图完全相同。

局部视图的断裂边界:

由于局部视图只表达机件的局部形状，与其他部分的断裂边界用波浪线或双折线、中断线表示，如图 3-3-3 中"A"视图；当局部视图的外形轮廓是完整封闭图形时，断裂边界可省略不画，如图 3-3-3 中"B"视图；用波浪线作为断裂线时，波浪线不应超出机件上断裂部分的轮廓线，应画在机件的实体上，如图 3-3-3 中"C"视图。

3. 斜视图

将机件向不平行于基本投影面的平面投射所得的视图称为斜视图。斜视图用来表达机件上倾斜结构的真实情况，如图 3-3-4（a）为了表达支板倾斜部分的实形，根据换面法的原理可设置一个与倾斜部分平行的新投影面，用正投影法在新投影面上所得的视图称为斜视图，如图 3-3-4（b）中"A"视图。

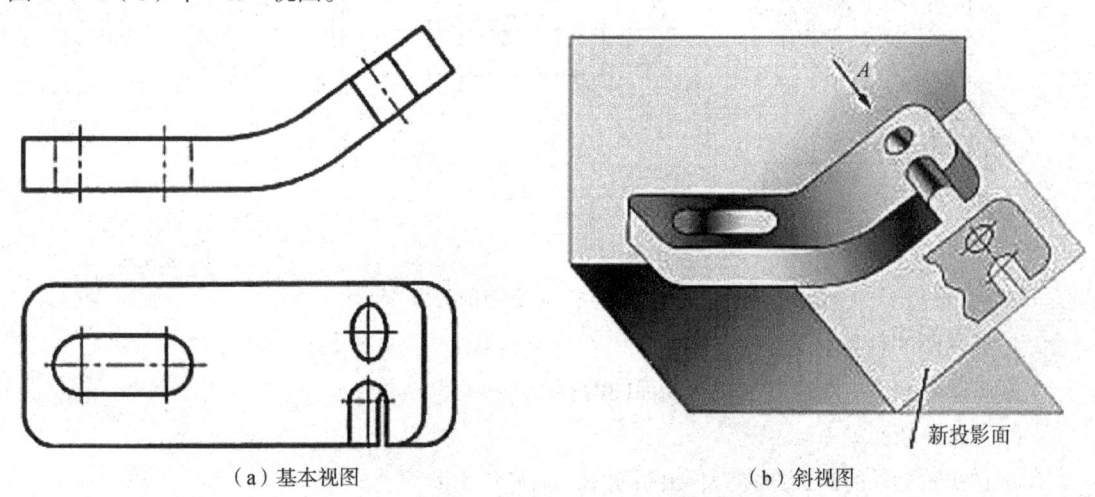

（a）基本视图　　　　　　　　　　（b）斜视图

图 3-3-4　支板的基本视图及斜视图的形成

斜视图一般按照投影关系配置，标注同向视图，如图 3-3-5（a）中"A"视图；必要时也可配置在其他适当的位置，在不致引起误解的情况下，允许将斜视图旋转配置，标注时加旋转符号，其字母靠近箭头端，如图 3-3-5（b）中"A"视图。斜视图的断裂边界画法同局部视图。

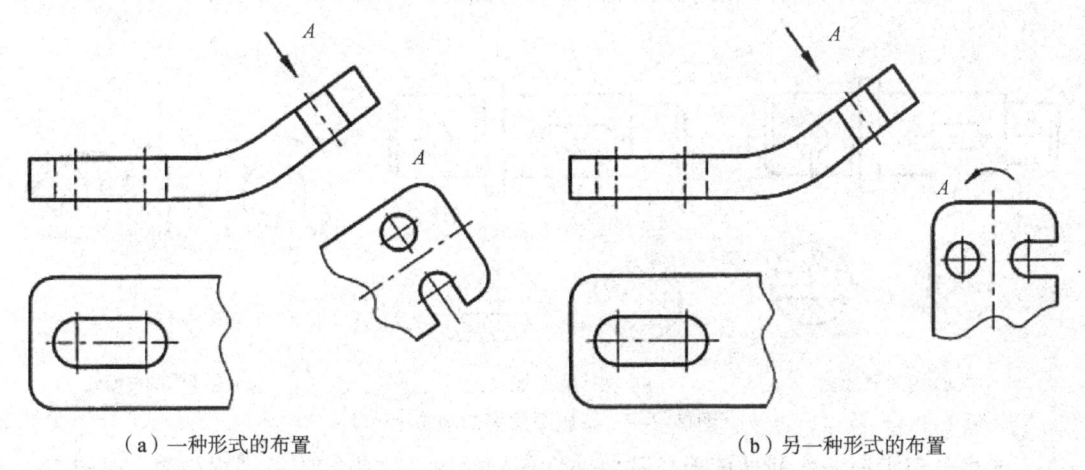

（a）一种形式的布置　　　　　　　　　　（b）另一种形式的布置

图 3-3-5　支板的斜视图和基本视图

（二）断面图

1. 断面图的概念

假想用剖切平面将机件的某处切断，仅画出剖切面与机件接触部分的图形称为断面图。

如图3-3-6（a）所示，为了得到键槽的断面形状，假想用一个垂直于轴线的剖切平面在键槽处将轴切断，只画出它的断面形状，并画上剖面符号。

断面图与剖视图的区别是：断面图只画出机件的断面形状，而剖视图除了断面形状以外，还要画出机件剖切之后的投影，如图3-3-6（b）所示。

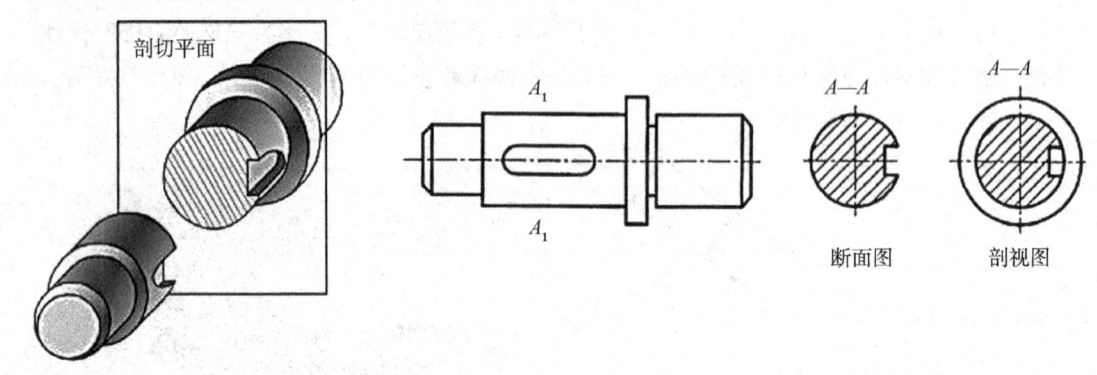

（a）断面图　　　　　　　　　　　　　　　　（b）剖视图

图3-3-6　断面图的概念

2. 断面图的种类

断面图分为移出断面图和重合断面图两种。

（1）移出断面图

画在视图之外的断面图称为移出断面图（简称移出断面）。

移出断面图的画法：

①移出断面图的轮廓线用粗实线绘制，在断面区域内一般要画剖面符号。

②尽量配置在剖切符号或剖切平面迹线的延长线上，如图3-3-7（a）所示。

③必要时可将移出断面配置在其他适当位置，如图3-3-7（b）所示。

④断面图形对称时，也可画在视图的中断处，如图3-3-7（c）所示。

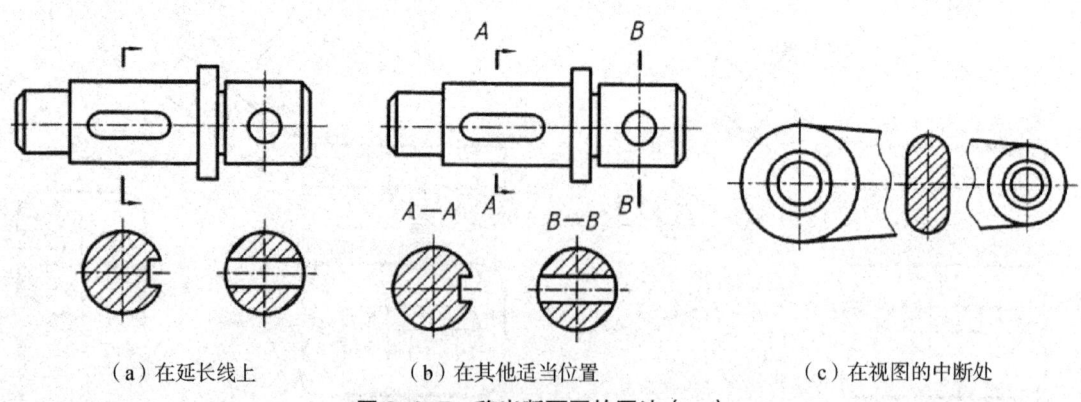

（a）在延长线上　　　　（b）在其他适当位置　　　　（c）在视图的中断处

图3-3-7　移出断面图的画法（一）

⑤当剖切平面通过回转面形成孔或凹坑的轴线时，这些结构按剖视绘制，如图3-3-8

所示。

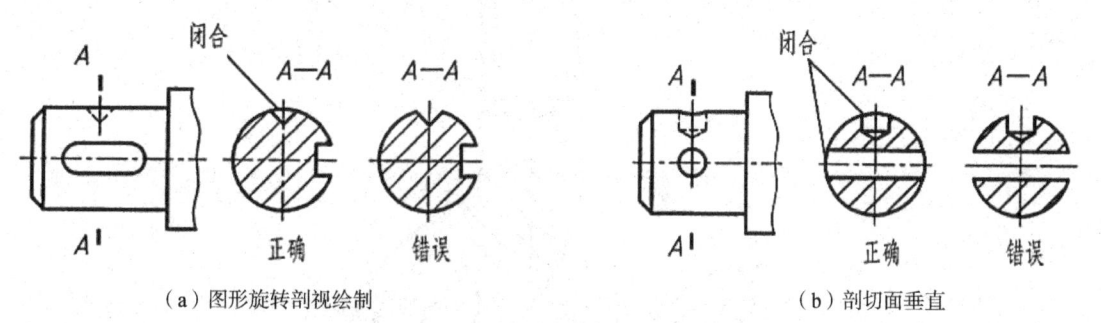

(a) 图形旋转剖视绘制　　　　　　　　　(b) 剖切面垂直

图 3-3-8　移出断面图的画法（二）

⑥剖切平面通过非圆孔而导致出现完全分离的两个断面时，则这些结构应按剖视绘制。在不致引起误解时，允许将图形旋转，如图 3-3-9（a）所示。

⑦断面图是表示机件结构的正断面形状，因此剖切要垂直于该结构的主要轮廓线或轴线，如图 3-3-9（b）所示；由两个或多个相交剖切平面得出的移出断面，中间应断开，如图 3-3-9（c）所示。

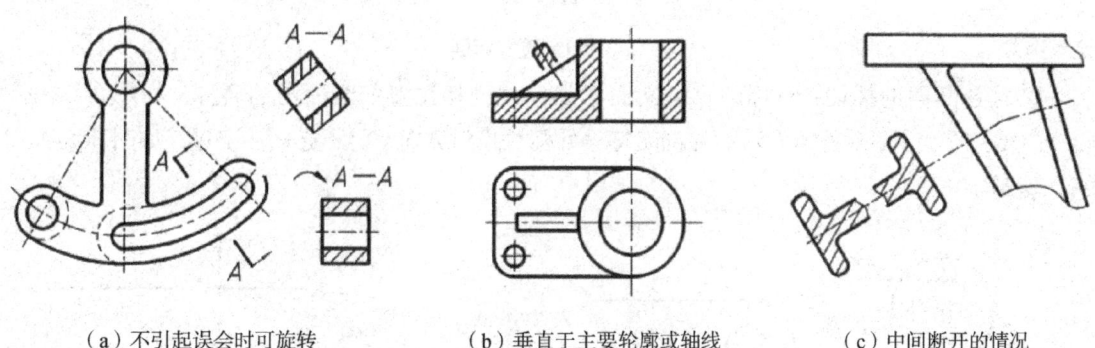

(a) 不引起误会时可旋转　　　(b) 垂直于主要轮廓或轴线　　　(c) 中间断开的情况

图 3-3-9　移出断面图的画法（三）

（2）移出断面图的标注

①移出断面一般应用粗短画表示剖切位置，用箭头表示投射方向并注上字母，在断面图的上方应用同样字母标注出相应的名称"$X—X$"，如图 3-3-7（b）、图 3-3-9（a）所示。

②配置在剖切符号或剖切平面迹线的延长线上的移出断面图，如果断面图不对称可省略字母，但应标注投射方向；如果图形对称可省略标注，如图 3-3-7（a）、图 3-3-9（b）、（c）所示。

③移出断面按投影关系配置，可省略投射方向的标注，如图 3-3-8 所示。

④配置在视图中断处的移出断面，可省略标注，如图 3-3-7（c）所示。

（3）重合断面图

在不影响图形清晰的条件下，断面也可按投影关系画在视图内，画在视图内的断面图称为重合断面图（简称重合断面），如图 3-3-10 所示。

①重合断面的画法：其轮廓线用细实线绘制，当视图中的轮廓线与重合断面轮廓线重叠时，视图中的轮廓线仍然应连续画出不可间断，如图 3-3-10 所示。

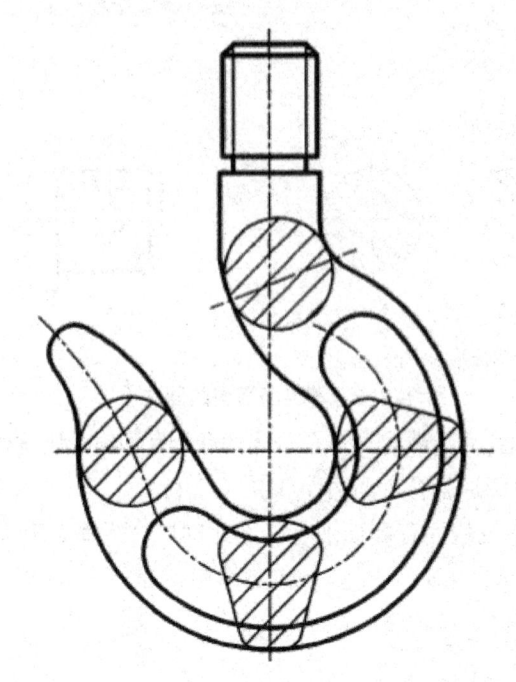

图 3-3-10 重合断面

②重合断面的标注：对称的重合断面不必标注剖切位置和断面图的名称，如图 3-3-11 （a）、（b）所示。不对称重合断面在剖切符号处标注投射方向，但不必标注字母，如图 3-3-11 （c）所示。

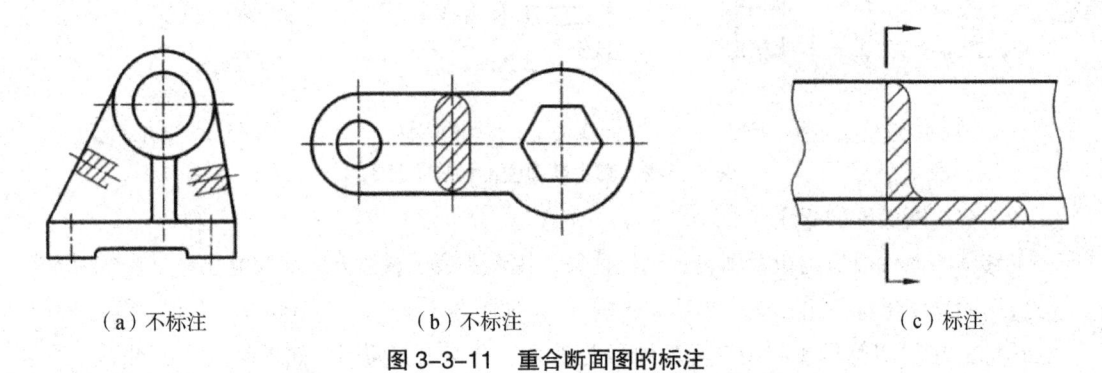

（a）不标注　　　　　　（b）不标注　　　　　　（c）标注

图 3-3-11 重合断面图的标注

（三）其他视图表示方法

1. 局部放大图

机件的部分结构用大于原图形所采用的比例画出的图形称为局部放大图，如图 3-3-12 所示。局部放大图可画成视图、剖视图、断面图，它与被放大部分的表达方式无关。当机件上的某些细小结构在原图形中表示不清或不便于标注尺寸时，可采用局部放大图。局部放大图应尽量配置在被放大部分的附近，用细实线圈出被放大的部位；当同一机件上有几个被放大的部位时，必须用罗马数字依次标明被放大的部位，并在局部放大图的上方标注出相应的罗马数字和采用的比例；当机件上被放大的部分仅有一处时，在局部放大图的上方只需注明所采用的比例，同一机件上不同部位的局部放大图，当图形相同或对称时，只需要画出一个。

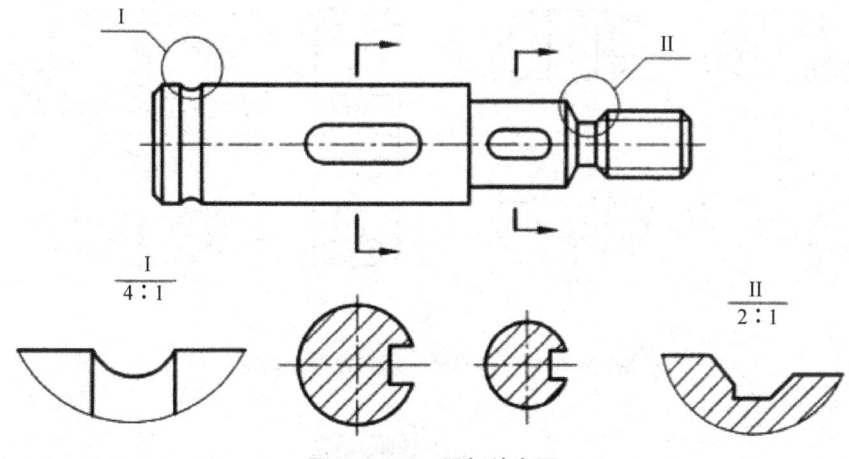

图 3-3-12　局部放大图

2. 简化画法和其他规定画法

为了简化作图和提高绘图效率，对机件的某些结构在图形表达方法上进行简化，使图形既清晰又简单易画，常用的简化画法有以下几种。

（1）肋、轮辐及薄壁的画法

对于机件上的肋、轮辐及薄壁等，如按纵向剖切，这些结构都不画剖面符号，而用粗实线将它与邻接部分分开，如图 3-3-13 所示。

（2）均匀分布的肋板和孔的画法

当机件回转体上均匀分布的孔、肋和轮辐等结构不处于剖切平面上时，可将这些结构旋转到剖切平面上画出，如图 3-3-14 所示；圆柱形法兰盘和类似机件上均匀分布的孔可按图 3-3-15 绘制。

（3）相同结构要素的画法

当机件上具有相同的结构要素（如孔、槽）并按一定规律分布时，只需要画出几个完整的结构，其余的可用细实线连接或画出它们的中心位置，并在图中注明其总数，如图 3-3-16 所示。

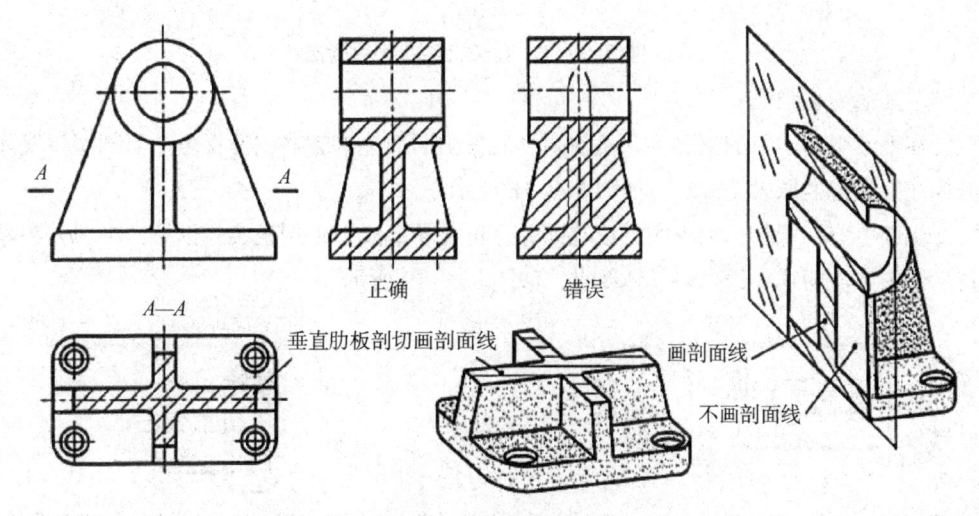

图 3-3-13　肋板剖切的画法

（a）

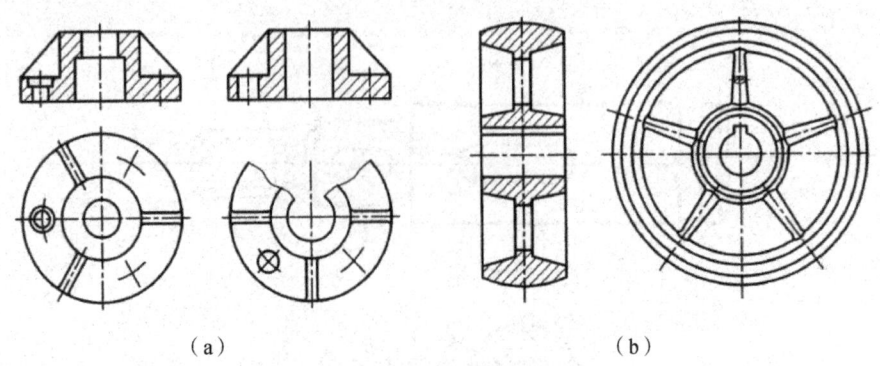

（b）

图 3-3-14 均布孔、肋和轮辐的画法

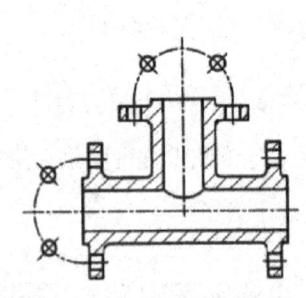

图 3-3-15 均布孔的简化画法

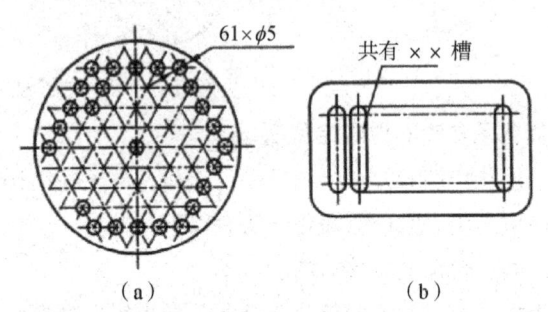

图 3-3-16 相同结构的画法

（4）断开画法

较长的机件（轴、杆、型材等）沿长度方向的形状相同或按一定规律变化时，可断开后缩短绘制，断开后的结构应按实际长度标注尺寸；断裂边界可用波浪线、双折线绘制，如图 3-3-17（a）、（b）所示，对于实心和空心轴可按图 3-3-17（c）绘制。

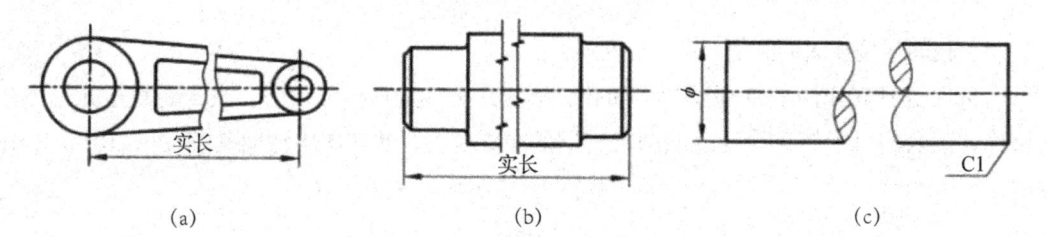

图 3-3-17 较长机件断开后画法

（5）其他简化画法

①在不致引起误解的情况下，机件图中的移出断面允许省略剖面符号，但剖切位置和断面图的标注必须遵照原来的规定，如图 3-3-18 所示。

②机件上有网状物、编织物或滚花部分，可在轮廓线附近用粗实线示意画出，并在零件图或技术要求中注明这些结构的具体要求，如图 3-3-19 所示。

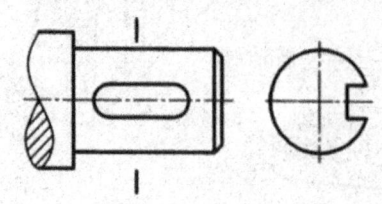

图 3-3-18 剖切符号的省略

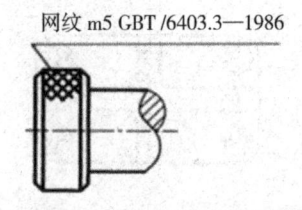

图 3-3-19 网状物、编织物、滚花的表示

③当回转体上图形不能充分表达平面时，可用平面符号表示该平面，如图3-3-20所示。

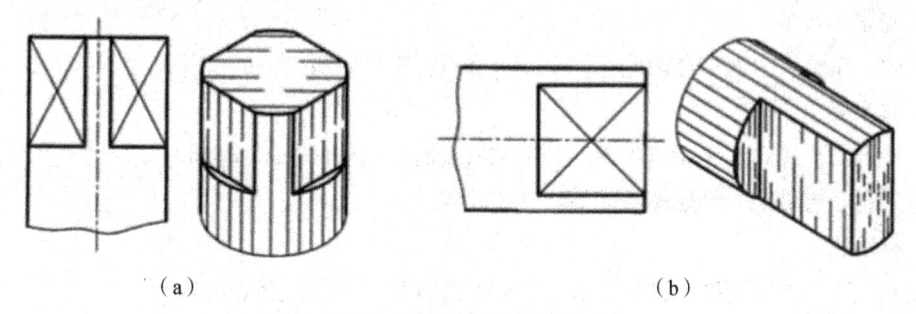

（a） （b）

图3-3-20 回转体平面的表示方法

二、零件图

（一）零件图的作用

零件图是设计和生产部门的重要技术文件，是制造和检验零件的依据。以泵轴工程图为例，从泵轴的毛坯制造、机械加工工艺路线的制订、工序图的绘制、工夹具和量具的设计到加工检验等，都要根据零件图来进行。

（二）零件图的内容

从图3-3-21所示的零件图可以看出，一张完整的零件图应包含以下内容。

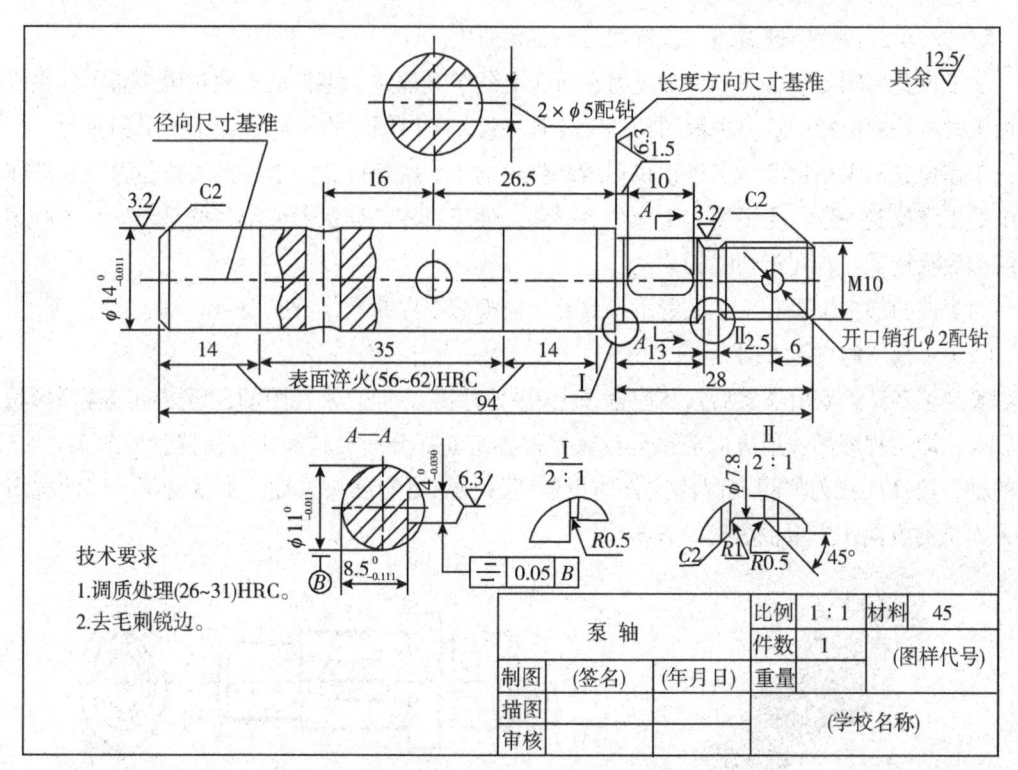

图3-3-21 零件图

1. 一组图形

综合运用视图、剖视图、断面图及其他表达方法，正确、完整、清晰地表达零件各部分的结构形状。

2. 完整的尺寸
正确、完整、清晰、合理地标注出制造和检验零件时所必需的全部尺寸。

3. 技术要求
用规定的代号和文字注明零件在制造和检验时应达到的技术指标和要求，如尺寸公差、形位公差、表面粗糙度、热处理及其他特殊要求等。

4. 标题栏
用来表明零件的名称、材料、数量、比例以有关人员的姓名等内容。

（三）零件图的视图选择

零件图视图选择的基本要求就是采用适当的表达方法，正确、完整、清晰地表达零件的内外结构，并力求绘图简单，读图方便。要达到这个要求，需对零件进行结构形状分析，依据零件的结构特点，选择一组视图，关键是选择好主视图。

1. 主视图的选择

主视图是零件图中最主要的视图，主视图选得是否合理，直接关系看图和画图的方便与否。因此，画零件图时，必须选好主视图。而主视图的选择应包括选择主视图的投射方向和确定零件的安放位置。

（1）零件的安放位置

零件的安放位置应遵循加工位置和工作位置原则。

加工位置原则是指考虑零件加工时在机床上的装夹位置，零件的安放位置应与零件在机床上加工时所处的位置一致，主视图与加工位置一致，可以图、物对照，便于加工和测量。

工作位置原则是指考虑零件在机器或部件中的工作所处位置，零件的安放位置与零件在机器中的工作位置一致。主视图与工作位置一致，便于将零件和机器或部件联系起来，了解零件的结构形状特征，有利于画图和读图。

当零件的加工位置和工作位置不一致时，应根据零件的具体情况而定。

（2）主视图的投射方向

确定了零件的安放位置后，还应选择主视图的投射方向。主视图的投射方向应遵循形状特征原则，即主视图的投射方向应最能反映零件各组成部分的形状和相对位置。如图3-3-22所示的轴，按 A 向投射所得视图比按 B 向投射所得视图更能反映该轴的形状特征，因此选用箭头 A 所指的方向作为主视图投射方向。

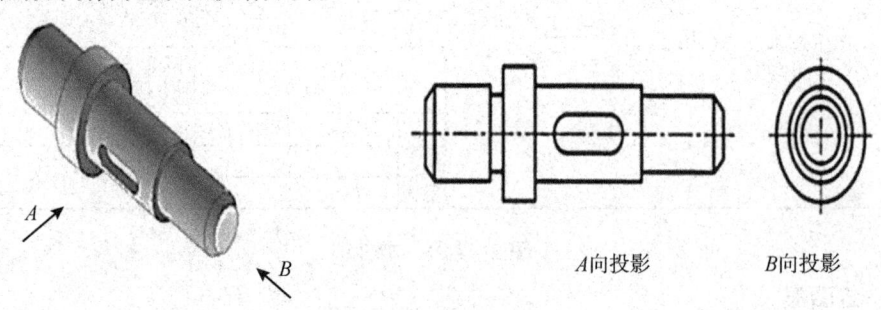

图3-3-22 轴的表达

2. 其他视图的选择

根据零件的复杂程度以及其内、外结构的特点，全面考虑选择所需的其他视图，以弥补主视图表达中的不足。其他视图的确定可从以下几个方面来考虑：

①优先采用基本视图，并采取相应的剖视图和断面图；

②根据零件的复杂程度和结构特点，确定其他视图的数量；

③在完整、正确、清晰地表达零件的结构形状前提下，尽量减少视图的数量，以免重复、烦琐，导致主次不分。

（四）零件图的尺寸标注

零件是按零件图中所标注的尺寸进行加工和检验的，标注尺寸除了正确、完整、清晰外，还应做到合理。所谓合理标注尺寸，就是所标注的尺寸既要满足零件的设计要求，又要符合加工工艺要求，便于加工、测量和检验。为了达到合理标注尺寸，需要具备较丰富的设计和工艺知识，这需要通过今后的专业课的学习以及在工作实践中逐步掌握。

1. 尺寸基准的选择

（1）基准的概念

尺寸基准是用来确定生产对象上几何要素间的几何关系所依据的那些点、线、面，即零件在设计、制造时用以确定尺寸起始位置的那些点、线、面。简单地说，尺寸基准就是确定尺寸位置的几何元素。根据使用场合和作用的不同，尺寸基准可分为设计基准和工艺基准两类：设计基准是用以确定零件在机器或部件中正确位置的一些面、线或点；工艺基准是在加工、测量和检验时确定零件结构位置的一些面、线、点。

零件在长、宽、高三个方向上至少应各有一个尺寸基准，称为主要基准，有时为了加工、测量的需要，还可增加一个或几个辅助基准，主要基准与辅助基准之间应有尺寸直接相联。

（2）基准的选择

选择基准就是在尺寸标注时，是从设计基准出发还是从工艺基准出发。

从设计基准出发标注尺寸，其优点是在标注尺寸上反映了设计要求，能保证所设计的零件在机器上的工作性能。从工艺基准出发标注尺寸，其优点是把尺寸的标注与零件的加工制造联系起来，在标注尺寸上反映了工艺要求，使零件便于制造、加工和测量。为了减少误差，保证所设计的零件在机器或部件中的工作性能，应尽可能使设计基准和工艺基准重合。若两者不能统一，应以保证设计基准为主。

2. 功能尺寸标注的确定

零件图中的尺寸按重要性一般可分为功能尺寸和非功能尺寸。功能尺寸是指影响零件精度和工作性能的尺寸，如配合尺寸等，它们一般都只允许很小的误差，即有较严格的公差要求；非功能尺寸是指零件上的一般结构尺寸，通常为非配合尺寸，这类尺寸的大小主要在于满足零件的强度和刚度要求，但对误差要求不高，一般不注出公差要求。

标注零件图中的尺寸，应先对零件各组成部分的结构形状、作用等进行分析，了解哪些是影响零件精度和产品性能的功能尺寸如配合尺寸等，哪些是对产品性能影响不大的非功能尺寸，然后选定尺寸基准，从尺寸基准出发标注定形和定位尺寸。

3. 尺寸标注的原则

（1）考虑设计要求

①零件图上的功能尺寸必须直接标注，以保证设计要求。

②尺寸不能注成封闭尺寸链，所谓尺寸链是指头尾相接的尺寸形成的尺寸组，每个尺寸是尺寸链的一环。如图 3-3-23（a）构成封闭的尺寸链，这样标注的尺寸在加工时往往难以保证设计要求，因此实际标注尺寸时，一般在尺寸链中选一个最不重要的尺寸不注，通常称为开口环，如图 3-3-23（b）所示，这时开口环的尺寸误差是其他各环尺寸误差之和，对设计要求没有影响。

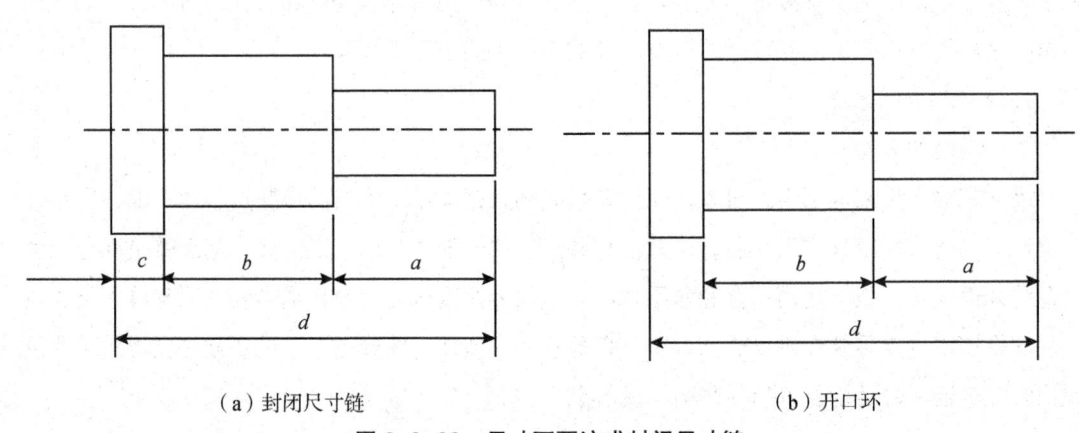

（a）封闭尺寸链　　　　　　　　　　（b）开口环

图 3-3-23　尺寸不要注成封闭尺寸链

（2）考虑工艺要求

从便于加工、测量角度考虑，标注非功能尺寸。非功能尺寸是指那些不影响机器或部件的工作性能，也不影响零件间的配合性质和精度的尺寸。

①标注尺寸应符合加工顺序，按加工顺序标注尺寸，符合加工过程，便于加工和测量。图 3-3-24 中的轴，仅尺寸 51 是长度的功能尺寸，应直接注出，其余都按加工顺序标注。例如为了备料，注出了轴的总长 128；为加工左端 ϕ35 的轴颈，注出了尺寸 23；为了加工 ϕ40 的轴颈，注出了尺寸 74；在加工右端 ϕ35 时，应保证功能尺寸 51。这样既保证设计要求，又符合加工顺序。

②按不同加工方法尽量集中标注，零件一般要经过几种加工方法才能制成，在标注尺寸时，最好将不同加工方法的有关尺寸集中标注。如图 3-3-24 中键槽是在铣床上加工的，因此这部分的尺寸集中标注在两处（3、45 和 12、35.5）。

③标注尺寸要便于加工和测量，如图 3-3-25 所示。

④毛坯面之间的尺寸一般应单独标注。这类尺寸是靠制造毛坯时保证的，如图 3-3-26 所示。

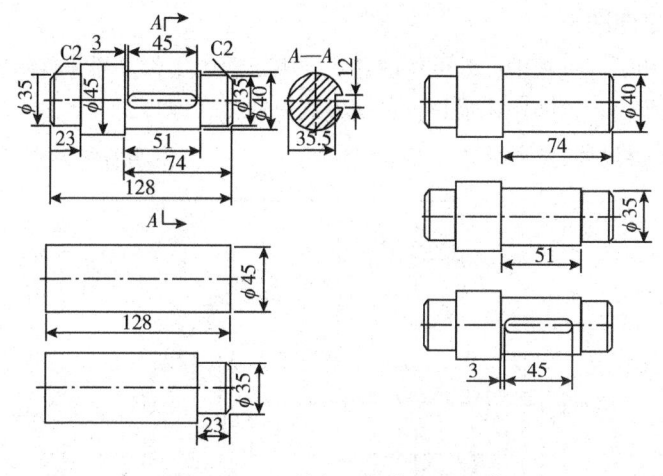

图 3-3-24　按加工顺序标注尺寸

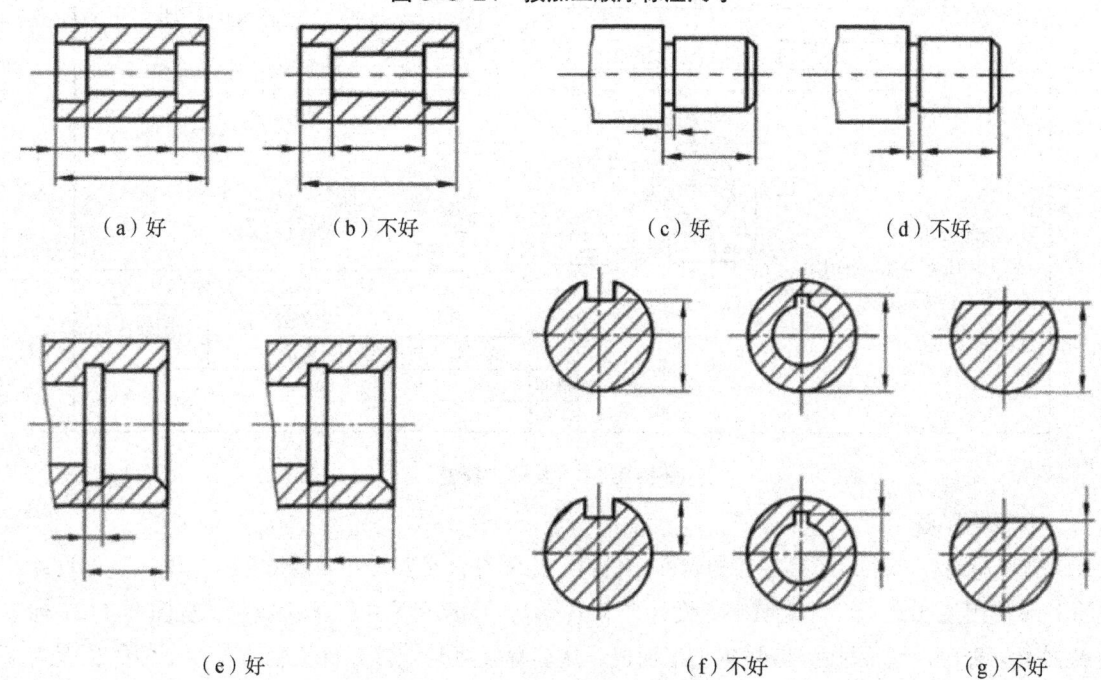

（a）好　　　（b）不好　　　（c）好　　　（d）不好

（e）好　　　（f）不好　　　（g）不好

图 3-3-25　标注尺寸应便于加工和测量

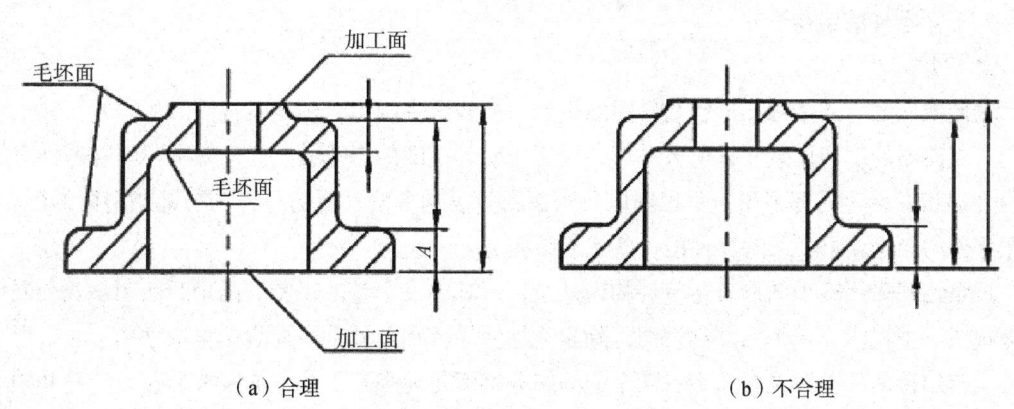

（a）合理　　　（b）不合理

图 3-3-26　毛坯面间的尺寸标注

（五）识读零件图

在设计、生产和学习过程中，看零件图是一项很重要的工作。看零件图就是根据零件图的各视图，分析和想象该零件的结构形状，弄清全部尺寸及各项技术要求等，根据零件的作用及相关工艺知识，对零件进行结构分析，下面以图3-3-27为例说明看零件图的方法和步骤。

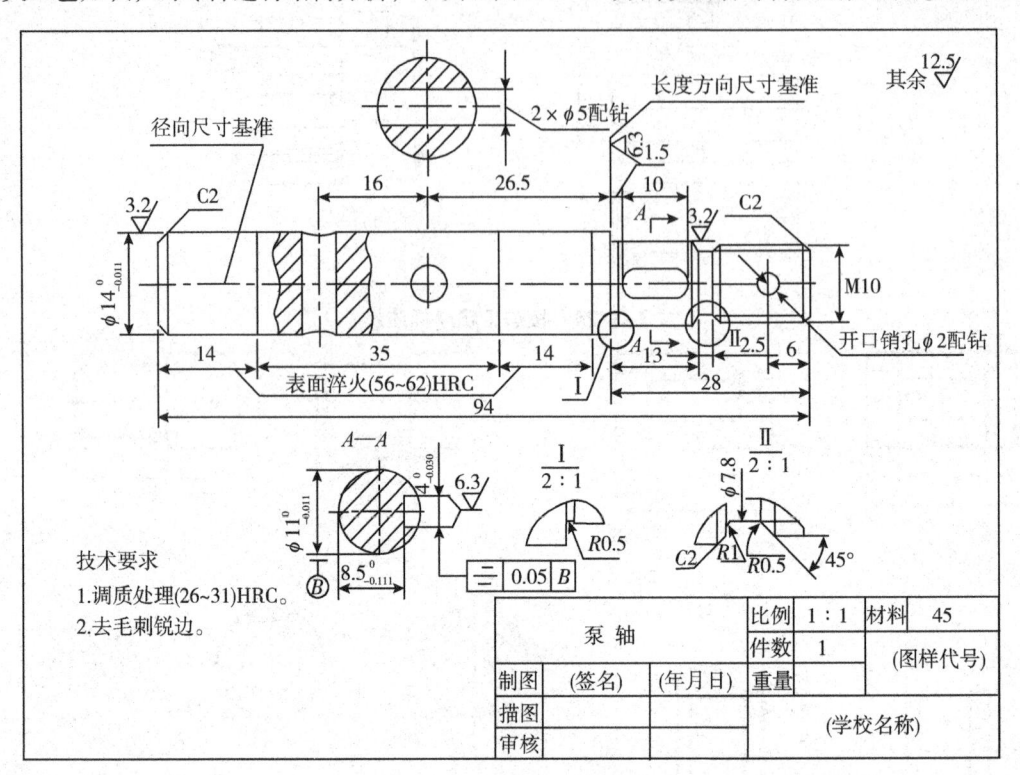

图 3-3-27　泵轴工程图

1. 概括了解

先从标题栏入手，了解零件的名称、材料、比例等，必要时还需要结合装配图或其他设计资料（使用说明书、设计说明书、设计任务书等），弄清该零件的具体作用，从图3-3-27标题栏可以看出，该泵轴由45号钢加工而成；从名称处可判定该零件为轴类零件，轴的长度为94mm，轴的直径为14mm。

2. 看懂零件的结构形状

（1）析视图

看懂零件的内外结构和形状是看图的重点。先找出主视图，确定各视图间的关系，并找出剖视、断面图的剖切位置、投射方向等，然后研究各视图的表达重点。从基本视图看零件大体的内外形状，结合局部视图、斜视图以及断面图等表达方法，看清零件的局部或斜面的形状。根据零件的加工要求，了解零件的一些工艺结构。

该泵轴共采用五个图形表达零件的内外结构，其中一个基本视图、两个断面图、两个局部放大视图。主视图为一个局部剖视图，除表达轴上局部细节外，主要表达整根轴的形状、尺寸及轴上其他特征的相对位置关系；两个断面图分别清楚地表达了轴上的键槽形状、尺寸和轴上开孔的尺寸；两个局部放大图的作用主要是表达轴上细节处的加工形状和尺寸。

（2）想象视图

从图 3-3-27 的主视图及其局部剖切区域可以看出，该零件为阶梯轴，轴上除键槽外还加工有销孔和两处通孔，轴的右端设计有 M10 的螺纹。

从上部的断面图可以看出，该处的孔为采用钻孔方式加工的 $\phi5$ 通孔；从下部的断面图可以清晰地确定键槽的形状及尺寸。

从两处局部放大图可以确认阶梯处的圆角尺寸及形状，为后期机加工和检测提供参考，至此可以清楚地想象出该泵轴的具体形状。

（3）分析尺寸

分析尺寸时，应先分析长、宽、高三个方向的主要尺寸基准，了解各部分的定位尺寸和定形尺寸，分清楚哪些是主要尺寸。对于轴类零件，主要确定轴的长度、各个位置处的直径。

从图 3-3-27 的主视图可以看出，泵轴的长度为 94mm，泵轴的直径为 14mm，泵轴阶梯部分的长度为 28mm，结合零件的功用，进一步分析主要尺寸和各部分的定形尺寸、定位尺寸，以至完全确定这个泵轴的各部分大小。

（4）了解技术要求

了解零件图中表面粗糙度、尺寸公差、形位公差及热处理等技术要求。

从图 3-3-27 技术要求中可看出，该泵轴需要去除毛刺锐边并在加工完成后做调质处理，另外从图纸中可以看出，该泵轴的未注表面粗糙度为 12.5，其他位置处的表面粗糙度依据具体功用分别标出。

（六）绘制零件图

绘制零件图是机械设计及加工人员的必备基本技能，下面以轴类零件为载体简单介绍绘制零件图的步骤。

轴类零件结构的主体部分大多是同轴回转体，因此，常带有键槽、轴肩、螺纹及退刀槽或砂轮越程槽等结构。这类零件主要在车床上加工，所以，主视图按照加工位置选择。画图时，将零件的轴线水平放置，便于加工时读图看尺寸。根据轴类零件的结构特点，一般只采用一个基本视图表示，零件上的一些细部结构通常采用断面图、局部剖视图、局部放大图等表达方法表示。

1. 表达方案的确定

根据上述分析，由于轴类零件大多为阶梯状并设计有键槽，所以主视图的选择应在综合考虑轴类零件外形尺寸表达的同时兼顾其他视图的表达，故主视图按照加工工艺要求采用水平放置，这样布置主视图同时也为其他视图的表达提供参考，详见图 3-3-27。

2. 尺寸标注

正确、规范的尺寸标注，是工程技术人员能够读懂图纸的基础。轴类零件在进行尺寸标注时应注意以下问题：

①尺寸标注必须正确、完整、清晰，即各类尺寸符合国家标准的有关规定，尺寸数量不多不少，尺寸与图形、尺寸与尺寸之间的布置整齐清晰，便于看图。

②宽度方向和高度方向的主要基准是回转轴线，长度方向的主要基准是端面和台阶面。

③主要形体为同轴回转体组成，因而省略定位尺寸。

④功能尺寸必须直接标注出来,其余尺寸按照加工顺序标注。

⑤为了清晰和便于测量,在剖视图上,内外结构形状的尺寸分开标注。

⑥零件上的标准结构(倒角、退刀槽、键槽),应按标准规定标注。

3. 技术要求

零件图的技术要求一般是指零件表面的粗糙度、极限与配合、形状和位置公差、热处理和表面处理等。技术要求在图样上的表示方法有两种:一种是用规定代(符)号标注在视图中,另一种是将一部分技术要求用简明的文字书写在图样的适当位置。注写技术要求应注意以下问题:

①应严格按照国家标准的有关规定正确书写。

②有配合要求的表面,表面粗糙度参数值较小;无配合要求的表面,表面粗糙度参数值较大。

③有配合要求的轴颈尺寸公差等级较高、公差较小;无配合要求的轴颈尺寸公差等级低或不需标注。

④有配合要求的轴颈和重要的端面应有形位公差的要求。

绘图:
根据所学知识绘制手动冲压机导向轴零件图。

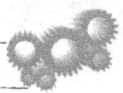

任务完成报告

姓名		学习日期	
任务名称	轴类零件的绘制		
学习自评	考核内容	完成情况	
	1. 图样画法	□好　□良好　□一般　□差	
	2. 零件图绘制	□好　□良好　□一般　□差	
学习心得			

项目4 手动冲压机手柄零件的认识

手动冲压机是对材料施以压力，使其塑性变形而得到所需要的形状与精度的机械设备。手动冲压机设计原理是将圆周运动转换为直线运动。因此，手动冲压机往往需借助四杆机构将工人对手动冲压机手柄施加的力转换力矩方向用以加工零件。其他类型的冲压机中常用的是利用凸轮把圆周运动转换为往复直线运动，因此本项目重点学习平面四杆机构和凸轮机构。

任务1 平面机构的认识。了解什么是平面机构；了解平面运动副及其分类，能够判断平面运动副的类型；了解平面四杆机构的基本类型、特点和应用，会判定铰链四杆机构的类型。

任务2 其他机构类型的冲压机。了解什么是凸轮机构，掌握凸轮的定义；了解并能说出凸轮机构的组成、特点、基本类型和应用。

任务 1　平面机构的认识

平面机构在机械行业中有着广泛的应用，如发动机中的缸体活塞、缝纫机中的踏板机构，以及老式火车车轮上的连杆驱动装置。本任务主要研究运动副、四连杆机构的类型、特点和应用。

知识目标：
①了解什么是平面机构；
②了解平面运动副及其分类；
③了解平面四杆机构的基本类型、特点和应用；
④了解含有一个移动副的四杆机构的特点和应用。

能力目标：
①能够判断平面运动副的类型；
②能判定铰链四杆机构的类型。

学习内容：

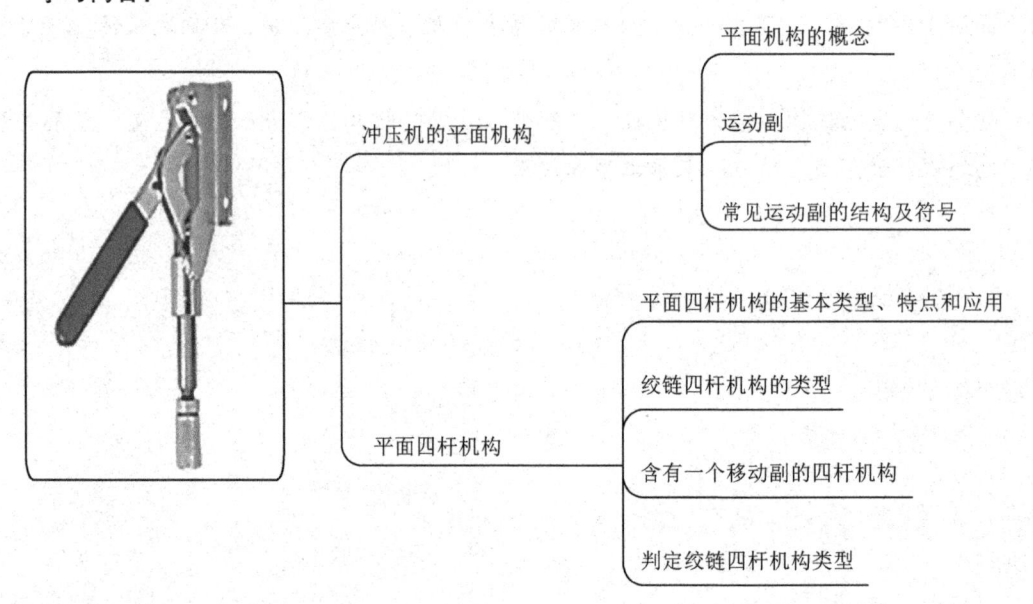

```
                            ┌── 平面机构的概念
          冲压机的平面机构 ──┼── 运动副
                            └── 常见运动副的结构及符号

                            ┌── 平面四杆机构的基本类型、特点和应用
                            ├── 铰链四杆机构的类型
          平面四杆机构 ──────┼── 含有一个移动副的四杆机构
                            └── 判定铰链四杆机构类型
```

一、冲压机的平面机构

冲压机要完成冲压动作，主要依靠手柄部分提供运动转换，如图 4-1-1 所示，手柄部分将旋转运动转换为杆的垂直动作，手柄机构是一个演化的平面四杆机构。平面连杆机构是一种应用十分广泛的机构，我们日常生活中用到的折叠伞的收放机构、汽车玻璃的雨刷器等都是平面连杆机构。

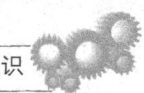

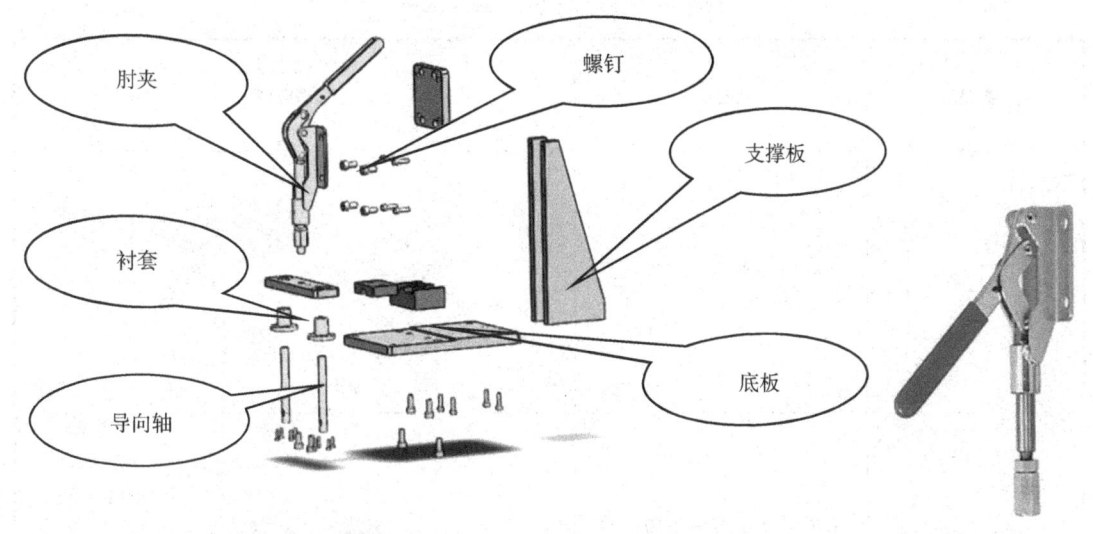

图 4-1-1　冲压机及手柄（轴夹）部分

（一）平面机构的概念

机构是由构件组合而成的，构件与构件之间用运动副连接。组成机构的所有构件都在同一平面内或在平行平面内运动，则该机构称为平面机构，如图 4-1-2 所示；否则称为空间机构，如图 4-1-3 所示。

图 4-1-2　平面机构　　　　图 4-1-3　空间机构

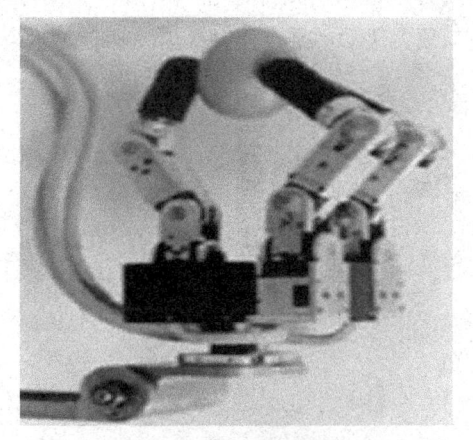

（二）运动副

机构的重要特征是各个构件有确定的运动，因此必须对各个构件的运动加以限制，在机构中每个构件以一定的方式来与其他构件相互接触，两者之间形成一种可动的连接，从而使两个相互接触的构件之间的相对运动受到限制。这种两个构件直接接触且能产生一定形式相对运动的可动连接，称为运动副。按运动副中两个构件的接触形式不同，运动副可分为低副和高副两大类。

1. 低副

低副是指两个构件以面接触的运动副。按两个构件的相对运动形式不同，低副分为转动副和移动副。低副的类型及应用如表 4-1-1 所示。

表 4-1-1　低副的类型及应用

类型	说明	应用图例
转动副	组成运动副的两个构件只能做相对转动	
移动副	组成运动副的两个构件只能做相对移动	

2. 高副

高副是指两个构件通过点或线接触的运动副。如图 4-1-4 与图 4-1-5 所示，凸轮机构中凸轮与顶尖从动件是点接触，齿轮啮合时轮齿接触是线接触，都属于高副。

图 4-1-4　凸轮机构　　　　图 4-1-5　齿轮啮合

3. 运动副的应用特点

低副的特点：承受载荷时的单位面积压力较小，承载能力大，摩擦损失大，效率低，不能传递较复杂的运动。

高副的特点：承受载荷时的单位面积压力较大，承载能力低，接触处易磨损，但能传递较复杂的运动。

> **思考：**
> 你还知道哪些常见的运动机构？它们分别属于什么类型的运动副？

(三)常见运动副的结构及符号

在分析机构运动时,实际构件的外形和结构往往很复杂。为简化问题,在工程上通常不考虑与运动无关的构件外形和运动副的具体构造,仅用规定的符号来表示机构中的构件和运动副,并按一定的比例画出各运动副的相对位置及其相对运动关系的图形。这种表示机构各构件间相对运动关系的简明图形,称为机构运动简图。

机构运动简图所表示的主要内容包括运动副的类型和数目、构件的数目、运动尺寸和机构的类型。利用机构运动简图可以表达一部复杂机器的传动原理,也可以进行机构的运动分析和受力分析。

如图 4-1-6(a)所示为两个构件组成转动副的几种情况的表示方法,转动副用小圆圈表示。如果两个构件之一为固定件(机架),则在固定件上画上斜线。图 4-1-6(b)所示为两个构件组成移动副的几种表示方法,其中画斜线的构件表示固定件。

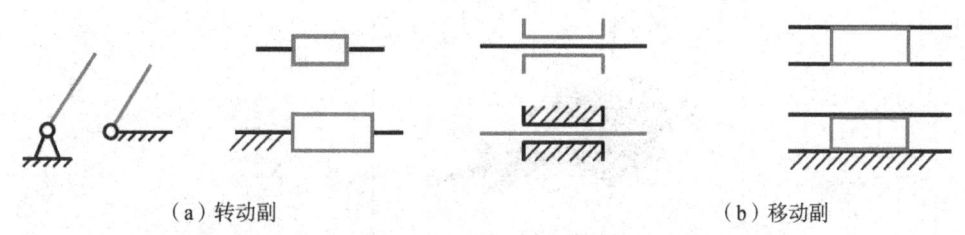

(a)转动副   (b)移动副

图 4-1-6 转动副和移动副

常见运动副的结构及符号如表 4-1-2 所示。

表 4-1-2 常见运动副的结构及符号

名称		运动副示例	简图符号
机架	机架是转动副的一部分		
机架	机架是移动副的一部分		

续表

名称		运动副示例	简图符号
低副	转动副		
	移动副		
高副	齿轮副		
	凸轮副		

练习：
常见运动副的简图符号大家都学会了吗？请拿起笔来，自己画一下吧。

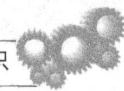

二、平面四杆机构

（一）平面四杆机构的基本类型、特点和应用

平面连杆机构常以其组成的杆件数来命名，由四个构件组成的平面连杆机构称为平面四杆机构。平面四杆机构是由四个刚性构件用低副连接组成的，各个运动构件均在同一平面内运动的机构。平面四杆机构基类型有铰链四杆机构、曲柄滑块机构、摆动导杆机构等。

铰链四杆机构的所有运动副均为转动副，选定其中一个构件作为机架之后，直接与机架连接的构件称为连架杆，不直接与机架连接的构件称为连杆，如图 4-1-7 所示。连架杆按运动特征可分为曲柄和摇杆两种：连架杆中能做整圈旋转的构件称为曲柄；连架杆中只能做往复摆动的构件称为摇杆。

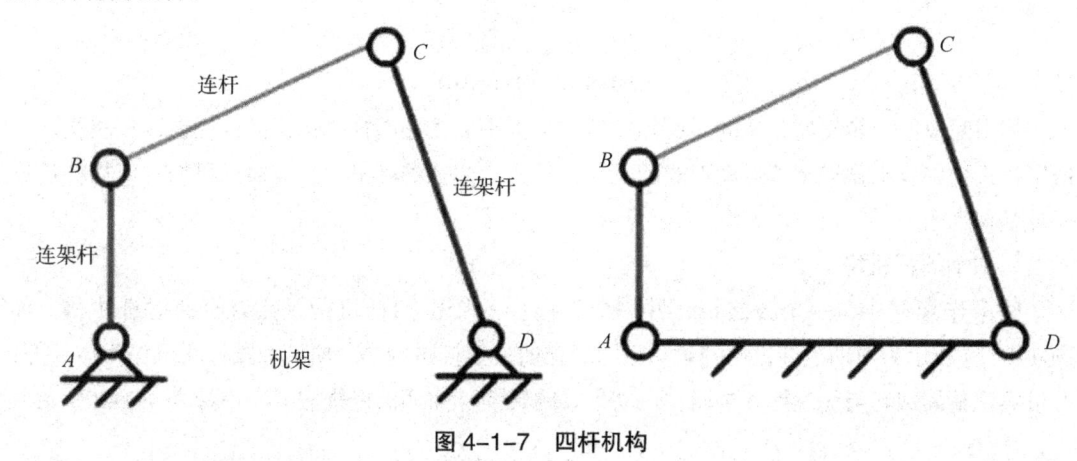

图 4-1-7 四杆机构

曲柄滑块机构是指用曲柄和滑块来实现转动和移动相互转换的平面连杆机构。曲柄滑块机构中与机架构成移动副的构件为滑块，通过转动副连接曲柄和滑块的构件为连杆。对心式曲柄滑块机构没有急回运动特性，偏置式曲柄滑块机构的滑块则具有急回特性，锯床就是利用这一特性来达到锯条的慢进和空程急回的目的的，如图 4-1-8 所示。

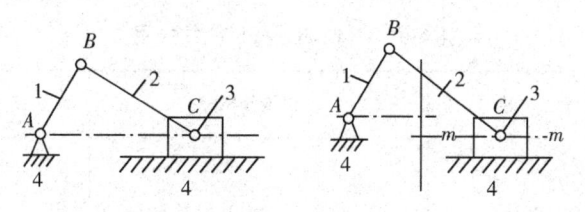

（a）对心式曲柄滑块机构　　（b）偏置式曲柄滑块机构

图 4-1-8 曲柄滑块机构

在导杆机构中，如果导杆能做整周转动，则称为回转导杆机构。如果导杆仅能在某一角度范围内往复摆动则称为摆动导杆机构，摆动导杆机构也是曲柄摇杆机构的演化。

（二）铰链四杆机构的类型

在图 4-1-9 所示的冲压机手柄中可以看到，手柄部分主要由四个构件组成，这四个构件组成了常用的四杆机构，即具有四个构件的低副机构，手柄机构属于演化的四杆机构。我们先来学习常规的铰链四杆机构。

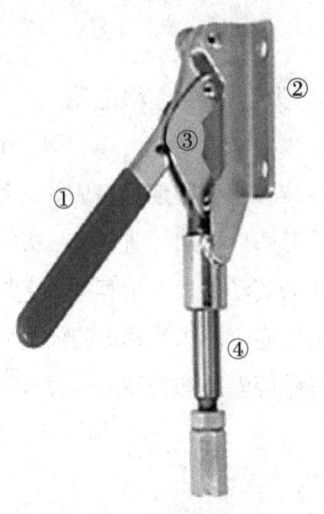

图 4-1-9 手柄机构

构件间以四个转动副相连的平面四杆机构称为平面铰链四杆机构，简称铰链四杆机构。铰链四杆机构中，根据连架杆运动形式的不同，可分为曲柄摇杆机构、双曲柄机构、双摇杆机构三种基本类型。

1. 曲柄摇杆机构

两个连架杆中，一个为曲柄，另一个为摇杆的铰链四杆机构，称为曲柄摇杆机构。如图 4-1-10 所示为曲柄摇杆机构的运动简图。在曲柄摇杆机构中，曲柄和摇杆均可作为主动件，并可实现整周回转与往复摆动这两种运动形式的转换。曲柄摇杆机构的应用如表 4-1-3 所示。

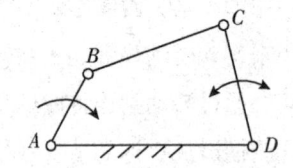

图 4-1-10 曲柄摇杆机构运动简图

表 4-1-3 曲柄摇杆机构的应用

应用图例	机构简图	机构的运动分析
剪板机		曲柄 AB 练习转动，通过连杆 BC 带动摇杆 CD 做往复摆动，摇杆延伸端实现剪板机上刀口的开合剪切动作

续表

应用图例	机构简图	机构的运动分析
搅拌机		曲柄 AB 练习转动,通过连杆 BC 带动摇杆 CD 做往复摆动,摇杆延伸端实现搅拌动作
缝纫机		以摇杆 CD(踏板)为主动件,摇杆往复运动,通过连杆 BC 使曲柄 AB(相当于带轮)做圆周运动

2. 双曲柄机构

两个连架杆均为曲柄的铰链四杆机构称为双曲柄机构,常见的双曲柄机构类型见表 4-1-4,双曲柄机构的应用见表 4-1-5。

表 4-1-4 双曲柄机构类型

类型	机构简图	说明
不等长双轴曲柄机构		双曲柄长度不等

续表

类型	机构简图	说明
平行双轴曲柄机构		连杆与机架的长度相等且两曲柄长度相等，转向相同
反向双轴曲柄机构		连杆与机架的长度相等且两曲柄长度相等，转向相反

表 4-1-5　双曲柄机构的应用

应用图例	机构简图	机构的运动分析
惯性筛		当曲柄 AB 做等角速度转动时，另一曲柄 CD 做变角速度转动，再通过构建 CE 使筛子做变速直线运动，靠物体惯性达到筛分目的
机车主动轮驱动装置		利用平行双曲轴机构中两曲轴的转向和角速度均相同的特性，保证各轮一起转动，这里增设了一个曲柄 EF 作为辅助构件，以防止平行双曲轴机构变为反向双曲轴机构
汽车车门启闭机构		利用反向双曲轴机构中两曲轴的转向相反、角速度不相同的特性，当主动曲轴 AB 转动时，通过连杆 BC 使从动曲轴 CD 朝反向转动，从而保证两扇车门同时开启或关闭

3. 双摇杆机构

两个连架杆均为摇杆的铰链四杆机构称为双摇杆机构，如图 4-1-11 所示。在双摇杆机构中，两个摇杆可以分别作为主动件。双摇杆机构的应用如表 4-1-6 所示。

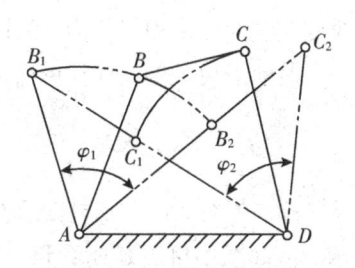

图 4-1-11 双摇杆机构

表 4-1-6 双摇杆机构的应用

应用图例	机构简图	机构的运动分析
港口起重机构		当摇杆 AB 摆动到 AB' 时，另一摇杆 CD 也摆动到 CD'，使悬挂于点 E 的重物 Q 沿近似水平的直线运动到点 E'，从而将货物从船上卸到岸上
电风扇摇头机构		电动机安装在摇杆 AB 上，铰链 B 处有一个固连于 BC 的涡轮，电动机输出轴蜗杆带动涡轮迫使连杆 BC 绕点 B 做回转运动，带动两个摇杆 AB 和 CD 做往复摆动实现电风扇的摇头动作。

思考：
铰链四杆机构三种类型中，你还知道哪些应用？如何确定属于哪种类型呢？

(三)含有一个移动副的四杆机构

在冲压机的手柄机构中,我们看到其中并没有上述三种类型中的铰链四杆机构,这属于演化的铰链四杆机构。在生产实际中,除以上介绍的铰链四杆机构外,还广泛采用其他形式的四杆机构。这些四杆机构一般是由改变铰链四杆机构某些构件的形状、相对长度或选择不同构件作为机架等方式演化而来的。其中,曲柄滑块机构、导杆机构、摆动滑块机构等都是带有一个移动副的平面四杆机构。

1. 曲柄滑块机构

曲柄摇杆机构中,当摇杆的长度趋向无穷大时,摇杆变成滑块,曲柄摇杆机构即变为曲柄滑块机构,如图 4-1-12(a)所示。从简图中可清楚地看到,曲柄滑块机构由曲柄 AB、连杆 BC 和机架三个部分组成,各个构件之间是通过转动副或移动副连接而成的。图 4-1-12(b)为实训中心的曲柄摇杆机构实物。

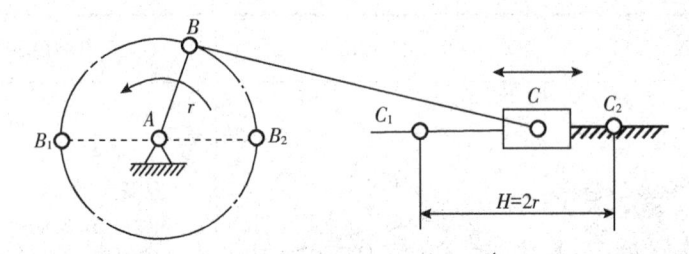

(a)曲柄滑块机构

(b)曲柄滑块机构实物

图 4-1-12 曲柄滑块机构及实物

曲柄滑块机构可将主动滑块的往复直线运动,经连杆转换为从动曲柄的连续转动;也可将主动曲柄的连续转动,经连杆转换为从动滑块的往复直线运动。其广泛应用在活塞式内燃机、空气压缩机、冲床等许多机械中。

如图 4-1-13 所示为内燃机中的曲柄滑块机构,活塞做往复直线运动,经连杆驱动曲柄转动,从而带动其他机构运动。如图 4-1-14 所示为一种冲压机床上的曲柄滑块机构,它是由齿轮驱动曲柄转动,曲柄通过连杆使滑块做往复直线运动来冲压工件。

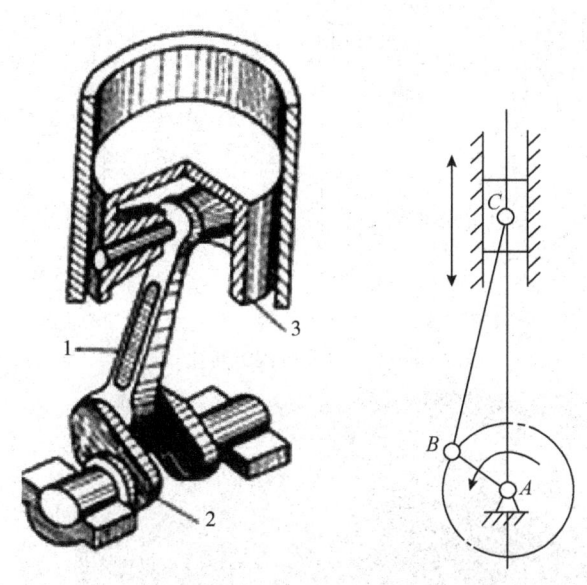

图 4-1-13 内燃机曲柄滑块机构

1—连杆；2—曲轴（曲柄）；3—活塞（滑块）

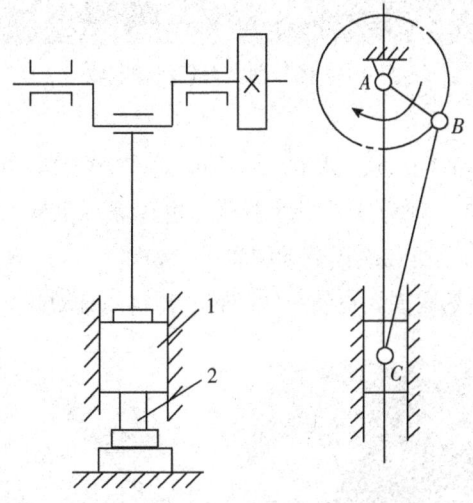

图 4-1-14 冲压机床曲柄滑块机构

1—滑块；2—工件

2. 导杆机构

导杆是机构中与另一个运动构件组成移动副的构件。连架杆中至少有一个构件为导杆的平面四杆机构称为导杆机构。导杆机构可以看作通过改变曲柄滑块机构中固定件的位置演化而成的。如图 4-1-15（a）所示的曲柄滑块机构，当将构件 2 改变为机架时，就演化为导杆机构，如图 4-1-15（b）所示。其中杆 3 为主动件，带动滑块 4 相对杆 1 滑动并随之一起绕 A 点转动，杆 1 起导路作用，称为导杆。导杆机构常用于回转式油泵、牛头刨床等工作机构中。如图 4-1-16 为实训中心曲柄导杆机构实物。

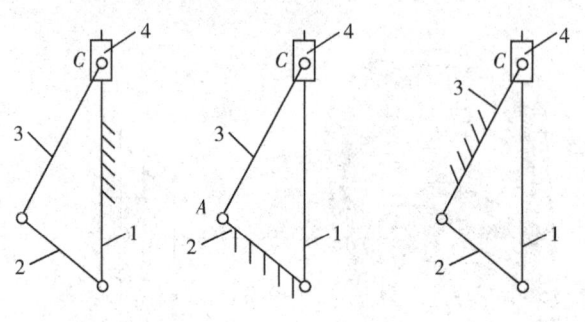

（a）曲柄滑块机构　　（b）导杆机构　　（c）摆动滑块机构

图 4-1-15　导杆机构的演化

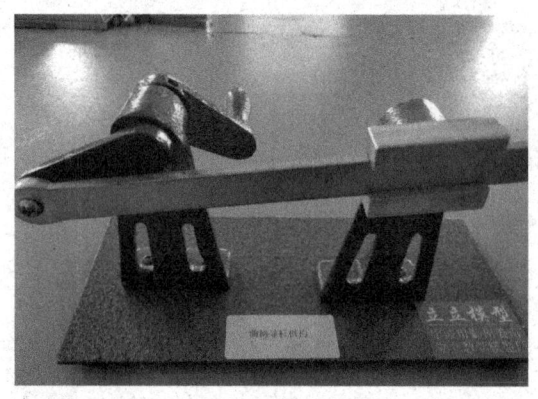

图 4-1-16　曲柄导杆机构实物

3. 摆动滑块机构

摆动滑块机构可以看作曲柄滑块机构的另一种演化。如图 4-1-15（a）所示的曲柄滑块机构，当将构件 3 改变为机架，则为摆动滑块机构（也称摇块机构），如图 4-1-15（c）所示。这种机构广泛用于摆缸式内燃机和液压驱动装置中。如图 4-1-17 所示的汽车卸料机构，利用油缸（摇块）的油压推动活塞运动，迫使车厢翻转，物料便自动卸下。

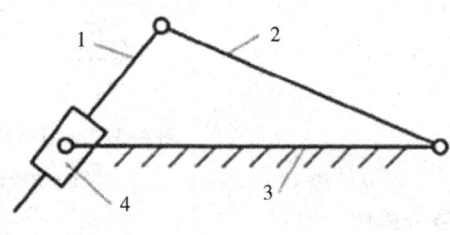

图 4-1-17　汽车自卸机构

思考：
手动冲压机中的手柄机构属于哪种类型呢？

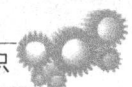

（四）判定铰链四杆机构类型

铰链四杆构件中是否存在曲柄，主要取决于各杆的相对长度和机架的选择。铰链四杆机构存在曲柄，必须同时满足以下两个条件：

① 最短杆与最长杆的长度之和小于或等于其他两杆长度之和；

② 连架杆和机架中必有一杆是最短杆。

根据曲柄存在条件，可以推论出铰链四杆机构三种基本类型的判别方法，详见表 4-1-7。

表 4-1-7　铰链四杆机构类型判别

类别	尺寸条件	基本形式	曲柄存在的条件
曲柄摇杆机构	最长杆与最短杆长度之和小于或等于其余两杆长度之和		以最短杆邻杆为机架
双曲柄机构			以最短杆为机架
双摇杆机构			以最短杆对杆为机架
双摇杆机构	最长杆与最短杆长度之和大于其余两杆长度之和		以任何一杆为机架

实训1　平面四杆机构拆装

实训名称	平面四杆机构拆装
实训内容	使用合适的工具，完成平面四杆机构的拆卸与安装
实训目标	1. 掌握平面四杆机构的类型、结构与应用； 2. 能够使用专业工具拆装平面四杆机构
实训课时	1课时
实训地点	实训室

任务完成报告

姓名		学习日期	
任务名称	平面机构的认识		
学习自评	考核内容	完成情况	
	1. 冲压机的平面机构	□好　□良好　□一般　□差	
	2. 平面四杆结构	□好　□良好　□一般　□差	
学习心得			

任务2　其他机构类型的冲压机

除了使用手柄把回转运动转换为直线运动的手动冲压机，冲压机还有很多不同的类型，按动力可分为机械式冲压机和液压式冲压机，按滑块驱动机构可分为曲轴式冲压机、螺旋式冲压机、连杆式冲压机、齿条式冲压机以及凸轮式冲压机等，其中凸轮冲压机是比较常见的一类冲压机。

在本任务中，我们学习凸轮机构的组成、特点及应用。

知识目标：

①了解什么是凸轮机构；

②了解凸轮机构的组成、特点、基本类型和应用。

能力目标：
①能够掌握凸轮的定义；
②能说出凸轮的组成、特点、分类和应用。

学习内容：

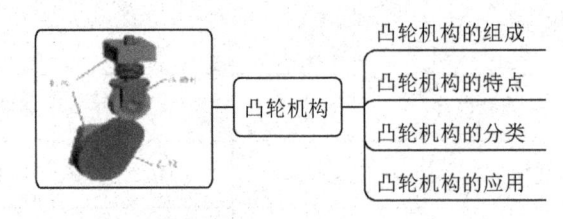

凸轮是一个具有曲线轮廓或凹槽的构件，一般为主动件，做等速回转运动或往复直线运动。其从动件由于凸轮尺寸形态的不同而获得较为复杂的运动规律。如图 4-2-1 所示的凸轮机构冲压机，依靠凸轮机构将旋转运动转换为直线运动。

图 4-2-1　凸轮机构冲压机

一、凸轮机构的组成

凸轮机构是由凸轮、从动件和机架三个基本构件组成的高副机构。凸轮是一个具有曲线轮廓或凹槽的构件，一般为主动件，做等速回转运动或往复直线运动，如图 4-2-2 所示。凸轮通常做等速转动或移动，与凸轮接触（不一定直接接触）的从动件则按照人们已设计的运动规律运动。

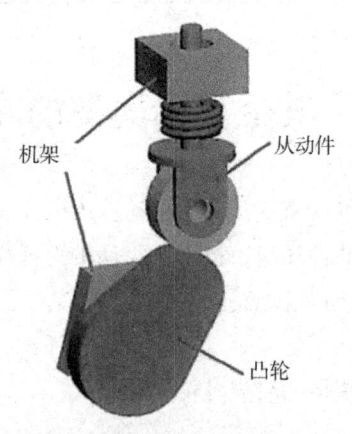

图 4-2-2　凸轮机构的组成

如图 4-2-3 所示的内燃机配气机构就是这一凸轮机构的应用实例。组成这一凸轮机构的三个基本构件分别为：凸轮轴上的凸轮部分、从动件为气门、机架为气缸盖。盘形凸轮匀速转动,通过其轮廓曲线的变化驱动从动件按内燃机工作循环的要求有规律地开启和闭合(凸轮轮廓并非直接与气门接触,而是通过摇臂、弹簧等驱动气门运动)。

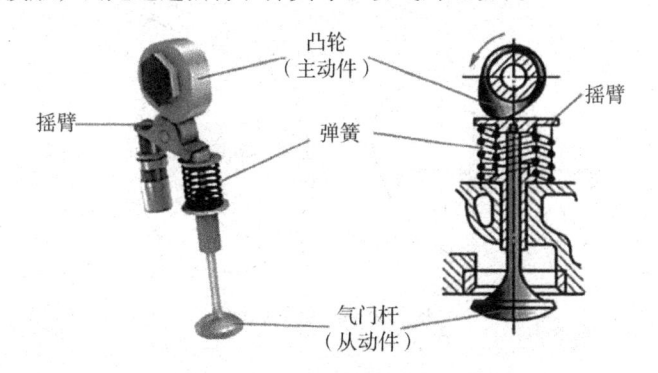

图 4-2-3 内燃机配气机构凸轮机构的结构

二、凸轮机构的特点

优点:
①结构简单、紧凑,工作可靠;
②设计适当的凸轮轮廓曲线可使从动件获得任意预期的运动规律。

缺点:
①凸轮为高副接触(点或线)压力较大,点、线接触易磨损,只适用于传力不大的场合;
②凸轮轮廓加工困难,费用较高;
③行程不大。

其中,易磨损是凸轮机构的主要缺点,凸轮磨损的主要原因之一是接触应力较大。凸轮与滚子的接触应力可以看作半径分别等于凸轮接触处的曲率半径和滚子半径的两圆柱面接触时的压应力,可通过计算,使计算应力小于许用应力。促使凸轮磨损的因素还有载荷特性、几何参数、材料、表面粗糙度、腐蚀、滑动、润滑和加工情况等。其中,润滑情况和材料选择对磨损寿命影响尤大。为了减小磨损、提高使用寿命,除限制接触应力外,还要采取表面化学热处理和低载跑合等措施,以提高材料的表面硬度。

三、凸轮机构的分类

根据不同的分类标准,凸轮机构分为不同的类型。

(一)按凸轮形状分类

按凸轮形状,可分为盘形凸轮、移动凸轮和圆柱凸轮三种,前两种凸轮与从动件之间的相对运动均为平面运动,故又统称为平面凸轮机构;圆柱凸轮机构中凸轮与从动件之间的相对运动是空间运动,故属于空间凸轮机构。

1. 盘形凸轮

盘形凸轮既是一个绕固定轴线转动并具有不同回转半径的盘形零件,也是凸轮的最基本形式。如图 4-2-4 所示,当凸轮绕固定轴转动时,从动件在垂直于凸轮旋转轴线的平面内做往复直线运动或往复摆动运动。

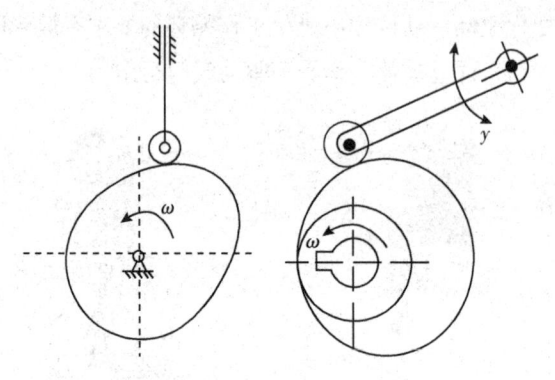

图 4-2-4 盘形凸轮

2. 移动凸轮

移动凸轮的外形通常呈平板状，如图 4-2-5 所示，凸轮左右做直线往复移动，从动件则上下往复运动。

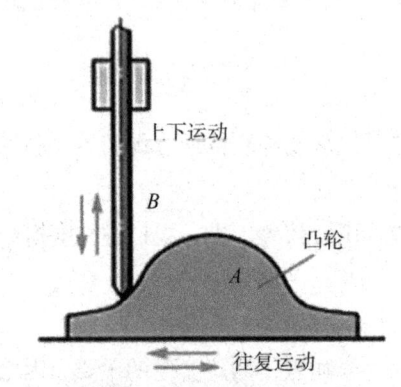

图 4-2-5 移动凸轮

如图 4-2-6 所示为靠模车削机构，工件做回转运动，凸轮作为靠模固定在车身上，刀架在弹簧作用下，与凸轮轮廓紧密接触，当刀架做纵向移动时，刀架在靠模板（凸轮）曲线轮廓的推动下做横向移动，从而车削出与靠模板曲线一致的工件。

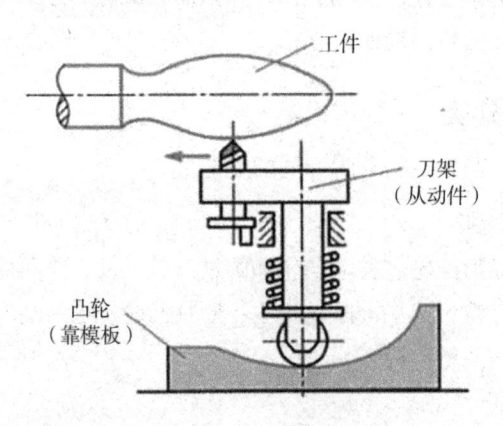

图 4-2-6 靠模车削机构

3. 圆柱凸轮

圆柱凸轮是一个在圆柱面上开有曲线槽或在圆柱端面上做出曲线轮廓的构件。如图 4-2-7

所示，分别为单周圆柱凸轮和端面凸轮。

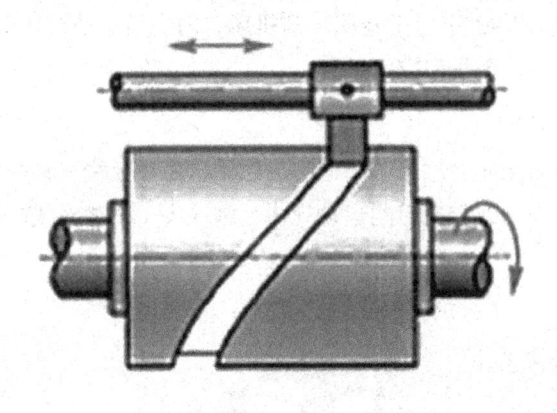

(a) 单周圆柱凸轮 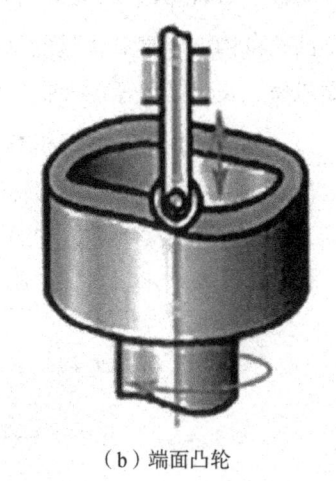　　　　　　　　(b) 端面凸轮

图 4-2-7　圆柱凸轮

（二）按从动件形状分类

1. 尖顶从动件

从动件的尖端能够与任意复杂的凸轮轮廓保持接触，从而使从动件实现任意的运动规律，如图 4-2-8（a）所示。这种从动件结构最简单，但尖端处易磨损，故只适用于速度较低和传力不大的场合。

2. 滚子从动件

为减小摩擦磨损，在从动件端部安装一个滚轮，把从动件与凸轮之间的滑动摩擦变成滚动摩擦，因此摩擦磨损较小，可用来传递较大的动力，故这种形式的从动件应用很广，如图 4-2-8（b）所示。

3. 平底从动件

从动件与凸轮轮廓之间为线接触，接触处易形成油膜，润滑状况好。此外，在不计摩擦时，凸轮对从动件的作用力始终垂直于从动件的平底，受力平稳，传动效率高，常用于高速场合，如图 4-2-8（c）所示。缺点是与之配合的凸轮轮廓必须全部为外凸形状。

4. 曲面从动件

为了克服尖端从动件的缺点，可以把从动件的端部做成曲面，称为曲面从动件，如图 4-2-8（d）所示。这种结构形式的从动件在生产中应用较多。

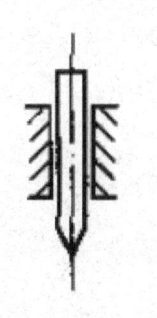

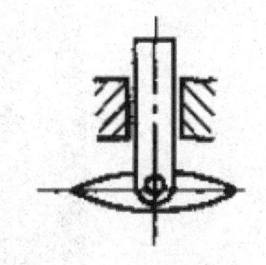

(a) 尖顶从动件　　(b) 滚子从动件　　(c) 平底从动件　　(d) 曲面从动件

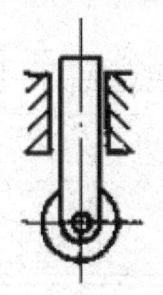

图 4-2-8　各种类型从动件凸轮

四、凸轮机构的应用

凸轮机构由于具有优越的结构性能，所以广泛应用于金属切削机床、内燃机、纺织机械、印刷机械、农业机械等各行业机械。下面介绍几个典型应用。

（一）自动机床进刀机构

当具有凹槽的圆柱凸轮回转时，其凹槽的侧面通过嵌于凹槽中的滚子迫使推杆绕其轴往复摆动，从而控制刀架的进刀和退刀运动。至于进刀和退刀的运动规律，则取决于凹槽曲线的形状。如图 4-2-9 所示为自动机床进刀机构。

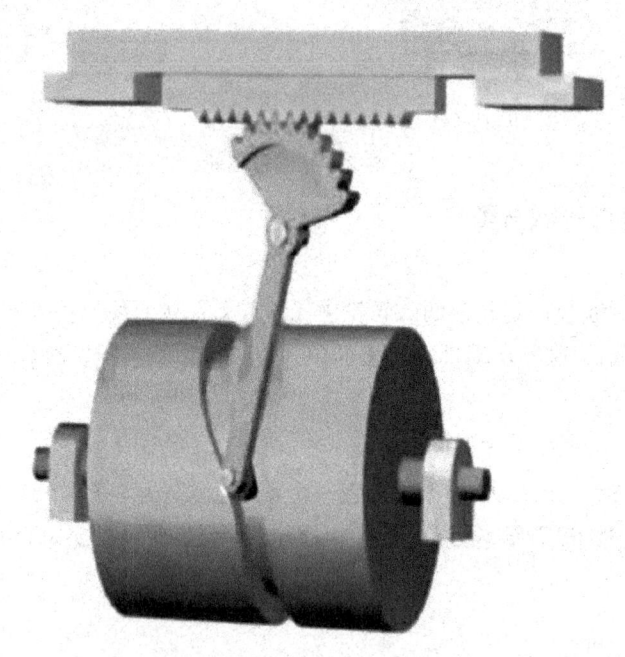

图 4-2-9　自动机床进刀机构

（二）绕线机凸轮绕线机构

绕线机是把缝纫用的线缠到线圈上的一种机构，核心是一个凸轮机构，如图 4-2-10（a）为绕好的线圈，图 4-2-10（b）为绕线机构简图。绕线机工作时，绕线轴 3 连续快速转动，经蜗杆传动带动凸轮 1 缓慢转动，通过凸轮高副驱动从动件 2 往复摆动，从而使线均匀地缠绕在绕线轴上。

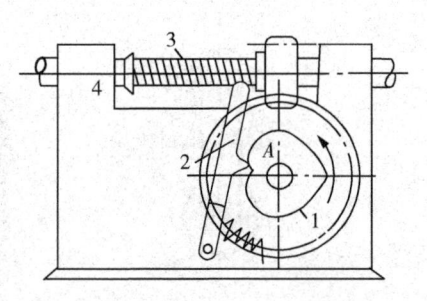

（a）绕好的线圈　　　　（b）绕线凸轮机构简图

图 4-2-10　绕线机绕好的线圈和绕线凸轮机构简图

实训2　凸轮机构拆装

实训名称	凸轮机构拆装
实训内容	使用合适的工具，完成凸轮机构的拆卸与安装
实训目标	1. 掌握凸轮机构的类型、结构与应用； 2. 能够使用专业工具拆装凸轮机构
实训课时	1课时
实训地点	实训室

任务完成报告

姓名		学习日期	
任务名称	其他机构类型的冲压机		
学习自评	考核内容	完成情况	
	凸轮机构	□好　□良好　□一般　□差	
学习心得			

项目 5　常见机械传动方式

机械传动设计在机械设计工作中占有举足轻重的地位，实践证明，传动装置在整台机器的质量和成本中都占有很大的比例。机器的工作性能和运转费用也在很大程度上取决于传动装置的优劣，因此，不断提高传动装置的设计和制造水平具有极其重大的意义。本项目从带传动、链传动、齿轮传动、蜗杆传动等基本传动形式入手，深入浅出地讲解各种传动形式的原理、特点、类型和应用。

任务1　带传动、链传动。了解带传动和链传动的工作原理、特点、类型和应用，会计算带传动和链传动的平均传动比，掌握正确安装、张紧、调试和维护V形带传动和链传动的方式方法。

任务2　齿轮传动、蜗杆传动。了解齿轮传动及蜗杆传动的特点、分类、应用，会计算齿轮传动及蜗杆传动的传动比，熟悉齿轮传动及蜗杆传动的主要结构参数，掌握齿轮传动及蜗杆传动的失效形式及维护保养方法。

任务3　齿轮绘制。熟悉标准直齿圆柱齿轮的主要参数，掌握绘制标准直齿圆柱齿轮及其啮合时的工程图绘制方法。

任务 1　带传动、链传动

带传动是一种挠性传动，带传动的基本组成零件为带轮（主动带轮和从动带轮）和传送带，当主动带轮转动时，利用带轮和传送带间的摩擦和啮合作用，将运动和动力通过传送带传递给从动带轮。带传动具有结构简单、传动平稳、价格低廉和缓冲吸振等特点，在近代机械中应用广泛。

链传动也是一种挠性传动，它由链条和链轮（主动链轮和从动链轮）组成，通过链轮轮齿和链条链节的啮合来传递运动和动力，链传动在机械制造中应用十分广泛。

知识目标：
①了解带传动及链传动的原理、特点、类型和应用；
②了解 V 带的结构和标准及 V 带轮的材料和结构；
③掌握正确安装、张紧、调试和维护 V 型带传动及链传动的方法；
④了解带传动及链传动的平均传动比的计算方法。

能力目标：
①能够说出带传动及链传动的工作原理及应用场合；
②能够查表选用 V 带；
③能够正确安装、张紧、调试和维护 V 型带传动及链传动；
④能够进行简单的带传动及链传动的平均传动比计算。

学习内容：

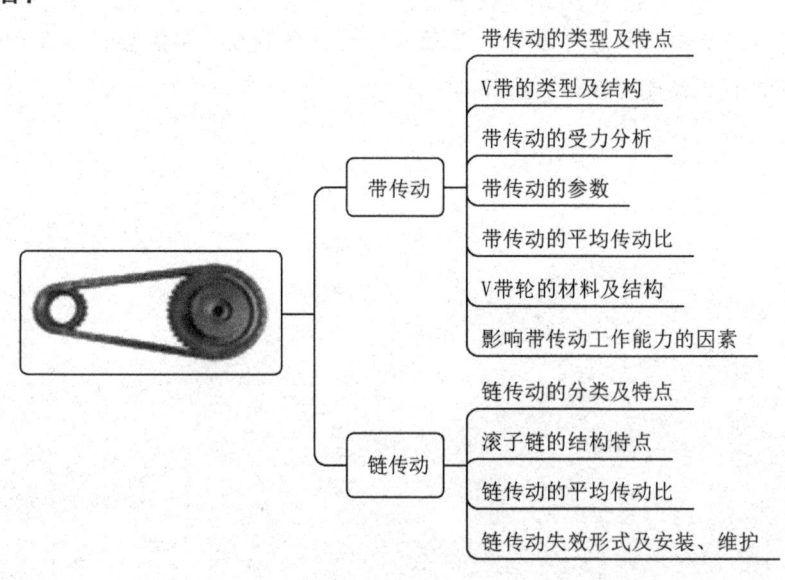

```
                    ┌─ 带传动的类型及特点
                    ├─ V带的类型及结构
                    ├─ 带传动的受力分析
         ┌─ 带传动 ─┼─ 带传动的参数
         │          ├─ 带传动的平均传动比
         │          ├─ V带轮的材料及结构
         │          └─ 影响带传动工作能力的因素
         │
         │          ┌─ 链传动的分类及特点
         │          ├─ 滚子链的结构特点
         └─ 链传动 ─┼─ 链传动的平均传动比
                    └─ 链传动失效形式及安装、维护
```

一、带传动

带传动是利用带作为中间挠性件，依靠带与带轮之间的摩擦力或啮合力来传递运动和动力的一种机械传动方式。

> **思考：**
> 仔细观察图5-1-1所示两种带传动，分析归纳其异同点。

(a) 摩擦型带传动　　　　(b) 啮合型带传动
图 5-1-1　摩擦型带传动、啮合型带传动

（一）带传动的类型及特点

按照工作原理不同，带传动可以分为摩擦型带传动 [图 5-1-1（a）] 和啮合型带传动 [图 5-1-1（b）]，在摩擦型带传动中，根据传动带的截面形状不同，又可分为平带传动、圆带传动、V 带传动和多楔带传动，如图 5-1-2 所示。

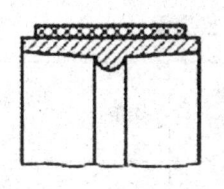

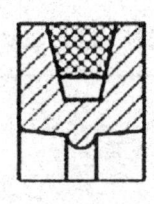

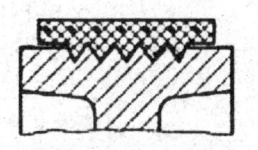

(a) 平带传动　　(b) 圆带传动　　(c) V 带传动　　(d) 多楔带传动
图 5-1-2　摩擦型带传动的几种类型

平带传动结构简单、传递效率高、带轮也容易制造，在传动中心距较大的情况下应用较多。常用的平带有帆布芯平带、编织平带（棉织、毛织和缝合棉布带）、锦纶片复合平带等数种。其中，帆布芯平带应用最广，它的规格可查阅国家标准或手册。

圆带结构简单，便于快速装拆，其材料多为皮革、棉、麻、锦纶、聚氨酯等，多用于小功率传动。

V 带的横截面是等腰梯形，带轮上也做出相应的轮槽。传动时，V 带的两个侧面和轮槽接触，槽面摩擦可以提供更大的摩擦力。另外，V 带传动允许的传动比大，结构紧凑，大多数 V 带已经标准化。V 带传动的上述特点使它获得了广泛的应用。

多楔带兼有平带柔顺性好和 V 带摩擦力大的优点，并解决了多根 V 带长短不一而使各带受力不均的问题，它主要用于传递功率较大同时要求结构紧凑的场合。

啮合型带传动一般也称为同步带传动。它通过传动带内表面上等距分布的横向齿和带轮上相应齿槽的啮合来传递运动。与摩擦型带传动比较，同步带传动的带轮和传动带之间没有相对滑动，能够保证严格传动比。但同步带传动对中心距及尺寸稳定性要求较高。

综上所述，带传动的优点是：①带具有良好的弹性，能缓冲吸振，尤其是V带没有接头，传动较平稳，噪声小；②过载时带在带轮上打滑（同步带传动除外），可以防止其他器件损坏；③结构简单，制造和维护方便，成本低；④适用于中心距较大的传动。

带传动（同步带传动除外）的缺点是：①工作中有弹性滑动，使传动效率低，不能准确地保持主动轴和从动轴的转速比关系；②传动的外廓尺寸较大；③由于需要张紧，所以轴上受力较大；④带传动可能因摩擦起电，产生火花，故不宜用于易燃易爆场合。

（二）V带的类型及结构

标准普通V带是用多种材料制成的无接头环形带，根据结构可分为包边V带和切边V带两类，如图5-1-3所示，带由胶帆布、顶胶、芯绳和底胶等部分组成。

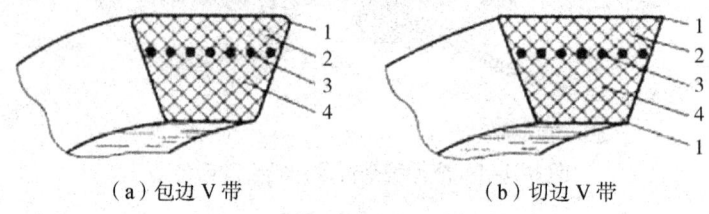

（a）包边V带　　　（b）切边V带

图 5-1-3　普通V带的结构

1—胶帆布；2—顶胶；3—芯绳；4—底胶

普通V带具有对称的横截面，带型分为Y、Z、A、B、C、D、E 7种，截面尺寸见表5-1-1。

表 5-1-1　普通V带、窄V带的截面尺寸和单位长度质量

带型		节宽 b_p（mm）	顶宽 b（mm）	高度 h（mm）	楔角 φ	单位长度质量 q（kg·m^{-1}）
普通V带	窄V带					
Y		5.3	6	4		0.04
Z		8.5	10	6		0.06
	SPZ			8		0.07
A		11.0	13	8		0.10
	SPA			10		0.12
B		14.0	17	11	40°	0.17
	SPB			14		0.20
C		19.0	22	14		0.30
	SPC			18		0.37
D		27.0	32	19		0.60
E		32.0	38	23.5		0.87

窄 V 带的横截面结构与普通 V 带类似。与普通 V 带相比，带的宽度相同时，窄 V 带的高度约增加 1/3，使其看上去比普通 V 带更窄，如图 5-1-4 所示。由于窄 V 带抗拉体材料承载能力强，以及带截面形状的改进，使窄 V 带的承载能力与相同宽度的普通 V 带的承载能力相比有了较大的提高，因此适用于传递功率较大同时又要求外形尺寸较小的场合。其工作原理和设计方法与普通 V 带类似。

(a) 普通 V 带　　(b) 窄 V 带

图 5-1-4　相同宽度普通 V 带与窄 V 带对比

V 带的名义长度称为基准长度。基准长度是按照一定的方式测量得到的。当 V 带垂直于其顶面弯曲时，从横截面上看，顶胶变窄、底胶变宽，在顶胶和底胶之间的某个位置处宽度保持不变，这个宽度称为带的节宽 b_p。把 V 带套在规定尺寸的测量带轮上，在规定的张力下，沿 V 带的节宽巡行一周，即 V 带的基准长度 L_d，基准长度已经标准化，详细数据可查阅国标。

（三）带传动的受力分析

带传动工作前，传动带以一定的初拉力 F_0 [图 5-1-5 (a)] 张紧在带轮上。

带传动工作时，因带和带轮间的静摩擦力作用使带一边拉紧，一边放松。紧边拉力为 F_1，松边拉力为 F_2 [图 5-1-5 (b)]。如果近似认为带的总长度保持不变，并且假设带为线弹性体，则带紧边拉力的增加量应等于松边拉力的减少量，即

$$F_1 - F_0 = F_0 - F_2 \tag{5-1}$$

或者
$$F_1 + F_2 = 2F_0 \tag{5-1a}$$

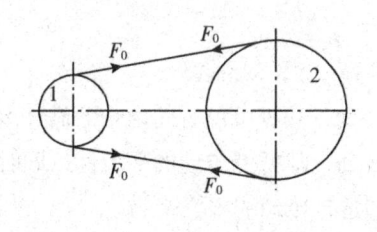

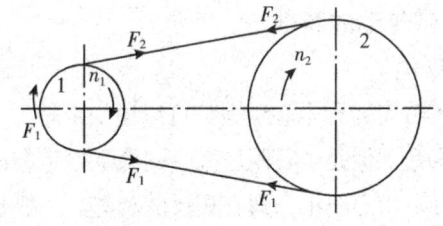

(a) 不工作时　　(b) 工作时

图 5-1-5　带传动的工作原理

如果取与主动小带轮接触的传动带为分离体（图 5-1-6），则传动带上诸力对带轮中心的力矩平衡条件为

$$F_f \frac{d_{d1}}{2} = F_1 \frac{d_{d1}}{2} - F_2 \frac{d_{d1}}{2}$$

由此可得

$$F_f = F_1 - F_2$$

式中：F_f——传动带工作面上的总摩擦力；

d_{d1}——小带轮的基准直径。

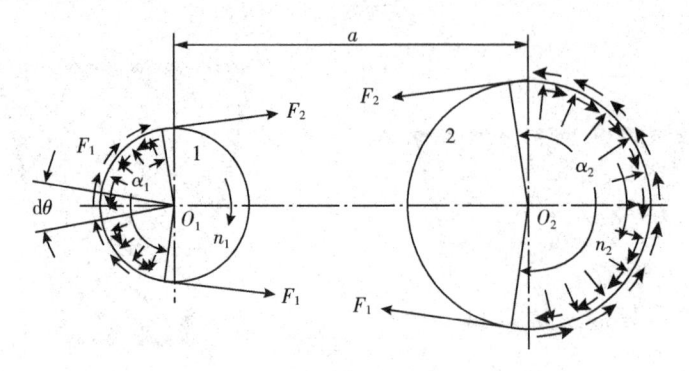

图 5-1-6 带与带轮的受力分析

带传动的有效拉力 F_e 等于传动带工作表面上的总摩擦力 F_f，于是

$$F_e = F_f = F_1 - F_2 \tag{5-2}$$

在初拉力 F_0、紧边拉力 F_1、松边拉力 F_2 和有效拉力 F_e 这 4 个力中，只有两个是独立的。因此，由式（5-1）和式（5-2）可得

$$F_1 = F_0 + \frac{F_e}{2}$$

$$F_2 = F_0 - \frac{F_e}{2} \tag{5-3}$$

有效拉力 F_e 与带传动所传递的功率 P 的关系为

$$P = F_e v / 1000 \tag{5-4}$$

式中，功率 P 的单位为 kW，有效拉力 F_e 的单位为 N，传送带的速度 v 的单位 m/s。

由式（5-4）可知，在带速一定的条件下，带传动所能传递的功率 P 取决于带传动中的有效拉力 F_e，即带和带轮间的总摩擦力 F_f。显然，在其他条件不变且初拉力 F_0 一定时，摩擦力 F_f 有一极限值（临界值），这个极限值就限制着带传动的传动能力。

（四）带传动的参数

1. 中心距 a

由图 5-1-6 可知，中心距大，可以增加带轮的包角，减少单位时间内带的循环次数，有利于提高带的寿命。但是中心距过大，则会加剧带的波动，降低带传动的平稳性，同时增加带传动的整体尺寸。中心距小，则有相反的利弊。一般初选带传动的中心距为

$$0.7(d_{d1}+d_{d2}) \leq a_0 \leq 2(d_{d1}+d_{d2})$$

式中，a_0 为初选的带传动中心距（mm），d_{d1} 和 d_{d2} 分别为小带轮和大带轮的基准直径（mm）。

2. 传动比 i

传动比大，即大带轮与小带轮的直径的比值变大，则带轮的包角将减少，带传动的承载能

力降低。因此，带传动的传动比不宜过大，一般为 $i \leqslant 7$，推荐值为 $2 \sim 5$。

3. 带轮的基准直径

当带传动的功率和转速一定时，减少主动带轮的直径，则带速将减少，单根 V 带所能传递的功率将减少，从而导致 V 带根数增加。这样不仅增大了带轮的宽度，而且增大了载荷在 V 带之间分配的不均匀性。另外，减少带轮直径，则带的弯曲应力增大。为了避免弯曲应力过大，小带轮的基准直径就不能过小，一般情况下，应保证 $d_d \geqslant (d_d)_{min}$。推荐的 V 带轮最小基准直径如表 5-1-2 所示。

表 5-1-2 V 带轮的最小基准直径

槽型（带型）	Y	Z	A	B	C	D	E
$(d_d)_{min}$（mm）	20	50	75	125	200	355	500

4. 带速 v

当带传动的功率一定时，提高带速，则单根 V 带所能传递的功率增大，相应地，可减少带的根数或者减少 V 带的横截面面积，使带传动的整体尺寸变小。但是带速过高，则带中的离心应力增大，使得单根 V 带所能传递的功率降低，带的寿命降低。带速过低，则单根 V 带所能传递的功率过小，带的根数增多，带传动的能力没有得到充分发挥。

由此可见，带速不宜过高也不宜过低，一般推荐 $5 \sim 25$ m/s，最高带速 $V_{max} < 30$ m/s。

（五）带传动的平均传动比

传动带在受到拉力作用时会发生弹性变形。在小带轮上，带的拉力从紧边拉力 F_1 逐渐降到松边拉力 F_2，带的弹性变形量逐渐减少，因此带相对于小带轮向后退缩，使带的速度低于小带轮的线速度 v_1，在大带轮上，带的拉力从松边拉力 F_2 逐渐上升为紧边拉力 F_1，带的弹性变形量逐渐增加，带相对于大带轮向前伸长，使得带的速度高于大带轮的线速度 v_2。这种由于带的弹性变形而引起的带与带轮间的微量滑动，称为带传动的弹性滑动。因为带传动总有紧边和松边，所以弹性滑动也总是存在的，是无法避免的。

带在开始绕上小带轮时，带的速度等于小带轮的线速度；带在绕出小带轮时，带的速度低于小带轮的线速度。在大带轮上发生着类似的过程。带在开始绕上大带轮时，带的速度等于大带轮的速度；带在绕出大带轮时，带的速度高于大带轮的线速度。经过上述循环，带速没有发生变化。但是大带轮的线速度 v_2 却因此小于小带轮的线速度 v_1。带轮线速度的相对变化量可以用滑动率 ε 来评价：

$$\varepsilon = \frac{v_1 - v_2}{v_1} \tag{5-5}$$

或

$$v_2 = 1 - \varepsilon v_1$$

其中

$$v_1 = \frac{\pi d_{d1} n_1}{60 \times 1000}$$

$$v_2 = \frac{\pi d_{d2} n_2}{60 \times 1000} \tag{5-6}$$

式中，n_1、n_2 分别为主动轮和从动轮的转速，r/min。

将式（5-6）代入式（5-5），可得

$$d_{d2} n_2 = (1-\varepsilon) d_{d1} n_1 \tag{5-7}$$

因此带传动的平均传动比为

$$i = \frac{n_1}{n_2} = \frac{d_{d2}}{(1-\varepsilon) d_{d1}} \tag{5-8}$$

在一般的带传动中，因滑动率不大（$\varepsilon \approx 1\% \sim 2\%$），故可以不予考虑，而取传动比为

$$i = \frac{n_1}{n_2} \approx \frac{d_{d2}}{d_{d1}} \tag{5-9}$$

在带传动正常工作时，带的弹性滑动只发生在带离开主、从动轮之前的那一段接触弧上。例如弧 C_1B_1 和弧 C_2B_2（图5-1-7），这一段弧称为滑动弧，随对应的中心角为滑动角；而把没有发生弹性滑动的接触弧，例如弧 A_1C_1 和弧 A_2C_2，称为静止弧，所对应的中心角为静止角。在带传动的速度不变的情况下，随着带传动所传递的功率逐渐增加，带和带轮间的总摩擦力也随之增加。弹性滑动所发生的弧段长度也相应扩大。当总摩擦力增加到临界值时，弹性滑动的区域也就扩展到了整个接触弧（相当于点 C_1 移动到与点 A_1 重合）。此时如果再增加带传动的功率，则带与带轮间会发生显著的相对滑动，即整体打滑。打滑会加剧带的磨损，降低从动带轮的转速，甚至使传动失效。故应极力避免这种情况发生。

但是，当带传动所传递的功率突然增大至超过设计功率时，这种打滑却可以起到过载保护的作用。

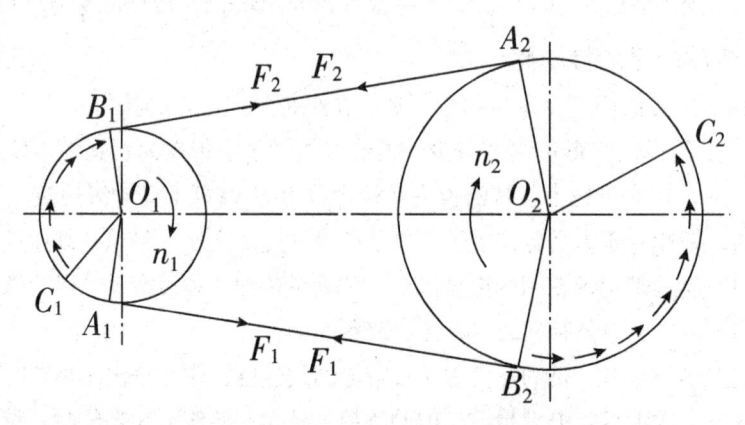

图 5-1-7 带传动的弹性滑动

（六）V 带轮的材料及结构

带轮属于盘毂类零件，制造工艺上一般以铸造和锻造为主，常用的带轮材料为 HT150 或 HT200。转速较高时可以采用铸钢或用钢板冲压后焊接而成，小功率时可以用铸铝或塑料。

思考：

仔细观察图5-1-8所示两种带轮，分析带轮的主要结构形式。

图 5-1-8 带轮的结构形式

V带轮由轮缘、轮辐和轮毂组成,如图 5-1-9 所示。据轮辐结构的不同,可以分为实心式 [图 5-1-10(a)]、腹板式 [图 5-1-10(b)]、孔板式 [图 5-1-10(c)]、椭圆轮辐式 [图 5-1-10(d)]。

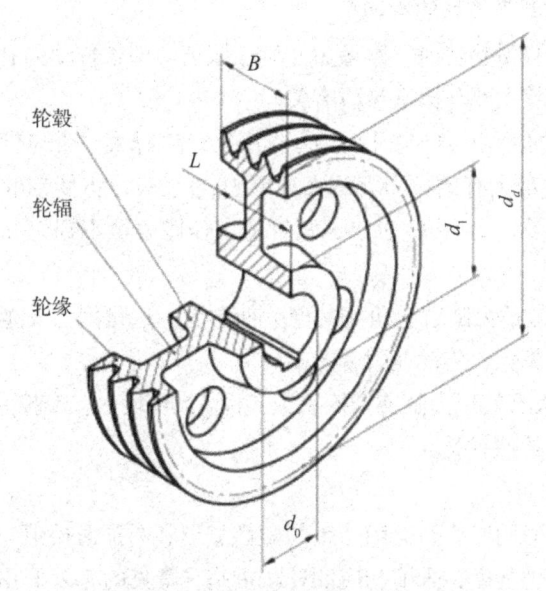

图 5-1-9 带轮的基本结构

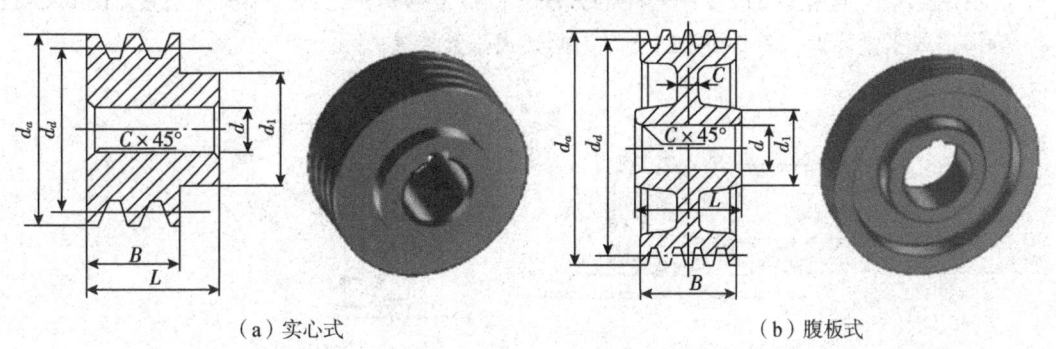

(a)实心式   (b)腹板式

图 5-1-10

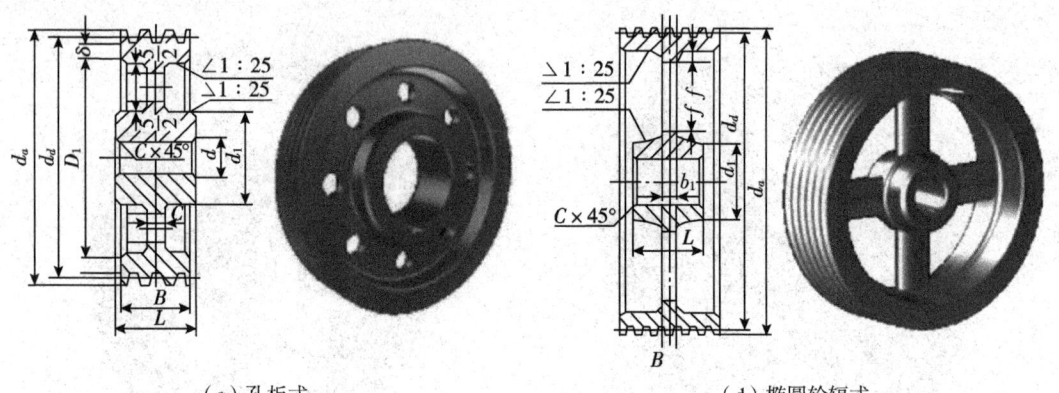

（c）孔板式　　　　　　　　　　　　（d）椭圆轮辐式

图 5-1-10　带轮的分类

　　V带轮的结构形式与基准直径有关。当带轮基准直径 $d_d \leqslant 2.5d$（d 为安装带轮的轴的直径，mm），可采用实心式；当 $d_d \leqslant 300$mm 时，可采用腹板式；当 $d_d \leqslant 300$mm 时，且轮毂和轮缘之间的距离超过 100mm 时，可采用孔板式；当 $d_d > 300$mm 时，可采用轮辐式。

（七）影响带传动工作能力的因素

1. 带传动基本参数对带传动的影响

　　带传动中，当带有打滑趋势时，摩擦力达到极限值，即带传动的有效拉力达到最大值。这时，最大有效拉力的计算主要与以下参数有关。

　　①初拉力 F_0。最大有效拉力与初拉力 F_0 成正比，F_0 越大，带与带轮间的正压力越大，则传动时的摩擦力越大，最大有效拉力就越大。但 F_0 过大时，将使带的磨损加剧，以至于过快松弛，缩短带的工作寿命。如果 F_0 过小，则带的工作能力得不到充分发挥，运转时容易发生跳动和打滑。

　　②包角 α。最大有效拉力随着包角 α 的增大而增大。这是因为 α 越大，带和带轮的接触面上所产生的总摩擦力就越大，传动能力就越高。

　　③摩擦系数 f。最大有效拉力随着摩擦系数 f 的增大而增大。摩擦系数 f 与带及带轮的材料和表面状况、工作环境条件有关。

2. V带传动的张紧

　　V带传动运转一段时间以后，会因为带的塑性变形和磨损而松弛。为了保证带传动正常工作，应定期检查带的松弛程度，采取相应的补救措施，常见的有以下几种。

　　①定期张紧。采用定期改变中心距的方法来调节带的初拉力，使带重新张紧，图 5-1-11（a）为滑道式张紧装置，图 5-1-11（b）为摆架式张紧装置。

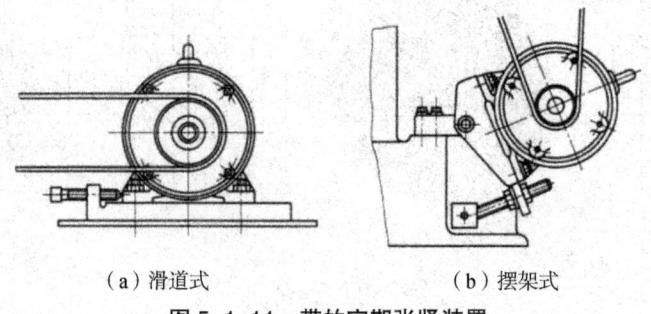

　　（a）滑道式　　　　　　　　（b）摆架式

图 5-1-11　带的定期张紧装置

②自动张紧装置。如图 5-1-12 所示，将装有带轮的电动机安装在浮动的摆架上，利用电动机的自重，使带轮随同电动机绕固定轴摆动，以自动保持初拉力。

③采用张紧轮的张紧装置。当中心距不能调节时，可采用张紧轮将带张紧，如图 5-1-13 所示。设置张紧轮应注意：a.一般应放在松边的内侧，使带只受单向弯曲；b.张紧轮还应尽量靠近大带轮，以免减少带在小带轮上的包角；c.张紧轮的轮槽尺寸与带轮的相同，且直径小于小带轮的直径。

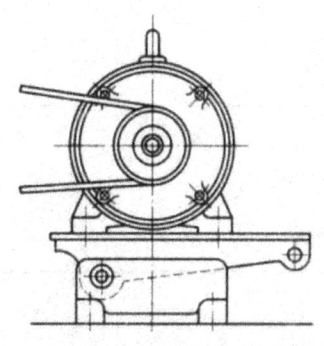

图 5-1-12　带的自动张紧装置　　　　图 5-1-13　张紧轮装置

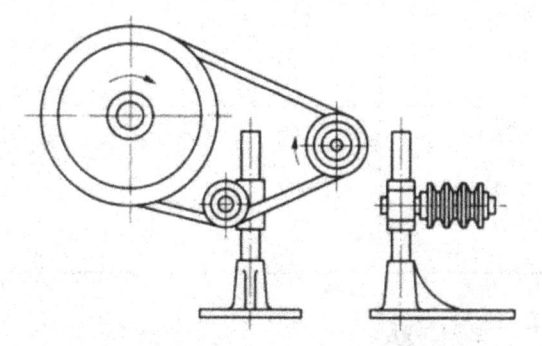

如果中心距过小，可以将张紧轮设置在带的松边外侧，同时应靠近小带轮。但这种方式使带发生反向弯曲，会降低带的疲劳寿命。

3. V 带传动的安装

各带轮的轴线应相互平行，各带轮相对应的 V 形槽的对称面应重合，误差不得超过 20 度。

多根 V 带传动时，为避免各根 V 带的载荷分布不均匀，带的配组公差应在规定的范围内（参见 GB/T 13575.1—2008）。

4. V 带传动的防护

为保证操作者的安全，带传动应置于铁丝网或保护罩内，使之不能外露，避免受到损伤或落入其他物体。

实训 1　传动带机构拆装

实训名称	传动带结构拆装
实训内容	使用合适的工具，完成传动带的拆卸与安装

续表

实训目标	1. 掌握传动带的类型、结构与应用； 2. 能够使用专业工具拆装凸轮机构； 3. 掌握传动带的张紧调节、跑偏调节方法
实训课时	1课时
实训地点	实训室

二、链传动

链传动是一种挠性传动，它由链条和链轮（大链轮和小链轮）组成，如图5-1-14所示，通过链轮轮齿和链条链节的啮合来传递运动和动力，链传动在机械制造中广泛应用。

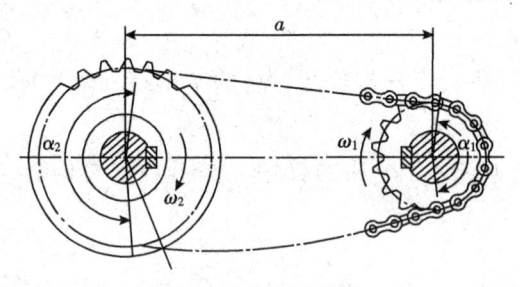

图 5-1-14 链传动

（一）链传动的分类及特点

链传动的优点是：与摩擦型带传动相比，链传动无弹性打滑和整体打滑现象，因而能保持准确的平均传动比，传动效率较高；又因链条不需要像带那样张得很紧，所以作用于轴上的径向压力较小；链条采用金属材料制造，在同样的使用条件下，链传动的整体尺寸较小，结构较为紧凑；同时，链传动能在高温和潮湿的环境中工作。

链传动的缺点是：只能实现平行轴间链轮的同向传动，运转时不能保证恒定的瞬时传动比，磨损后易发生跳齿，工作时有噪声，不宜用在载荷变化很大、高速和急速反转的传动中。

链传动主要用在要求工作可靠，两轴相距较远，低速重载，工作环境恶劣，以及其他不宜采用齿轮传动的场合。例如在摩托车上应用链传动，结构大为简化，而且使用方便可靠；掘土机的行进机构也采用链传动，它虽然经常受到土块、泥浆和瞬时过载等的影响，依然能很好地工作。

链传动按用途不同可以分为传动链、输送链和起重链，如图5-1-15所示。输送链和起重链主要用在运输和起重机械中。一般在机械传动中，常用的是传动链。

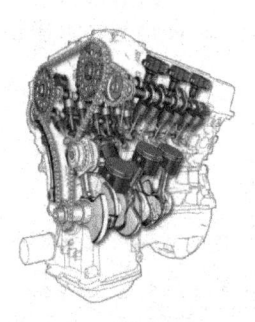

项目5　常见机械传动方式

（a）传动链　　　　　　　（b）输送链　　　　　　　（c）起重链

图 5-1-15　链传动的几种应用

传动链又可分为短节距精密滚子链（简称滚子链）、齿形链等类型。其中滚子链常用于传动系统的低速级，一般传递的功率在100kW以下，链速不超过15m/s，推荐使用的最大传动比 i_{max}=8。齿形链因结构复杂、制造困难、价格较高，应用较少，本节主要讨论滚子链。

（二）滚子链的结构特点

滚子链的结构如图 5-1-16 所示。它是由滚子、套筒、销轴、内链板和外链板所组成的。内链板与套筒之间、外链板与销轴之间为过盈配合，滚子与套筒之间、套筒与销轴之间为间隙配合。当内、外链板相对挠曲时，套筒可绕销轴自由转动。滚子是活套在套筒上的，工作时，滚子沿链轮齿廓滚动，这样就可减轻齿廓的磨损。链的磨损主要发生在销轴与套筒的接触面上。因此，内、外链板间应留少许间隙，以便润滑油渗入销轴和套筒的摩擦面之间。

链板一般制成8字形，以使它的各个截面具有接近相等的抗拉强度，同时减轻了链的质量和运动时的惯性力。

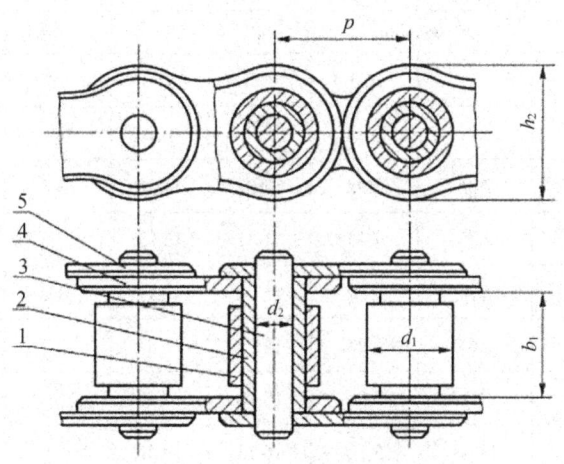

图 5-1-16　滚子链的结构

1—滚子；2—套筒；3—销轴；4—内链板；5—外链板

滚子链的接头形式如图 5-1-17 所示，当链节数为偶数时，接头处可用开口销［图 5-1-17（a）］或弹簧卡片［图 5-1-17（b）］来固定，一般前者用于大节距，后者用于小节距；当链节数为奇数时，需要采用图 5-1-17（c）所示的过渡链节。由于过渡链节的链板需要受附加弯矩的作用，所以在一般情况下最好不用奇数链节。

滚子链和链轮啮合的基本参数是节距 p，滚子外径 d_1 和内链节内宽 b_1，如图 5-1-16 所示。其中，节距 p 是滚子链的主要参数，节距增大时，链条中各个零件的尺寸也要相应增大，可传递的功率也随着增大。链的使用寿命在很大程度上取决于链的材料及热处理方法。因此，组成链的所有元件均需经过热处理，以提高其强度、耐磨性和耐冲击性。

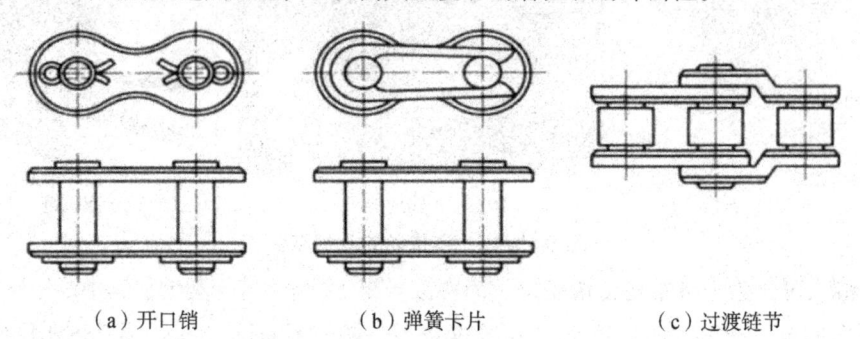

（a）开口销　　　　（b）弹簧卡片　　　　（c）过渡链节

图 5-1-17　滚子链的接头形式

考虑到我国链条的生产历史和现状，以及国际上许多国家的链节距均用英制单位，我国链条标准 GB/T 1243—2006 中规定节距用英制折算成米制的单位。表 5-1-3 列出了标准规定的几种规格的滚子链的主要尺寸和抗拉载荷。表中的链号和相应的标准链号一致，链号数乘以 $\dfrac{25.4}{16}$ 即节距值，后缀 A 或 B 分别表示 A 或 B 系列，其中 A 系列适用于以美国为中心的西半球区域，B 系列适用于欧洲区域。

表 5-1-3　滚子链的规格和主要参数

ISO 链号	节距 p	滚子直径 d_{1max}	内链节内宽 b_{1min}	销轴直径 d_{2max}	内链板高度 h_{2max}	排距 p_t	抗拉载荷 单排 min	抗拉载荷 双排 min	单排链的质量 q_{min}
	单位：mm						单位：kN		单位：kg/m
05B	8	5	3	2.31	7.11	5.64	4.4	7.8	0.18
06B	9.525	6.35	5.72	3.28	8.26	10.24	8.9	16.9	0.39
08A	12.7	7.92	7.85	3.98	12.07	14.38	13.8	27.6	0.60
08B	12.7	8.51	7.75	4.45	11.81	13.92	17.8	31.1	0.65
10A	15.875	10.16	9.4	5.09	15.09	18.11	21.8	43.6	1.00
10B	15.875	10.16	9.65	5.08	14.73	16.59	22.2	44.5	0.92
12A	19.05	11.91	12.57	5.96	18.08	22.78	31.1	62.3	1.50
12B	19.05	12.07	11.68	5.72	16.13	19.46	28.9	57.8	1.24
16A	25.4	15.88	15.75	7.94	24.13	29.29	55.6	111.2	2.60
16B	25.4	15.88	17.02	8.28	21.08	31.88	60	106	2.80
20A	31.75	19.05	18.9	9.54	30.18	35.76	86.7	173.5	3.80
20B	31.75	19.05	19.56	10.19	26.42	36.45	95	170	3.81

续表

ISO链号	节距 p	滚子直径 d_{1max}	内链节内宽 b_{1min}	销轴直径 d_{2max}	内链板高度 h_{2max}	排距 p_t	抗拉载荷 单排 min	抗拉载荷 双排 min	单排链的质量 $q$min
			单位：mm				单位：kN		单位：kg/m
24A	38.1	22.23	25.22	11.11	36.2	45.44	124.6	249.1	5.60
24B	38.1	25.4	25.4	14.63	33.4	48.36	160	280	6.65
28A	44.45	25.4	25.22	12.71	42.24	48.87	169	338.1	7.50

滚子链的标记为

链　号 — 排　数 — 整链链节数 — 标准编号

例如：08A—1—88 GB/T 1243—2006 表示 A 系列、节距 12.7mm、单排、88 节的滚子链。

（三）链传动的平均传动比

因为链是由刚性链节通过销轴铰接而成的，当链绕在链轮上时，其链节与相应的轮齿啮合后，这一段链条将曲折成正多边形的一部分，如图 5-1-18 所示，该正多边形的边长等于链条的节距 p，边数等于链轮齿数 z，链轮每转过一圈，链条走过 zp 长，所以链的平均速度 v（单位为 m/s）为

$$v = \frac{z_1 n_1 p}{60 \times 1000} = \frac{z_2 n_2 p}{60 \times 1000}$$

式中：z_1、z_2——主、从动链轮的齿数；

n_1、n_2——主、从动链轮的转速，r/min。

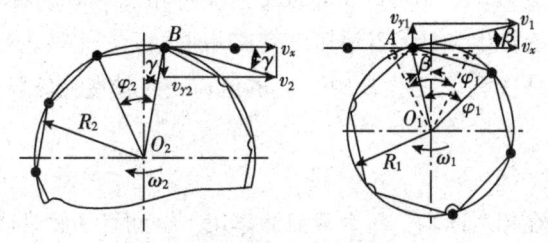

图 5-1-18 链传动的速度分析

链传动的平均传动比

$$i = \frac{n_1}{n_2} = \frac{z_2}{z_1}$$

（四）链传动失效形式及安装、维护

1. 链传动的失效形式

（1）链条铰链磨损

链节在进入和退出啮合时，销轴和套筒之间存在相对滑动，润滑不充分时将引起铰链的过度磨损。磨损导致链轮节圆增大，最终将产生跳齿和脱链而使传动失效。同时，磨损还将导致外链节节距变长，因此实际链节距的不均匀性增大，使传动更不平稳。

（2）链的疲劳破坏

链在运动过程中，链板在变应力状态下工作，经过一定的循环次数，链板会产生疲劳断裂。在润滑条件良好且设计安装正确的情况下，链板的疲劳强度是决定链传动能力的主要因素。对于链速 $v > 0.6\text{m/s}$ 的中、高速链传动，这是主要的失效形式，如图 5-1-19（a）（b）所示。

（a）链板疲劳断裂 （b）链板疲劳断裂 （c）滚子疲劳断裂

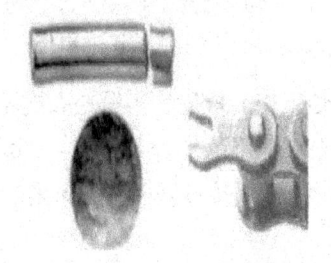

（d）销轴疲劳断裂 （e）链条静力拉断

图 5-1-19 链的失效

（3）滚子、套筒点蚀和冲击疲劳破坏

工作中由于链条反复启动、制动、反转或受重复冲击载荷时承受较大的动载荷，经过多次冲击，滚子、套筒表面产生点蚀，且滚子、套筒和销轴会产生冲击断裂，如图 5-1-19（c）（d）所示。此时应力循环次数一般小于 10^4，它的载荷一般较疲劳破坏允许的载荷要大，但比脆性破断载荷小。

（4）销轴与套筒的胶合

由于销轴与套筒存在相对运动，在变载荷的作用下，润滑油膜难以形成，当转速过高时，套筒与销轴间摩擦产生的热量导致套筒与销轴的胶合失效，胶合限制了链传动的极限转速。

（5）过载拉断

在低速重载的传动中或者链传动严重过载时，链元件被拉断，如图 5-1-19（e）所示。导致链条变形持续增加的最小负载将限制链条承受的最大载荷。通常链轮的寿命为链寿命的 2~3 倍，所以链传动的承载能力以链的强度和寿命为依据。

2. 链传动的安装、维护

（1）链传动的布置

链传动布置时，链轮必须位于铅锤面内，两链轮共面。中心线可以水平，也可以倾斜，但尽量不要处于铅锤位置。一般紧边在上，松边在下，以免在上的松边下垂量过大而阻碍链轮的顺利运转，如图 5-1-20 所示。

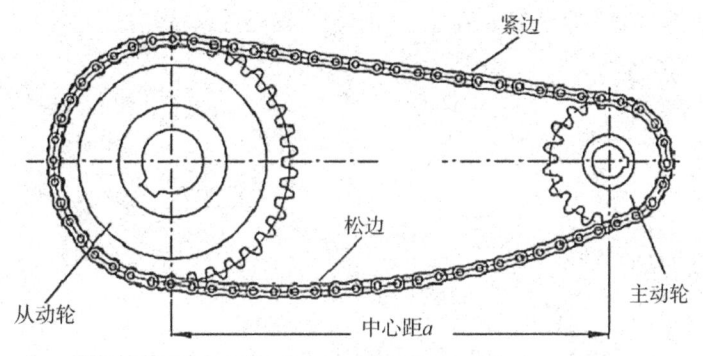

图 5-1-20 链传动的布置

具体布置时，可参考表 5-1-4。

表 5-1-4 链传动的布置

传动参数	正确布置	不正确布置	说明
$i=(2\sim3)$ $a=(30\sim50)p$			传动比和中心距中等大小。两轮轴线在同一水平面，紧边在上或在下都可以，但紧边在上较好
$i>2$ $a<30p$			中心距较小。两轮轴线不在同一水平面，松边应在下，否则松边下垂量增大后，链条易与链轮卡死
$i<1.5$ $a>60p$			传动比小，中心距较大。两轮轴线在同一水平面，松边应在下，否则松边下垂量增大后，松边会与紧边相碰，须经常调整中心距
i、a 为任意值			两轮轴线在同一铅垂面内，会减少下链轮的有效啮合齿数，降低传动能力。因此应采用：中心距可调；设张紧装置；上、下两轮偏置，使两轮轴线不在同一铅垂面内

（2）链传动的张紧

链传动张紧的目的，主要是避免在链条的松边垂度过大时产生啮合不良和链条的振动现象，同时也为了增加链条和链轮的啮合包角。当中心线与水平线的夹角大于 60° 时，通常设有张紧装置。

张紧的方法很多。当中心距可调时，可通过调节中心距来控制张紧程度；当中心距不可调时，可设置张紧轮，如图 5-1-21 所示，或在链条磨损变长后从中去掉一、二个链节，以恢复原来的张紧程度。张紧轮既可以是链轮，也可以是滚轮。张紧轮的直径应与小链轮的直径相近。张紧轮有自动张紧 [图 5-1-21（a）、（b）] 和定期张紧 [图 5-1-21（c）、（d）]，前者多用弹簧、吊重等自动张紧装置，后者可用螺旋、偏心等调整装置。

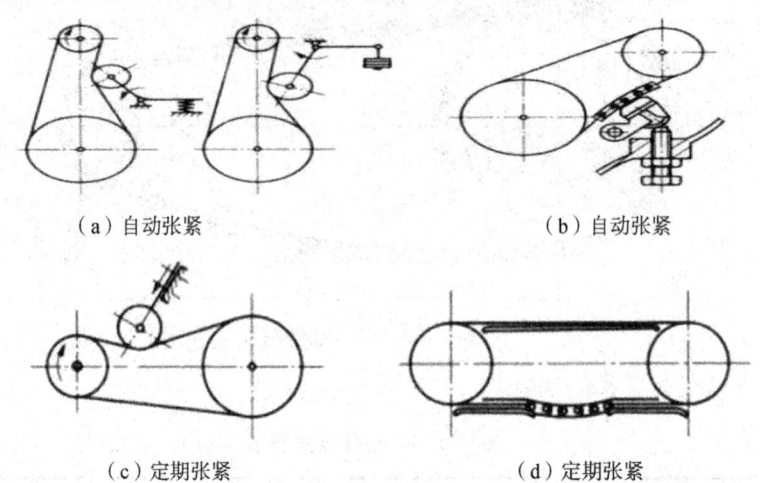

（a）自动张紧　　　　　　　　　（b）自动张紧

（c）定期张紧　　　　　　　　　（d）定期张紧

图 5-1-21　链传动的张紧装置

3. 链传动的润滑

链传动的润滑十分重要，对高速重载的链传动更是如此。良好的润滑可缓和冲击，减轻磨损，延长链条使用寿命。主要润滑方法及说明如表 5-1-5 所示。

表 5-1-5　滚子链的润滑方法和供油量

润滑方式	说明	供油量
定期人工润滑	用油壶或者油刷联调周边内、外链板间隙中注油	每班注油一次
滴油润滑	装有简单外壳，用油杯滴油	单排链，每分钟供油 5~20 滴，速度高时取大值
油池润滑	采用不漏油的外壳，使链条从油池中通过	一般浸油深度为 6~12mm
油盘飞溅润滑	采用不漏油的外壳，在链轮侧边安装甩油盘，飞溅润滑。甩油盘圆周速度 v ≥ 3m/s。当联调宽度大于 125mm 时，链轮两侧各装一个甩油盘	甩油盘浸油，深度为 12~35mm
压力供油润滑	采用不漏油的外壳，油泵强制供油，带过滤器，喷油管口设在链条啮入处，循环油可以起冷却作用	每个喷油口供油量可根据链节距及链速大小查阅有关手册

润滑油推荐采用黏度等级为 32、46、68 的全损耗系统用油。对于开式及重载低速传动，

可在润滑油中加入 MoS_2、WS_2 等添加剂。对于不便使用润滑油的场合，允许使用润滑脂，但应定期清洗和更换润滑脂。

4. 链传动的防护

为了防止工作人员无意中碰到链传动装置中的运动部件而受到伤害，应该用防护罩将其封闭。防护罩还可以将链传动与灰尘隔离，以维持正常的润滑状态。

实训2　滚子链机构拆装

实训名称	滚子链机构的拆装
实训内容	使用合适的工具，完成滚子链结构的拆卸与安装
实训目标	1. 掌握链传动的类型、结构与应用； 2. 能够使用专业工具拆装滚子链机构
实训课时	1课时

任务完成报告

姓名		学习日期	
任务名称	带传动、链传动		
学习自评	考核内容	完成情况	
	1. 带传动	□好 □良好 □一般 □差	
	2. 链传动	□好 □良好 □一般 □差	
学习心得			

任务2　齿轮传动、蜗杆传动

齿轮传动是机械传动中最重要的传动方式之一，形式很多，应用广泛，如图 5-2-1 所示。传递的功率可达数十万千瓦，圆周速度可达 200m/s。本任务主要介绍最常用的渐开线齿轮传动。

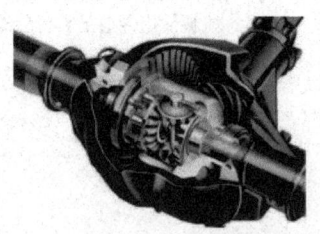

（a）汽车变速箱　　　　　　　　（b）汽车差速器

图 5-2-1　齿轮传动应用实例

在机械传动系统中，当需要在空间交错的两轴间进行运动或动力传递的时候，如果还要求具有较大的传动比，则经常用到蜗杆传动。图 5-2-2 为常用蜗杆应用实例。

（a）蜗杆减速器　　　　　　　（b）精密分度头

图 5-2-2　蜗杆传动应用实例

知识目标：
①了解齿轮传动及蜗杆传动的特点、分类和应用；
②熟悉齿轮传动和蜗杆传动的传动比；
③熟悉渐开线齿轮的结构，能计算标准直齿圆柱齿轮的基本尺寸；
④了解齿轮传动和蜗杆传动的主要失效形式和维护方法。

能力目标：
①能够理解并掌握解齿轮传动及蜗杆传动的特点、分类和应用；
②能够计算齿轮传动及蜗杆传动的传动比；
③熟悉标准直齿圆柱齿轮的结构并掌握其基本尺寸的计算方法；
④理解并学会齿轮传动和蜗杆传动的主要失效形式和维护方法。

学习内容：

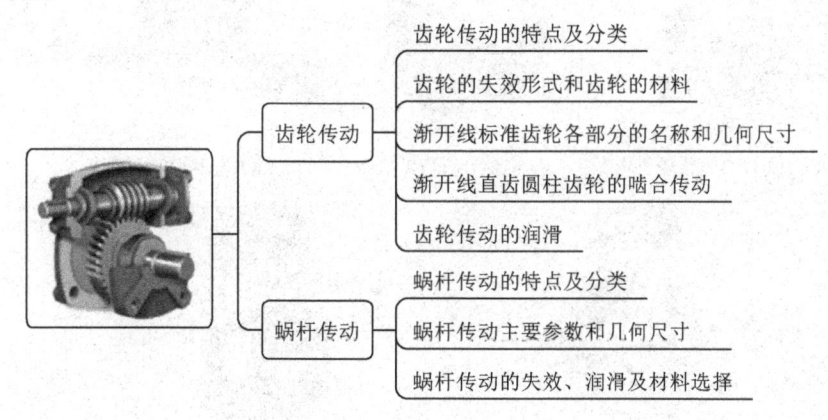

```
              ┌─ 齿轮传动的特点及分类
              │
              ├─ 齿轮的失效形式和齿轮的材料
              │
       齿轮传动 ─┼─ 渐开线标准齿轮各部分的名称和几何尺寸
              │
              ├─ 渐开线直齿圆柱齿轮的啮合传动
              │
              └─ 齿轮传动的润滑

              ┌─ 蜗杆传动的特点及分类
              │
       蜗杆传动 ─┼─ 蜗杆传动主要参数和几何尺寸
              │
              └─ 蜗杆传动的失效、润滑及材料选择
```

一、齿轮传动

（一）齿轮传动的特点及分类

1. 齿轮传动的优缺点

齿轮传动是应用最广泛的一种机械传动。其主要优点是：

①效率高。在常用的机械传动中，齿轮传动的效率最高。例如一级齿轮的传动效率可达 99%。这对于大功率传动十分重要，因为即使效率只提高 1%，也有很大的经济意义。

②结构紧凑。在同样的使用条件下，齿轮传动所需的空间尺寸一般较小。

③工作可靠、寿命长。设计制造正确合理、使用维护良好的齿轮传动，工作十分可靠，寿命可长达一二十年，这也是其他机械传动所不能比拟的。这对车辆及在矿井内工作的机器尤为重要。

④传动比稳定。传动比稳定往往是对传动性能的基本要求，齿轮传动能获得广泛应用，就是由于具有这一点。

⑤可实现平行轴、相交轴、交错轴之间的动力传递。

齿轮传动的缺点是：制造及安装精度要求较高，价格较贵，且不宜用于传动距离过大的场合。

2. 齿轮传动的分类

齿轮机构的类型很多，根据一对齿轮在啮合过程中传动比（$i_{12}=\omega_1/\omega_2$）是否恒定，可将齿轮传动分为定传动比传动和变传动比传动两大类。因为定传动比传动中的齿轮都是圆形的，故又称为圆形齿轮传动。这类齿轮传动在工程中应用非常广泛。而变传动比传动中的齿轮都是非圆形的，故又称为非圆齿轮传动，这类齿轮传动在工程中应用较少，只在一些特殊场合使用。

（1）根据齿轮两轴间相对位置分类

①平面齿轮机构。平面齿轮机构是指两齿轮轴线平行的齿轮机构。它的轮齿分布在圆柱面上，故称为圆柱齿轮。根据轮齿排列的方向不同，平面齿轮可以分为直齿轮、斜齿轮和人字齿轮；根据啮合的形式不同，又分为外啮合齿轮机构、内啮合齿轮机构和齿轮齿条机构，如图 5-2-3 所示。

（a）外啮合直齿轮机构　　（b）内啮合直齿轮机构　　（c）直齿轮齿条机构

（d）外啮合斜齿轮机构　　（e）外啮合人字齿轮机构

图 5-2-3　平面齿轮机构

②空间齿轮机构。空间齿轮机构是指两齿轮轴线不平行的齿轮机构。轴线不平行分为轴线相交和交错两种情况。用于相交轴的是圆锥齿轮机构，根据轮齿排列方向不同，又分为直齿圆锥齿轮机构、斜齿圆锥齿轮机构和曲线齿圆锥齿轮机构，如图 5-2-4 所示。用于交错轴的是交错轴斜齿轮机构、蜗杆蜗轮机构和准双曲面齿轮机构，如图 5-2-5 所示。

（a）直齿圆锥齿轮机构　　（b）斜齿圆锥齿轮机构　　（c）曲线齿圆锥齿轮机构

图 5-2-4　圆锥齿轮机构

（a）交错轴斜齿轮机构　　（b）蜗轮蜗杆机构　　（c）标准双曲面齿轮机构

图 5-2-5　交错齿轮机构

（2）按工作条件分类

按照工作条件的不同，齿轮传动可做成开式、半开式及闭式。例如在农业机械、建筑机械以及简易的机械设备中，有一些齿轮传动没有防尘罩或机壳，齿轮完全暴露在外面，这叫开式齿轮传动。这种传动不仅外界杂物极易侵入，而且润滑不良，因此工作条件不好，轮齿也容易磨损，故只宜用于低速传动。如果齿轮传动装有简单的防护罩，有时把大齿轮部分浸入油池中，则称为半开式齿轮传动。它的工作条件虽有改善，但仍不能做到严密防止外界杂物侵入，润滑条件也不算最好。而汽车、机床、航空发动机等所用的齿轮传动，都是装在经过精确加工而且封闭严密的箱体（机匣）内，这称为闭式齿轮传动。它与开式和半开式齿轮传动相比，润滑及防护等条件最好，多用于重要的场合。

（3）按使用情况分类

可分为动力齿轮和传动齿轮，如图 5-2-6 所示。

①动力齿轮以传输动力为主，常为高速重载或低速重载传动，承载能力是设计的主要问题。

②传动齿轮以传递运动为主，一般为轻载高精度传动，精度是设计的主要问题。

（a）低速重载减速机构　　（b）轻载高精度表芯

图 5-2-6　齿轮不同使用情况

（二）齿轮的失效形式和齿轮的材料

1. 齿轮的失效形式

齿轮的失效主要是轮齿的失效。至于齿轮的其他部分（如齿圈、轮辐、轮毂等），其强度和刚度都较富裕，很少发生破坏，通常只按经验设计。齿轮的常见失效形式有以下四种。

（1）齿轮折断

齿轮的轮齿在载荷作用下，可能从根部整体折断，也可能局部折断［图5-2-7（a）］。其主要原因是轮齿根部受到脉动循环或对称循环的弯曲应力而产生疲劳裂纹，随着应力循环次数的不断增加，疲劳裂纹逐步扩展，最后导致轮齿疲劳折断。偶发的严重过载或大的冲击载荷，也会引起轮齿的突然脆性折断。

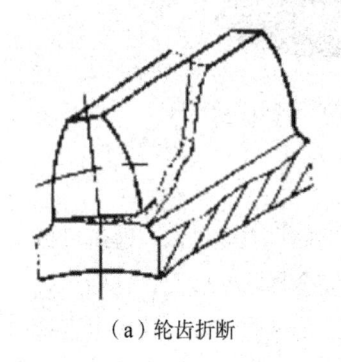

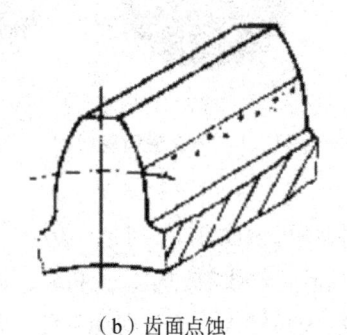

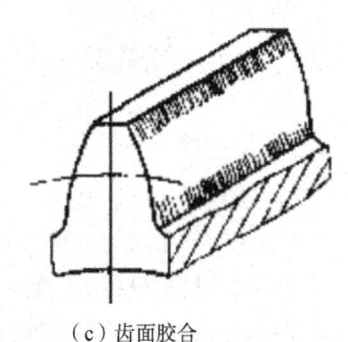

（a）轮齿折断　　　　　（b）齿面点蚀　　　　　（c）齿面胶合

图5-2-7　齿轮的失效形式

（2）齿面点蚀

轮齿工作时，齿面受到脉动循环的接触应力，使轮齿的表面材料起初出现微小的疲劳裂纹，然后裂纹扩展，最后致使齿面表层的金属微粒剥落，形成齿面麻点，这种现象称为齿面点蚀［图5-2-7（b）］。随着点蚀的发展，这些小的点蚀坑会连成一片，形成明显的齿面损伤。点蚀通常发生在轮齿靠近节线的齿根面上。

在开式齿轮传动中，齿面磨损速度较快，在齿面还没有形成疲劳裂纹时，表层材料已经被磨掉，故通常见不到点蚀现象。

（3）齿面胶合

在高速重载齿轮传动中，齿面间的压力大，瞬时温度高。若润滑效果差，当瞬时温度过高时，相啮合的两齿面就会发生粘焊在一起的现象，当两齿面又做相对滑动时，粘焊住的地方又被撕开，于是在齿面上沿相对滑动的方向上形成犁沟状伤痕，这种现象称为齿面胶合［图5-2-7（c）］。胶合通常发生在齿面上相对滑动速度大的齿顶和齿根部位。

（4）齿面磨损

在齿轮传动中，当轮齿的工作面间落入磨料性物质（如沙粒、铁屑、灰尘等杂质）时，齿面将产生磨粒磨损（图5-2-8）。齿面磨损严重时，轮齿不仅失去了正确的齿廓形状，而且轮齿变薄易引起折断。齿面磨损是开式齿轮传动的主要失效形式。

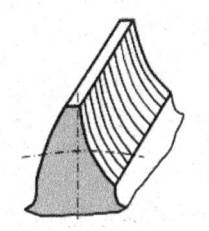

图 5-2-8 齿面磨损

2. 齿轮的材料

由齿轮的失效形式可知,齿轮的材料应具有足够的抗折断、抗点蚀、抗胶合及耐磨损的能力,经过适当处理的钢材就具有这种综合性能,所以,制作齿轮的材料主要是众多牌号的钢材。蜗杆传动中的涡轮为了减摩和耐磨,主要采用铜合金。在某些受力较小的情况下,齿轮也有采用非金属材料的,如工程塑料等。

（1）锻钢

锻钢具有强度高、韧性好、便于制造等特点,还可通过各种热处理的方法来改善力学性能,故大多数齿轮都用锻钢制造。齿轮按齿面硬度的不同,可分为以下两类。

①软齿面齿轮。这类齿轮的齿面硬度≤ 300 HBS,常用的材料为 45 钢、40Cr、35SiMn、38SiMnMo 等中碳钢或中碳合金钢。齿轮毛坯经调制或正火处理后进行切齿加工,制造工艺简单、经济,常用于对强度、速度及精度要求不高的齿轮传动。在一对软齿面的齿轮传动中,由于小齿轮比大齿轮的啮合次数多,且小齿轮的齿根厚度较小,抗弯能力较低,因此,在选择材料及热处理方法时,应使小齿轮的齿面硬度比大齿轮的齿面硬度高 30~50 HBS,以期达到大小齿轮等强度。

②硬齿面齿轮。这类齿轮的齿面硬度 >350 HBS,常用的材料一类为 20Cr、20CrMnTi 等低碳合金钢,采用表面渗碳淬火处理；另一类为 45 钢、40Cr 等中碳钢和中碳合金钢,采用表面淬火处理。热处理后的齿面硬度通常为 40~65 HRC。这类齿轮在切齿加工后进行热处理,由于热处理会使齿轮变形,所以通常还应进行磨齿等精加工。硬齿面齿轮制造工艺复杂,成本高,常用于高速、重载及精度要求高的齿轮传动中。

（2）铸钢

铸钢的强度及耐磨性均较好,但由于铸造时内应力较大,故应经正火或退火处理,必要时也可进行调质处理。当齿轮的尺寸较大或结构复杂且受力较大时,可考虑采用铸钢。常用的铸钢有 ZG310-570、ZG340-640 等。

（3）铸铁

普通灰铸铁的抗弯强度、抗冲击和耐磨损性能均较差,但铸铁工艺性好,成本低,故铸铁齿轮一般用于低速轻载,冲击小等不重要的齿轮传动中。

球墨铸铁的力学性能和抗冲击能力比灰铸铁高,高强度球墨铸铁可以代替铸钢铸造大直径的轮坯。常用的铸铁材料有 HT300、HT350、QT600-3 等。

（4）非金属材料

对于高速、轻载及精度不高的齿轮传动,为了降低噪声,常用非金属材料（如夹布塑料、尼龙等）做小齿轮,大齿轮仍用铜或铸铁制造。为使大齿轮有足够的抗磨损及抗点蚀的能力,齿面的硬度应为 250~350 HBS。

（三）渐开线标准齿轮各部分的名称和几何尺寸

1. 齿宽、齿厚、齿槽宽和齿距

图 5-2-9 为一标准直齿圆柱齿轮。齿轮的轴向尺寸称为齿宽，用 b 表示。在齿轮的任意圆周上，一个轮齿两侧齿廓间的弧长称为该圆上的齿厚，用 s 表示；另一个齿槽两侧齿廓间的弧长称为该圆上的齿槽宽，用 e 表示；相邻两齿同侧齿廓间的弧长称为该圆上的齿距，用 p 表示。则

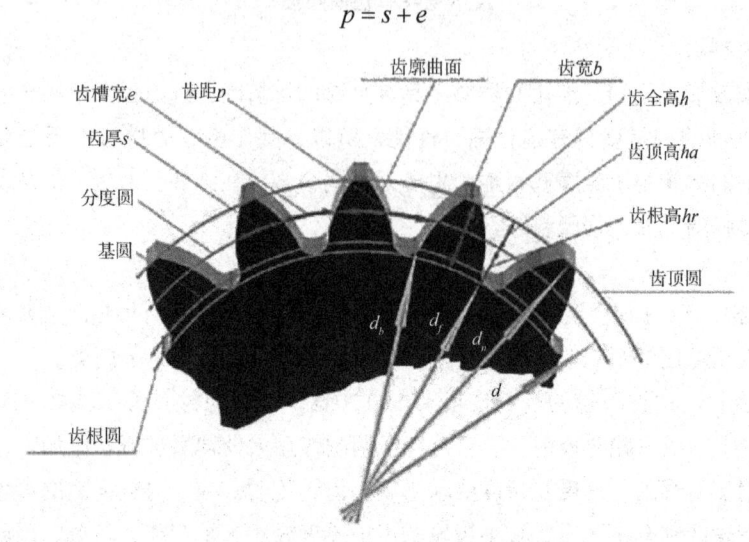

$$p = s + e$$

图 5-2-9 齿轮各部分的名称和符号

2. 分度圆、模数和压力角

为了便于齿轮各部分尺寸的计算，在轮齿上选择一个圆作为计算的基准，称该圆为齿轮的分度圆。分度圆的直径、半径、齿厚、齿槽宽和齿距分别用 d、r、s、e 和 p 表示，且 $p = s + e$。设齿轮的齿数为 z，则在分度圆上，$d\pi = zp$，于是得分度圆直径

$$d = zp/\pi$$

上式中 π 为无理数，由此计算出的 d 若也为无理数，这将给齿轮的设计、制造和检验带来很大不便。所以工程上将比值 p/π 规定为一些简单的数值，并使之标准化，这个比值称为模数，用 m 表示，即

$$m = p/\pi$$

模数 m 的单位为 mm，标准模数系列见表 5-2-1，于是分度圆直径为

$$d = zm$$

表 5-2-1 标准模数系列表

第一系列	0.1、0.12、0.15、0.2、0.25、0.3、0.4、0.5、0.6、0.8、1、1.25、1.5、2、2.5、3、4、5、6、8、10、12、16、20、25、32、40、50
第二系列	0.35、0.7、0.9、1.75、2.25、2.75、（3.25）、3.5、（3.75）、4.5、5.5、（6.5）、7、9、（11）、14、18、22、28、36、45

注：在选用模数时，应优先采用第一系列，括号内的模数尽可能不用。

模数是决定齿轮尺寸的一个基本参数，齿数相同的齿轮，模数大则齿轮尺寸也大，如图 5-2-10 所示。

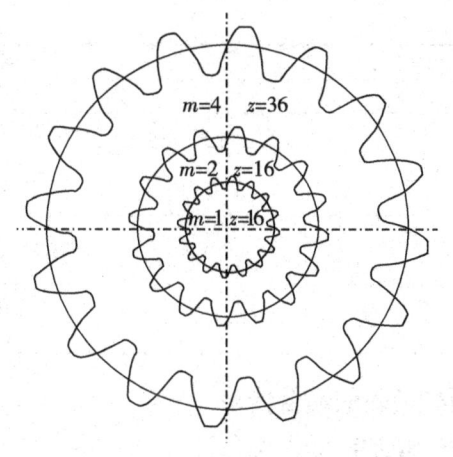

图 5-2-10 齿轮的尺寸与模数的关系

齿轮齿廓在不同圆周上的压力角各不相同,分度圆上的压力角用 α 表示。国家标准规定分度圆上的压力角为标准值,$\alpha=20°$。通常所说的齿轮压力角是指其分度圆上的压力角。

对于分度圆,现在可以给出一个明确的定义:轮齿上具有标准模数和标准压力角的圆称为分度圆。

3. 齿顶圆、齿根圆、齿顶高、齿根高和全齿高

过齿轮的齿顶所做的圆称为齿顶圆,其直径和半径分别用 d_a 和 r_a 表示;过齿轮各齿槽底部所做的圆称为齿根圆,其直径和半径分别用 d_f 和 r_f 表示。

齿轮的齿顶圆与分度圆之间的径向距离称为齿顶高,用 h_a 表示,分度圆与齿根圆之间的径向距离称为齿根高,用 h_f 表示,齿顶圆和齿根圆之间的径向距离称为全齿高,用 h 表示。

$$h = h_a + h_f$$

4. 基圆、基圆齿锯、法向齿距

基圆时形成齿廓渐开线的圆,基圆直径和半径分别用 d_b 和 r_b 表示。基圆上相邻两齿同侧齿廓之间的弧长称为基圆齿距,用 p_b 表示。齿轮相邻两齿同侧齿廓间沿公法线方向所量得的距离为齿轮的法向齿距,根据渐开线特性可知,法向齿距与基圆齿锯相等,所以均用 p_b 表示。

5. 标准齿轮

具有标准模数、标准压力角、标准齿顶高系数、标准顶隙系数,且分度圆上齿厚等于齿槽宽的齿轮称为标准齿轮。

为了便于计算,现将标准直齿圆柱齿轮的几何尺寸计算公式列于表 5-2-2。其中 z、m、a、h_a^*、c^* 是五个基本参数,只要确定了这五个参数,渐开线标准直齿圆柱齿轮的全部几何尺寸即齿廓曲线的形状也就完全确定了。

表 5-2-2 标准直齿圆柱齿轮的几何尺寸计算公式

名称	代号	计算公式
齿顶高	h_a	$h_a = h_a^* m = m$
齿根高	h_f	$h_f = (h_a^* + c^*)m = 1.25m$
全齿高	h	$h = h_a + h_f = (2h_a^* + c^*)m = 2.25m$
分度圆直径	d	$d = mz$

续表

名称	代号	计算公式
基圆直径	d_b	$d_b = d\cos\alpha$
齿顶圆直径	d_a	$d_a = d + 2h_a = m(z + 2h_a^*)$
齿根圆直径	d_f	$d_f = d - 2h_f = m(z - 2h_a^* - 2c^*)$
齿距	p	$p = \pi m$
齿厚	s	$s = \dfrac{p}{2} = \dfrac{\pi m}{2}$
齿槽宽	e	$e = \dfrac{p}{2} = \dfrac{\pi m}{2}$

（四）渐开线直齿圆柱齿轮的啮合传动

1. 节点、节圆、啮合线和啮合角

如图 5-2-11 所示为一对相互啮合传动的渐开线齿廓 I_1 和 I_2 在 K 点接触，过 K 点做两齿廓的公法线。由渐开线的特性可知，该公法线必与两轮的基圆相切。设切点分别为 N_1 和 N_2，则直线 N_1N_2 为两基圆的内公切线。在两基圆大小给定，中心距 O_1O_2 不变的条件下，两基圆的内公切线在该方向上只有一条，它与连心线 O_1O_2 的交点 C 为一定点，这个定点称为节点。以轮心为圆心，过节点所作的圆称为节圆，两轮的节圆分别用 d_1' 和 d_2' 表示，节圆半径分别用 r_1' 和 r_2' 表示。

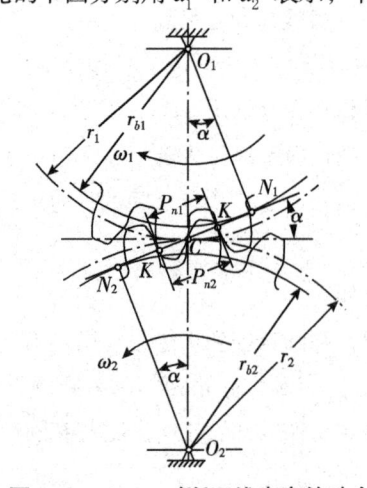

图 5-2-11 一对渐开线齿廓的啮合

由渐开线的特性可知，两轮的渐开线齿廓无论在何处接触，接触点都应该在两基圆的内公切线上。因此，当两齿廓啮合传动时，啮合点在 N_1N_2 线上移动，故称直线 N_1N_2 为啮合线。当两个齿轮啮合传动时，齿面间的法向压力方向也不改变，始终在啮合线所在的方向上。啮合线与节圆在节点的切线所夹的锐角称为啮合角，用 α' 表示。

节圆和啮合角是一对齿轮啮合传动时才具有的参数，单个齿轮没有节圆和啮合角。

2. 渐开线齿廓的啮合特性

（1）能满足传动比传动要求

如图 5-2-11 所示，两轮齿廓在 K 点接触时，接触点的线速度分别为 v_{k1} 和 v_{k2}。为了使这对齿廓能够连续地接触传动，这对齿廓在接触点沿齿廓公法线方向 $n-n$ 上的相对速度为零（否则两齿廓将彼此分离或相互嵌入），也就是说 v_{k1} 和 v_{k2} 在齿廓公法线方向上的分速度应相等，据此可推导出啮合齿轮的传动比

$$i_{12} = \frac{\omega_1}{\omega_2} = \frac{r_{b2}}{r_{b1}} = \frac{r'_2}{r'_1}$$

（2）具有传动可分性

由于一对渐开线齿轮啮合传动时，其传动比取决于两轮基圆的大。而在渐开线齿廓加工完以后，其基圆大小就已完全确定。所以，即使由于制造、安装等原因，使两轮的实际中心距与设计中心距略有偏差，也不会影响两轮的传动比。渐开线齿廓传动的这种特性称为传动的可分性。这种传动的可分性，对于渐开线齿轮的加工和装配都是十分有利的。

3. 正确啮合的条件

如图 5-2-11 所示，为使一对齿轮能够正确啮合，必须保证处于齿轮线上的各对齿轮都能正确地进入啮合状态。为此，一对相互啮合的齿轮必须法向距相等，由此可推导出齿轮正确啮合的条件为：两渐开线啮合齿轮必须模数相等且压力角相等。根据渐开线齿轮正确啮合的条件，齿轮的传动比可进一步表示为

$$i_{12} = \frac{\omega_1}{\omega_2} = \frac{z_2}{z_1}$$

（五）齿轮传动的润滑

齿轮在传动时，相啮合的齿面间有相对滑动，因此就要发生摩擦和磨损，增加动力消耗，降低传动效率。特别是高速传动，就更需要考虑齿轮的润滑。

轮齿啮合面间加注润滑剂，可以避免金属直接接触，减少摩擦损失，还可以散热及防锈蚀。因此，对齿轮传动进行适当润滑，可以大大改善轮齿的工作状况，确保运转正常及预期寿命。

1. 齿轮传动的润滑方式

开式及半开式齿轮传动，或速度较低的闭式齿轮传动，通常用人工做周期性加油润滑，所用润滑剂为润滑油或润滑脂。

通用的闭式齿轮传动，其润滑方法根据齿轮的圆周速度大小而定。当齿轮的圆周速度 $v < 12m/s$ 时，常将大齿轮的轮齿浸入油池中进行浸油润滑［图 5-2-12（a）］。这样，齿轮在传动时，就把润滑油带到啮合的齿面上，同时也将油甩到箱壁上，借以散热。齿轮浸入油中的深度可视齿轮的圆周速度大小而定，对圆柱齿轮通常不宜超过一个齿高，但一般不应小于 10mm；对锥齿轮应浸入全齿宽，至少浸入齿宽的一半。在多级齿轮传动中，可借带油轮将油带到未浸入油池内的齿轮的齿面上［图 5-2-12（b）］。

油池中的油量多少，取决于齿轮传递功率的多少。对单级传动，每传递 1kW 的功率，需油量为 0.35~0.7L。对于多级传动，需油量按照级数成倍增加。

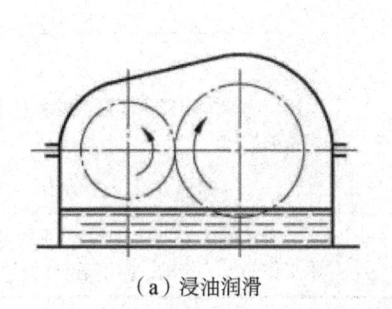

（a）浸油润滑　　　　　（b）用带油轮润滑

图 5-2-12　齿轮的润滑

当轮齿的圆周速度 $v>12$m/s 时，应采用喷油润滑（图 5-2-13），即油泵或中心供油站以一定的压力供油，借喷嘴将润滑油喷到轮齿的啮合面上。当 $v \leqslant 25$m/s 时，喷嘴位于轮齿啮入边或啮出边均可；当 $v>25$m/s 时，喷嘴应位于轮齿啮出的一边，以便借润滑油及时冷却刚啮合过的齿轮，同时也对轮齿进行润滑。

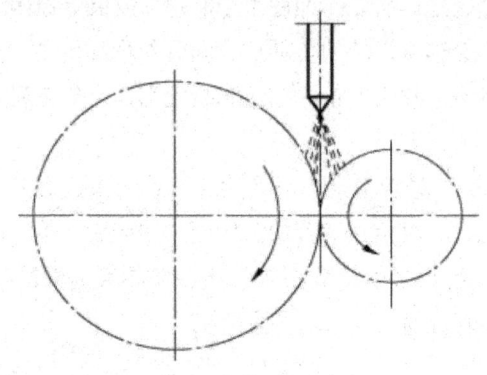

图 5-2-13 喷油润滑

2. 润滑剂的选择

齿轮传动常用的润滑剂为润滑油或润滑脂。所用的润滑油或润滑脂的牌号按表 5-2-3 选取；润滑油的黏度按表 5-2-4 选取。

表 5-2-3 齿轮传动常用润滑剂

名称	牌号	运动黏度 v/cSt（40℃）	应用
重负荷工业齿轮油 （GB 5903—2011）	100 150 220 320	90~110 135~165 198~242 288~352	适用于工业设备齿轮的润滑
中负荷工业齿轮油 （GB 5903—2011）	68 100 150 220 320 460	61.2~74.8 90~110 135~165 198~242 288~352 414~506	适用于煤炭、水泥和冶金等工业部门的大型闭式齿轮传动装置的润滑
普通开式齿轮油 （SH/T 0363—1992）	68 100 150	100℃ 60~75 90~110 135~165	主要适用于开式齿轮、链条和钢丝绳的润滑
Pinnacle 极压齿轮油	150 220 320 460 680	150 216 316 451 652	用于润滑采用极压润滑剂的各种车用及工业设备的齿轮
钙钠基润滑脂 （SH/T 0368—1992）	1号 2号		适用于 80~100℃，有水分或较潮湿的环境中工作的齿轮传动，但不适于低温工作情况

表 5-2-4　齿轮传动润滑油粘度荐用值

齿轮材料	强度极限 σ_B（MPa）	圆周速度 v（m/s）						
		<0.5	0.5~1	1~2.5	2.5~5	5~12.5	12.5~25	>25
		运动粘度 v/cSt（50 ℃）						
塑料、铸铁、青铜	—	177	118	81.5	59	44	32.4	—
钢	450~1000	266	177	118	81.5	59	44	32.4
	1000~1250	266	266	177	118	81.5	59	44
渗碳或表面淬火的钢	1250~1580	444	266	266	177	118	81.5	59

实训3　减速器的拆装

实训名称	减速器的拆装
实训内容	使用合适的工具，完成减速器的拆卸与安装
实训目标	1. 掌握齿轮传动的类型、结构与应用； 2. 能够使用专业工具拆装减速器机构
实训课时	2 课时

二、蜗杆传动

（一）蜗杆传动的特点及分类

蜗杆传动用于传递空间两交错轴之间的运动和动力，通常两轴垂直交错，交错角为 90°。一般以蜗杆为主动件做减速运动。如果蜗杆导程角较大，也可以用涡轮为主动件做增速运动。螺杆根据螺旋线的旋向不同，有右旋和左旋之分，通常采用右旋螺杆。

由于蜗杆传动具有传动比大，工作平稳，噪声小和反行程可自锁等优点，因此得到了广泛的应用。其主要缺点是：啮合齿面间有较大的相对滑动速度，容易引起磨损和胶合。故常需用耐磨和减摩性能良好的有色金属材料（如锡青铜等）来制造涡轮，因而成本较高。蜗杆传动的效率也较低，通常为 0.7~0.9。

按照蜗杆形状的不同，蜗杆传动可分为圆柱蜗杆传动、环面蜗杆传动、锥面蜗杆传动，如图 5-2-14 所示。其中蜗杆传动在工程中应用最广。

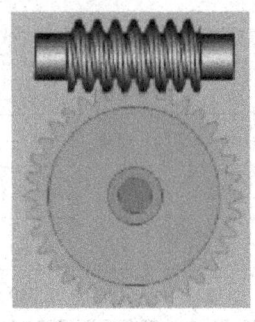

（a）圆柱蜗杆传动　　　　　　（b）环面蜗杆传动　　　　　　（c）锥面蜗杆传动

图 5-2-14　蜗杆传动分类

圆柱蜗杆传动又分为普通圆柱蜗杆传动和圆弧齿圆柱蜗杆传动，如图 5-2-15 所示。普通圆柱蜗杆轴向截面上的齿形为直线（或近似直线），而圆弧齿圆柱蜗杆轴向截面上的齿形为内凹圆弧线。由于圆弧齿圆柱蜗杆传动的承载能力大，传动效率高，尺寸小，因此，目前动力传动的标准蜗杆减速器均采用圆弧齿圆柱蜗杆传动。普通圆柱蜗杆传动根据加工蜗杆时所用刀具及安装位置不同，又可分为多种类型。其中，阿基米德蜗杆传动最为简单。由于这些普通圆柱蜗杆传动的啮合原理、几何尺寸计算及承载能力计算基本上是相同的，而且是认识其他蜗杆传动的基础，故本节将以阿基米德蜗杆传动为例介绍蜗杆传动的一些基本知识。

（二）蜗杆传动主要参数和几何尺寸

阿基米德蜗杆的轴向齿廓是直线，端面齿廓是阿基米德螺旋线。蜗杆的螺旋齿是用刀刃为直线的车刀车削而成的，加工容易，但不能磨削，故难以获得高精度。

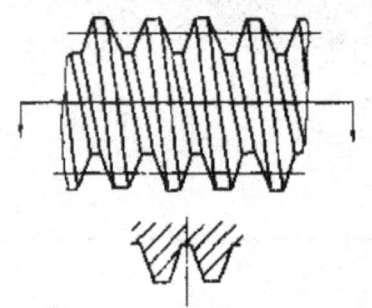

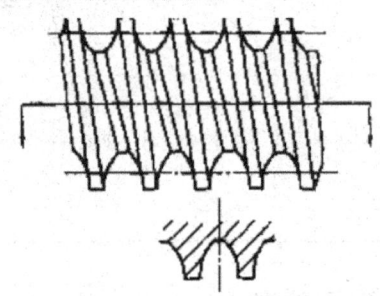

（a）普通圆柱蜗杆　　　　　　（b）圆弧齿圆柱蜗杆

图 5-2-15　普通圆柱蜗杆和圆弧齿圆柱蜗杆

通过蜗杆轴线并垂直于涡轮轴线的平面称为蜗杆传动的中间平面。在中间平面内，蜗杆相当于一个齿条；涡轮的齿廓为渐开线。涡轮与蜗杆啮合在中间平面内就相当于渐开线齿轮与齿条的啮合。因此，蜗杆传动的设计和计算都以中间平面为准。

1. 模数 m 和压力角 α

如图 5-2-16 和图 5-2-17 所示，由于中间平面为蜗杆的轴面和涡轮的端面，故规定

m_{a1}（蜗杆的轴向模数）= m_{t2}（涡轮的端面模数）= m（表5-2-5中的标准模数）

α_{a1}（蜗杆的轴向压力角）= α_{t2}（涡轮的端面压力角）=20°

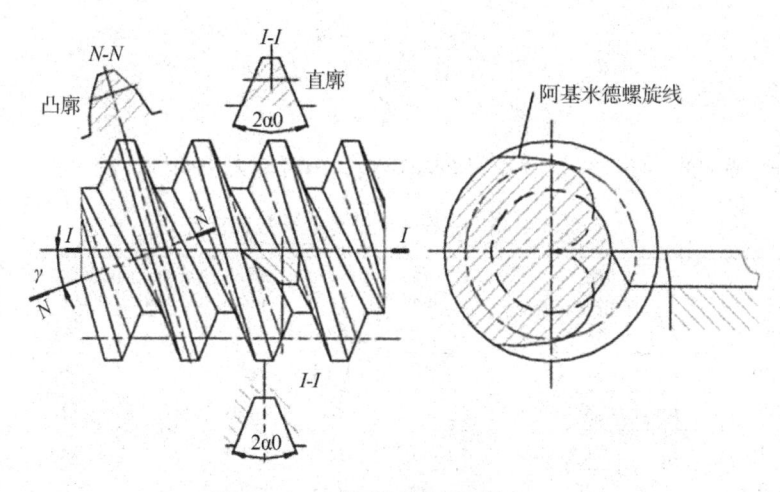

图 5-2-16 阿基米德蜗杆的加工

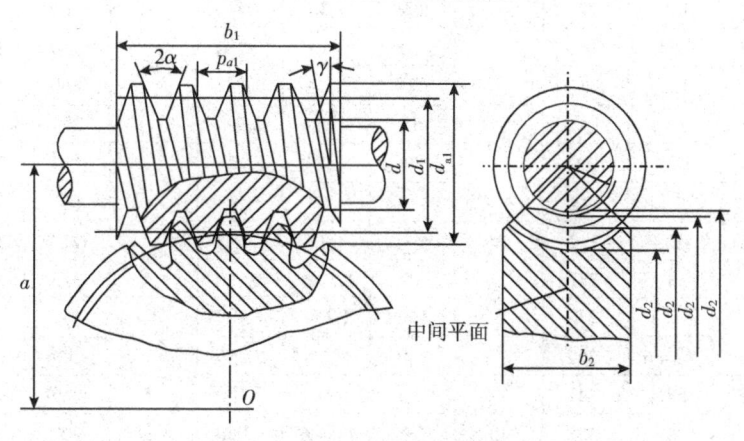

图 5-2-17 阿基米德蜗杆传动

2. 蜗杆的头数 z_1、涡轮的齿数 z_2 和传动比 i_{12}

蜗杆的头数 z_1 通常为 1、2、4、6（表 5-2-6）。当要求蜗杆传动具有大的传动比或反行程自锁时，取 $z_1=1$，此时传动效率较低；当要求蜗杆传动具有较高的传动效率时，取 $z_1=2$、4、6。一般情况下，蜗杆的头数 z_1 可根据传动比按表 5-2-6 选取。

蜗杆的齿数 $z_2=i_{12}z_1$。在蜗杆传动中，为了避免涡轮轮齿发生根切，通常规定 $z_{2\min} \geq 28$。而当 $z_2>80$ 时，此时由于涡轮直径较大，使得蜗杆的支撑跨度也相应增大，从而降低了蜗杆的刚度。故在动力蜗杆传动中，常取 $z_2=30 \sim 80$。对于仅传递运动的蜗杆传动，蜗轮齿数的上限不受此限制。

3. 蜗杆分度圆直径 d_1

由于在加工涡轮时，使用的刀具是与蜗杆分度圆尺寸相同的涡轮滚刀，因此，加工同一模数的涡轮，有几种蜗杆分度圆直径，就需要几种涡轮滚刀。为了限制刀具的数目和便于刀具的标准化，国家标准规定了蜗杆分度圆的标准化系列，并与标准模数 m 相匹配，如表 5-2-5 所示。

4. 蜗杆传动的正确啮合条件

蜗杆传动正确啮合调节为（图 5-2-18）

$$m_{a1} = m_{t2} = m$$
$$\alpha_{a1} = \alpha_{t2} = \alpha$$
$$\gamma = \beta$$

式中：γ 为蜗杆的导程角，β 为涡轮的轮旋角，两者应大小相等，旋向相反。

表 5-2-5 蜗杆传动的标准模数和直径

m (mm)	d_1 (mm³)	z_1	m^2d_1 (mm³)	m (mm)	d_1 (mm³)	z_1	m^2d_1 (mm)	m (mm)	d_1 (mm)	z_1	m^2d_1 (mm³)
1	18	1	18	4	40	1,2,4,6	640	10	160	1	16,000
1.25	20	1	31		(50)	1,2,4	800	12.5	(90)	1,2,4	14,063
	22.4	1	35		71	1	1,136		112	1,2,4	17,500
1.6	20	1,2,4	51	5	(40)	1,2,4	1,000		(140)	1,2,4	21,875
	28	1	72		50	1,2,4,6	1,250		200	1	31,250
2	(18)	1,2,4	72		(63)	1,2,4	1,575	16	(112)	1,2,4	28,672
	22.4	1,2,4,6	90		90	1	2,250		140	1,2,4	35,840
	(28)	1,2,4	112	6.3	(50)	1,2,4	1,985		(180)	1,2,4	46,080
	33.5	1	142		63	1,2,4,6	2,500		250	1	64,000
2.5	(22.4)	1,2,4	140		(80)	1,2,4	3,175	20	(140)	1,2,4	56,000
	28	1,2,4,6	175		112	1	4,445		160	1,2,4	64,000
	(35.5)	1,2,4	222	8	(63)	1,2,4	4,032		(224)	1,2,4	89,600
	45	1	281		80	1,2,4,6	5,120		315	1	126,000
3.15	(28)	1,2,4	278		(100)	1,2,4	6,400	25	(180)	1,2,4	112,500
	35.5	1,2,4,6	352		140	1	8,960		200	1,2,4	125,000
	(45)	1,2,4	447		(71)	1,2,4	7,100		(280)	1,2,4	175,000
	56	1	556	10	90	1,2,4,6	9,000		400	1	250,000
4	(31.5)	1,2,4	504		(112)		11,200				

表 5-2-6 蜗杆头数选取

传动比 i	5~8	7~16	15~32	30~80
螺杆头数 z_1	6	4	2	1

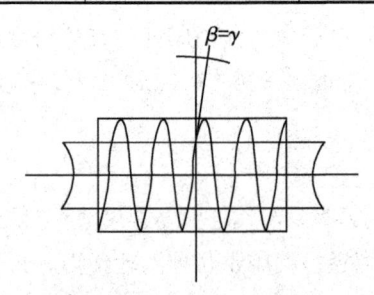

图 5-2-18 蜗杆的导程角和涡轮螺旋角的关系

5. 几何尺寸计算

阿基米德蜗杆传动的几何尺寸关系如图 5-2-17 所示，其主要尺寸计算公式列于表 5-2-7 中。

表 5-2-7 蜗杆传动主要几何尺寸计算公式

名称	代号	计算公式
齿顶高	h_a	$h_a = h_a^* m = m$ ($h_a^* = 1$)
齿根高	h_f	$h_f = (h_a^* + c^*) m = 1.2 m$ ($c^* = 0.2$)
全齿高	h	$h = h_a + h_f = 2.2 m$
分度圆直径	d	d_1 由表5-2-5确定,$d_2 = mz_2$
齿顶圆直径	d_a	$d_{a1} = d_1 + 2h_a$, $d_{a2} = d_2 + 2h_a$
齿根圆直径	d_f	$d_{f1} = d_1 - 2h_f$, $d_{f2} = d_2 - 2h_f$
中心距	a	$a = (d_1 + d_2)/2$
蜗轮齿顶圆弧半径	r_{g2}	$r_{g2} = d_1/2 - m$
蜗轮外圆直径	d_{e2}	当$z_1 = 1$时,$d_{e2} \leq d_{a2} + 2m$ 当$z_1 = 2$时,$d_{e2} \leq d_{a2} + 1.5m$ 当$z_1 = 4,6$时,$d_{e2} \leq d_{a2} + m$
蜗轮齿宽	b_2	当$z_1 \leq 2$时,$b_2 \leq 0.75 d_{a1}$ 当$z_1 > 2$时,$b_2 \leq 0.67 d_{a1}$
蜗杆导程角	γ	$\tan\gamma = nz_1/d_1$
蜗杆螺旋部分长度	b_1	当$z_1 \leq 2$时,$b_1 \geq (11 + 0.06 z_2)m$ 当$z_1 > 2$时,$b_1 \geq (12.5 + 0.09 z_2)m$

（三）蜗杆传动的失效、润滑及材料选择

1. 蜗杆传动的失效形式

由于蜗杆具有连续的螺旋齿,且材料强度高于螺杆,因此蜗杆传动的主要失效多发生在涡轮上,常见的失效形式有胶合、点蚀、磨损和断齿。由于蜗杆传动齿面间有很大的相对滑动速度,因而传动效率低,发热量大,易使润滑油温度升高而黏度降低,润滑条件变差,所以蜗杆传动因齿面胶合而失效的可能性更大。

在闭式传动中,多发生胶合和点蚀失效,因此闭式传动通常按齿面接触疲劳强度设计,再按齿面弯曲疲劳强度校核。由于闭式传动温升较高,还需进行热平衡计算。

对于开式传动,因磨损速度大于点蚀速度,主要发生齿面磨损和轮齿折断失效,故只需按弯曲强度进行设计。

2. 蜗杆的常用材料

蜗杆一般采用碳钢和合金钢制造。

常用的涡轮材料为铸锡青铜、铸铝青铜及灰铸铁等。锡青铜耐磨性最好,但价格较高,用于滑动速度$v_s \geq 3 m/s$的重要传动;铝青铜的耐磨性较锡青铜差一些,但价格较便宜,一般用于滑动速度$v_s \leq 4 m/s$的传动;要求不高时采用灰铸铁。

3. 蜗杆传动的润滑

润滑对蜗杆传动来说,具有特别重要的意义。因为当润滑不良时,传动效率将显著降低,

并且会带来剧烈的磨损和产生胶合破坏的危险,所以采用黏度大的矿物油进行良好的润滑,在润滑油中还常加入添加剂,使其提高抗胶合能力。

蜗杆传动所采用的润滑油、润滑方法及润滑装置与齿轮传动的基本相同。

(1) 润滑油

润滑油的种类很多,需要根据蜗杆、涡轮配对材料和运转条件合理选用。在钢蜗杆配青铜涡轮时,常用的润滑油见表 5-2-8。

表 5-2-8 蜗杆传动常用的润滑油

CKE 轻负荷蜗轮蜗杆油	220	320	460	680
运动黏度 v_{40}/cSt	198~242	288~352	414~506	612~748
黏度指数不小于	90			
闪点(开口)不小于(℃)	180			
倾点不高于(℃)	-6			

(2) 润滑油黏度及给油方法

一般根据相对滑动速度及载荷类型选择润滑油黏度及给油方法。对于闭式传动,常用的润滑油黏度及给油方法见表 5-2-9;对于开式传动,则采用黏度较高的齿轮油和润滑脂。

表 5-2-9 蜗杆传动(闭式传动)的润滑油黏度荐用值及给油方法

蜗杆传动的相对滑动速度 v_s(m/s)	0~1	0~2.5	0~5	>5~10	>10~15	>15~25	>25
载荷类型	重	重	中	(不限)	(不限)	(不限)	(不限)
运动黏度 v_{40}/cSt	900	500	350	220	150	100	80
给油方法	油池润滑			喷油润滑或油池润滑	喷油润滑时的喷油压力(MPa)		
					0.7	2	3

如采用喷油润滑,喷油嘴应对准蜗杆啮入齿。蜗杆正反转时,两边都要装有喷油嘴,而且要控制一定的油压。

(3) 润滑油量

当闭式蜗杆传动采用油池润滑时,在搅油损耗不致过大的情况下,应有适当的油量。这样不仅有利于动压油膜的行程,而且有助于散热。对于蜗杆下置式或蜗杆侧置式的传动,浸油深度应为蜗杆的一个齿高;对于蜗杆上置式的传动,浸油深度约为涡轮外径的 1/3。

实训4　蜗杆传动机构的拆装

实训名称	蜗杆传动机构的拆装
实训内容	使用合适的工具，完成蜗杆传动机构的拆卸与安装
实训目标	1. 掌握蜗杆传动的结构、特点与应用； 2. 能够使用专业工具拆装蜗杆传动机构
实训课时	2课时

任务完成报告

姓名		学习日期	
任务名称	齿轮传动、蜗杆传动		
学习自评	考核内容	完成情况	
	1. 齿轮传动	□好　□良好　□一般　□差	
	2. 蜗杆传动	□好　□良好　□一般　□差	
学习心得			

任务 3　齿轮绘制

在生产实际中，齿轮传动得了到广泛的应用，作为机械工程设计人员，必须掌握如何在工程图中准确、完整、清晰地表达齿轮的结构设计、工艺参数。符合标准要求的齿轮图纸可以大大降低读图人员的困难，也将为后期的制造和检测带来极大的便利。

知识目标：
①了解常见齿轮传动的分类；
②熟悉单个齿轮及啮合齿轮的画法。

能力目标：
①掌握单个标准直齿圆柱齿轮的绘制方法；
②掌握啮合标准直齿圆柱齿轮的绘制方法。

学习内容：

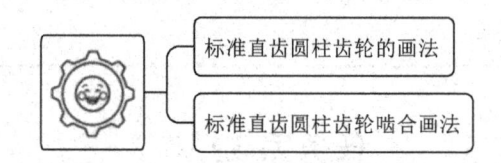

- 标准直齿圆柱齿轮的画法
- 标准直齿圆柱齿轮啮合画法

思考：
如何绘制准确、完整、清晰的齿轮零件工程图？

齿轮传动是机械传动中广泛应用的传动零件，它可以用来传递动力，改变速度和方向。齿轮的种类很多，根据传动情况可以分为 3 类，如图 5-3-1 所示。

①圆柱齿轮——用于两轴平行时传动。
②锥齿轮——用于两轴相交时传动。
③涡轮蜗杆——用于两轴交叉时传动。

（a）圆柱齿轮　　（b）锥齿轮　　（c）涡轮蜗杆
图 5-3-1　常见齿轮传动

齿轮上的齿称为轮齿，轮齿是齿轮的主要结构，只有当轮齿符合国家标准规定的齿轮才能称为标准齿轮。在轮齿的性能参数中，只有模数和齿形角已经标准化，本节只介绍标准直齿圆柱齿轮的规定画法。

一、标准直齿圆柱齿轮的画法

齿轮的轮齿是在专用的机床上加工出来的，一般不必画出其真实投影，国家标准（GB/T 4459.2—2003）规定了齿轮的画法，如图 5-3-2 所示。

①齿顶圆和齿顶线用粗实线绘制，分度圆和分度线用点画线绘制，齿根圆和齿根线用细实线绘制，也可省略不画。

②在剖视图中，当剖切平面通过齿轮的轴线时，齿轮一律按不剖处理，齿根线用粗实线绘制。

③如是斜齿轮或人字齿轮，当需要表示齿线的特征时，可用三条与齿线一致的细实线表示。

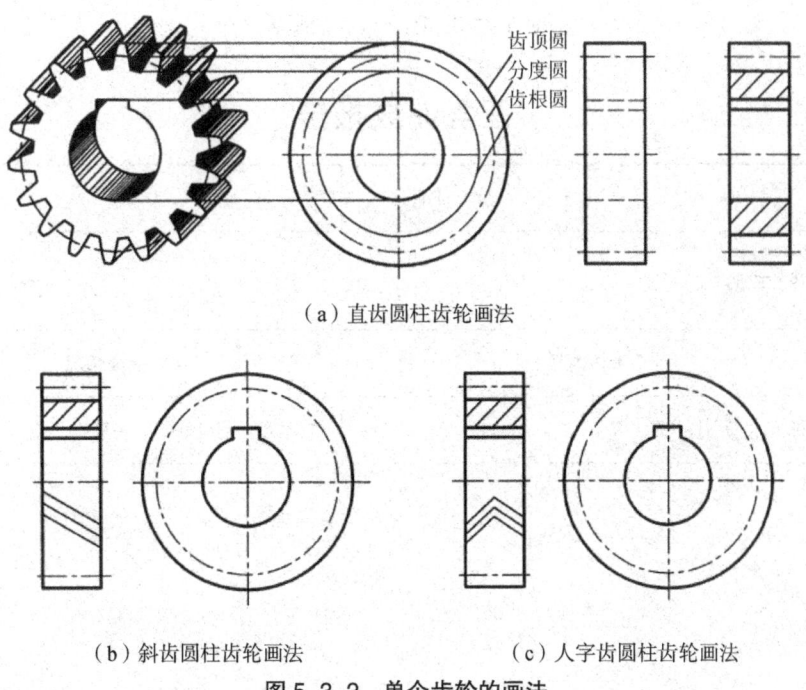

（a）直齿圆柱齿轮画法

（b）斜齿圆柱齿轮画法　　　　　（c）人字齿圆柱齿轮画法

图 5-3-2　单个齿轮的画法

二、标准直齿圆柱齿轮啮合画法

两个标准直齿圆柱齿轮啮合时，它们的分度圆处于相切位置，此时分度圆又称节圆。啮合部分的画法如图 5-3-3 所示。

①在垂直于圆柱齿轮轴线的投影面的视图中，两分度圆相切；啮合区的齿顶圆用粗实线绘制，也可省略不画，齿根圆全部不画。

②在平行于圆柱齿轮轴线的投影面视图中，啮合区的齿顶线不画；分度线画成粗实线。

③在剖视图中，当剖切平面通过两个啮合齿轮的轴线时，在啮合区内，两个齿轮的分度线重合，用点划线表示。齿根线用粗实线表示。齿顶线的画法是将一个齿轮的轮齿作为可见，用粗实线表示，另一个齿轮的轮齿被遮挡，齿顶线画虚线，也可省略不画。

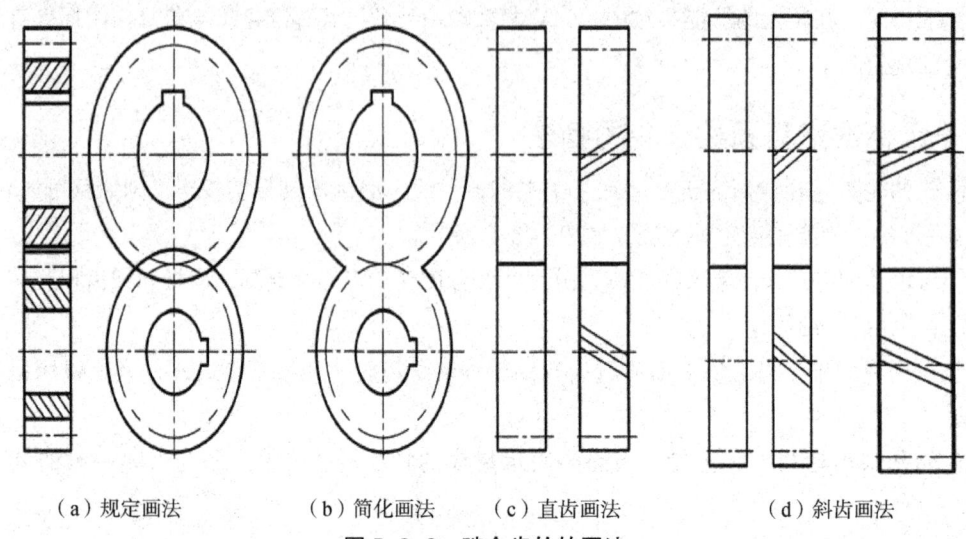

（a）规定画法　　　（b）简化画法　　（c）直齿画法　　　（d）斜齿画法

图 5-3-3　啮合齿轮的画法

任务完成报告

姓名		学习日期	
任务名称	齿轮绘制		
学习自评	考核内容	完成情况	
	标准直齿圆柱齿轮	□好　□良好　□一般　□差	
学习心得			

项目6　手动冲压机装配

任何一台机器，都由许多零件和部件组成，由零件组成整台机械的过程称为装配。在装配过程中，需要很多技术资料的指导，其中最重要的就是装配图，装配图中包含机械的形状、零部件的相对位置、关键尺寸及材料明细表等重要内容，需要重点掌握。另外，装配需要一定的方法和技巧，才能保证良好的装配效果。本项目通过手动冲压机的装配图和装配过程，深入浅出地讲解装配。

任务1　手动冲压机装配图绘制。了解装配图的作用和内容，能够通过装配图选用装配需要的工具，理解装配图的视图选择和画法，尺寸标注，零件序号和明细栏，以及图技术要求。

任务2　手动冲压机的装配。装配前能够清理零部件、识读装配图纸并选用合适的工具，能够完成手动冲压机的组装并进行检查，最终出具总结报告。

任务1 手动冲压机装配图绘制

机器或部件是由若干零件按一定的关系和技术要求组装而成的，表达机器或部件的图样称为装配图。它是进行设计、装配、检验、安装、调试和维修时所必需的技术文件。

本任务介绍装配图的内容、画法、读装配图和拆画零件图方法等内容。

知识目标：

①理解装配图的视图选择、基本画法和简化画法；

②理解装配图的尺寸标注；

③理解装配图的零件序号和明细栏；

④能应用绘图软件，抄画简单的装配图。

能力目标：

①能够识读简单的装配图；

②能够使用计算机绘图软件抄画装配图。

学习内容：

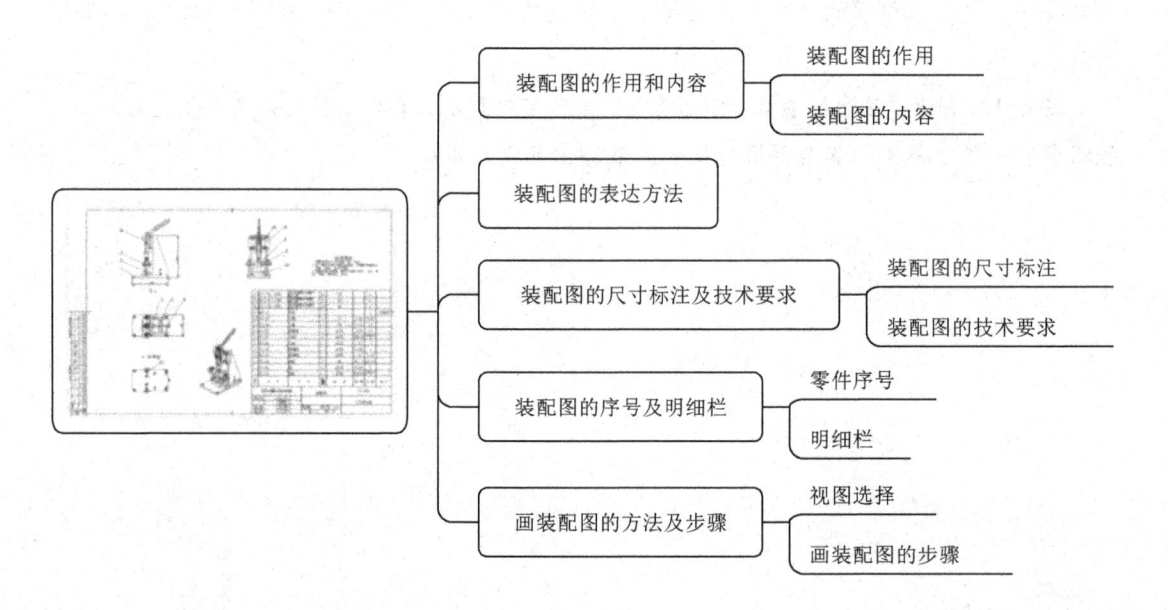

```
                        ┌─ 装配图的作用和内容 ─┬─ 装配图的作用
                        │                      └─ 装配图的内容
                        │
                        ├─ 装配图的表达方法
                        │
         [装配图]───────┼─ 装配图的尺寸标注及技术要求 ─┬─ 装配图的尺寸标注
                        │                               └─ 装配图的技术要求
                        │
                        ├─ 装配图的序号及明细栏 ─┬─ 零件序号
                        │                        └─ 明细栏
                        │
                        └─ 画装配图的方法及步骤 ─┬─ 视图选择
                                                 └─ 画装配图的步骤
```

一、装配图的作用和内容

（一）装配图的作用

装配图的作用主要体现在以下几方面：

①在机器设计过程中，通常先根据机器的功能要求，确定机器或部件的工作原理、结构形式和主要零件的结构特征，画出它们的装配图。然后根据装配图进一步设计零件并画出零

件图。

②在机器制造过程中,装配图是制定装配工艺规程、进行装配和检验的技术依据。

③在安装调试、使用和维修机器时,装配图也是了解机器结构和性能的重要技术文件。

因此,装配图是反映设计思想,指导设计零件图的重要技术文件。

(二)装配图的内容

装配图一般具备以下几方面的内容(图 6-1-1):

①一组必要的图形:用以表明机器或部件的工作原理,显示零、部件间的装配连接关系及主要零件的结构特征。

②必要的尺寸:装配图中应标注出机器或部件的规格(性能)尺寸、外形尺寸、安装尺寸、装配尺寸及其他重要尺寸。

③技术要求:用文字或符号说明机器或部件性能、装配、检验、安装、调试以及使用、维修等方面的要求。

④零件序号、明细栏和标题栏:用以说明机器或部件的名称、代号、数量、画图比例、设计审核签名,以及它所包含的零、部件的代号、名称、数量、材料等。

二、装配图的表达方法

装配图的视图表达方法和零件图基本相同,前面介绍的各种视图、剖视图、断面图等表达方法均适用于装配图。

为了正确表达机器或部件的工作原理、各零件间的装配连接关系以及主要零件的基本形状,各种剖视图在装配图中应用极为广泛。在部件中,往往有许多零件是围绕一条或几条轴线装配起来的,这些轴线称为装配轴线或装配干线。采用剖视图表达时,剖切平面应通过这些装配轴线。

装配图表达的重点在于反映部件的工作原理、装配连接关系和主要零件的结构特征,所以装配图还有一些特殊的表达方法。

前面介绍的螺纹紧固件连接画法实质上就是一种简单装配图的画法,现将装配图中的一般规定再作一些解释。

①两相邻零件的接触面和配合面只画一条线。若两相邻件的基本尺寸不同,即使其不接触的间隙较小,也须画出两条线,如图 6-1-2 所示。

②两相邻件的剖面线的方向应相反,当有多个零件与相邻剖面线的方向相同时,应错开间隔以示区别,如图 6-1-2 所示。但应注意同一零件在各视图中的剖面线方向和间隔应保持一致。

③当剖切平面通过紧固件、销、键以及实心轴、手柄、球等零件时,均按不剖切绘制,如图 6-1-2 中所示的实心轴和螺栓。若该零件上有连接关系需要表达,如键、销连接等,可画出局部剖视加以表示。

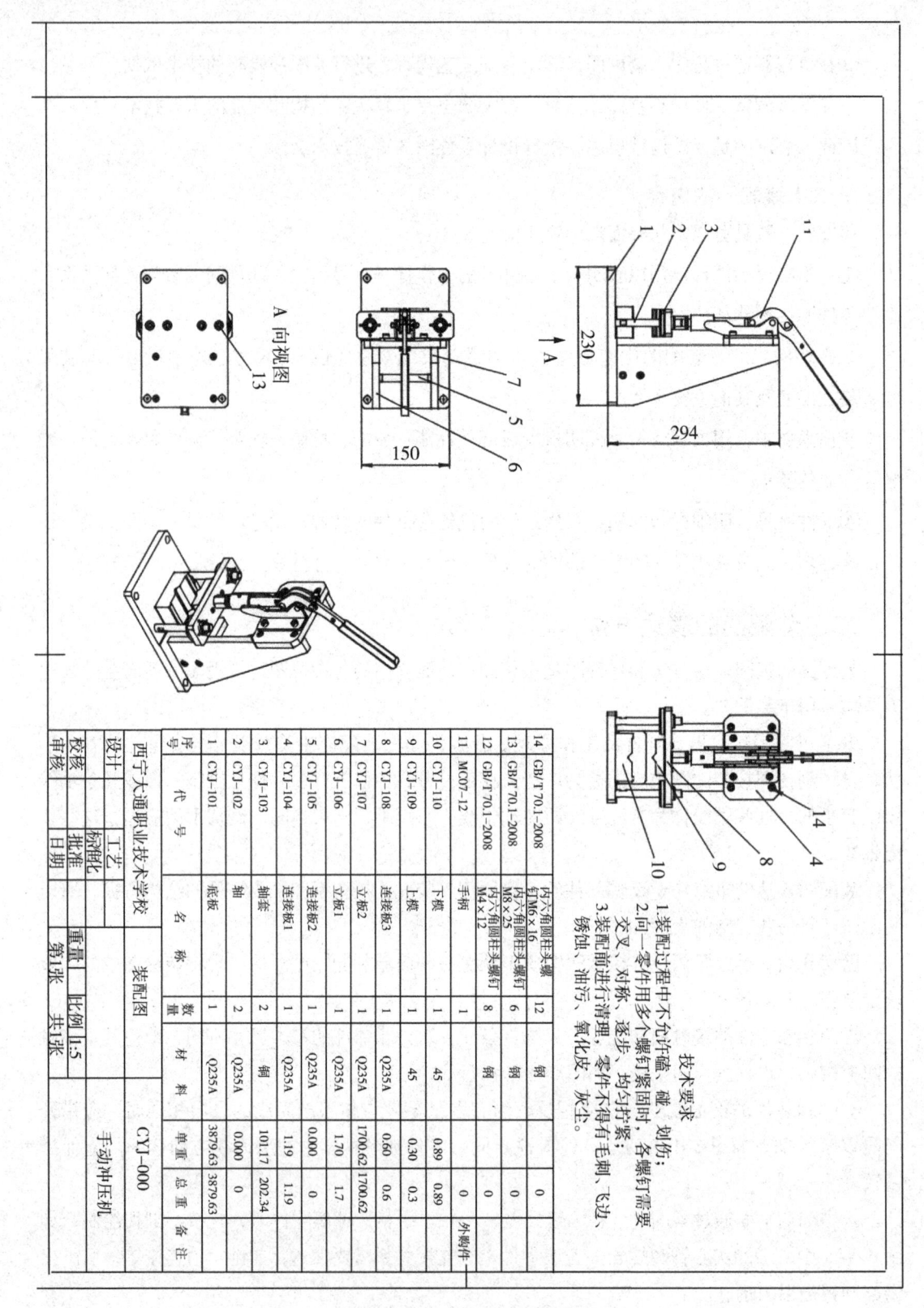

技术要求：
1. 装配过程中不允许敲、砸、划伤；
2. 同一零件用多个螺钉紧固时，各螺钉需要交叉、对称、逐步均匀拧紧；
3. 装配前进行清理，零件不得有毛刺、飞边、锈蚀、油污、氧化皮、灰尘。

序号	代号	名称	数量	材料	单重	总重	备注
14	GB/T 70.1—2008	内六角圆柱头螺钉M6×16	12	钢	0	0	
13	GB/T 70.1—2008	内六角圆柱头螺钉M8×25	6	钢	0	0	
12	GB/T 70.1—2008	内六角圆柱头螺钉M4×12	8	钢	0	0	
11	MC07-12	手柄	1	45	0.89	0.89	外购件
10	CYJ-110	下模	1	45	0.30	0.3	
9	CYJ-109	上模	1	Q235A	0.60	0.6	
8	CYJ-108	连接板3	1	Q235A	1700.62	1700.62	
7	CYJ-107	立板2	1	Q235A	1.70	1.7	
6	CYJ-106	连接板2	1	Q235A	0.000	0.000	
5	CYJ-105	连接板1	1	Q235A	1.19	1.19	
4	CYJ-104	立板1	2	Q235A	101.17	202.34	
3	CYJ-103	轴	2	铜	0.000	0	
2	CYJ-102	轴套	2	铜	0.000	0	
1	CYJ-101	底板	1	Q235A	3879.63	3879.63	

西宁大通职业技术学校		装配图			CYJ-000		
设计		工艺		重量	比例 1:5	手动冲压机	
校核		标准化		第1张 共1张			
审核		批准					
		日期					

图 6-1-1　手动冲压机装配图

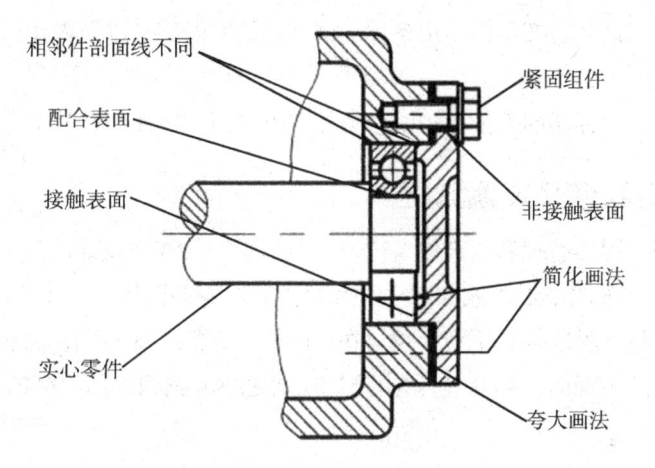

图 6-1-2 装配图画法的基本规定

三、装配图的尺寸标注及技术要求

（一）装配图的尺寸标注

装配图的作用不同于零件图，所以只需标出以下几种必要的尺寸（图 6-1-1）。

1. 规格性能尺寸

规格性能尺寸是表示产品或部件的性能或规格的重要尺寸，是设计和使用的重要参数；如球阀的公称通径尺寸 $DN20$。

2. 装配尺寸

机器或部件中重要零件间的极限配合要求，应标注其配合关系。

3. 安装尺寸

机器或部件安装时涉及的尺寸应在装配图中标出，供安装时使用。

4. 外形尺寸

标注出部件或机器的外形轮廓尺寸。

5. 其他重要尺寸

其他重要尺寸是指在设计中经过计算确定或选定的，但又未包括在上述几类尺寸中的重要尺寸。必须指出：不是每一张装配图都具有上述尺寸，有时某些尺寸兼有几种意义。

（二）装配图的技术要求

在装配图中，用简明文字逐条说明在装配过程中应达到的技术要求，应予保证调整间隙的方法或要求，产品执行的技术标准和试验、验收技术规范，产品外观如油漆、包装等要求。若装配图中有需用文字说明的技术要求，可写在标题栏的上方或左边。技术要求应根据实际需要注写，其内容包括以下几方面。

1. 装配要求

装配要求包括机器或部件中零件的相对位置、装配方法、装配加工及工作状态等。

2. 检验要求

检验要求包括对机器或部件基本性能的检验方法和测试条件等。

3. 使用要求

使用要求包括对机器或部件的使用条件、维修、保养的要求以及操作说明等。

4. 其他要求

不便用符号或尺寸标注的性能、规格参数等，也可用文字注写在技术要求中。

四、装配图的序号及明细栏

为了便于读图、图样管理和生产准备工作，装配图中的零件或部件应进行编号，这种编号称为零件的序号，装配图中零件或部件序号及编排方法应遵循国标 GB/T 4458.2—2003。零件的序号、名称、数量、材料等自下而上填写在标题栏上方的明细栏中，表达由较多零件和部件组装成的一台机器的装配图，必要时可为装配图另附按 A4 幅面专门绘制的明细栏。

（一）零件序号

1. 一般规定

①装配图中所有的零件、组件都必须编写序号，且同一零件、部件只编一个序号。

②图中的序号应与明细栏中的序号一致。

③序号沿水平或垂直方向按顺时针或逆时针顺序排列整齐，同一张装配图中的编号形式应一致。

2. 序号的编排方法

①编注零（部）件序号的三种通用表示方法如图 6-1-3（a）所示。其中序号的标注由圆点（很薄的零件或涂黑的剖面可用箭头代替）、指引线（用细实线绘制）、水平线或圆（用细实线绘制，也可不画）和序号组成。

②序号应注写在水平线上或圆（用细实线绘制）内，序号字高比图中的尺寸数字高度大一或两号。不画水平线或圆时，序号字高应比图中的尺寸数字高度大两号，如图 6-1-3 所示。

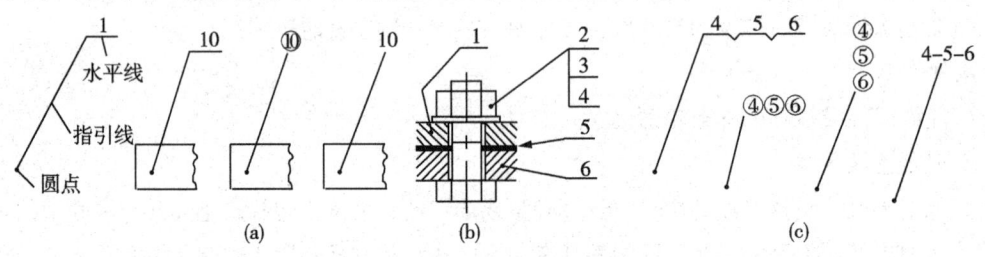

图 6-1-3 零件序号编绘形式

③若所指零件很薄或涂黑的剖面，可在指引线的起始处画出指向该零件的箭头，如图 6-1-3（b）零件 5 的指引线。

④指引线应自所指部分的可见轮廓内引出，指引线彼此不得相交。指引线通过剖面区域时，不应与剖面线平行，必要时可画成折线但只允许曲折一次，如图 6-1-3（b）零件 1 的指引线。

⑤对紧固组件装配关系清楚的零件组，可以采用公共指引线进行编号，如图 6-1-3 所示螺栓组件的几种编号形式，其他公共线的形式见图 6-1-3（c）所示。

⑥装配图中的标准化组件或成品件，如电动机、滚动轴承、油杯等，可视为一件，只编一

个序号。

(二)明细栏

供学习时使用的明细栏格式如图 6-1-4 所示,明细栏一般画在标题栏的上方,当装配图图面位置不够时,明细栏也可分段画在标题栏的左方。

3				
2				
1				
序号	名　称	数量	材料	备　注
图　名		比例	(图号)	
		件数		
制图	(日期)	重量	共　张	第　张
描图	(日期)	(校名)		
审核	(日期)			

图 6-1-4　标题栏及明细栏

五、画装配图的方法及步骤

装配图的视图必须清楚地表达机器(或部件)的工作原理,各零件之间的相对位置和装配关系,并尽可能表达出主要零件的基本形状。因此,在确定视图表达方案之前,要详细了解该机器或部件的工作情况和结构特征。在此基础上分析掌握各零件间的装配关系和它们相互间的作用,进而考虑选取何种表达方法。

(一)视图选择

选择装配图的表达方案首先需要确定主视图,然后配合主视图选择其他视图。

1. 主视图的选择

主视图的选择一般应满足以下要求:

①主视图安放位置一般应与安装位置相一致。当工作位置倾斜时,可将它摆正,使主要装配轴线、主要安装面处于特殊位置。

②主视图应当选用最能反映零件间的装配关系和部件工作原理的视图,并能表达主要零件的形状。其投射方向也应考虑兼顾其他视图的补充表达。

2. 其他视图的配置

其他视图的配置要根据装配件结构的具体情况,选用一定的视图来对装配件的装配关系、工作原理或局部结构进行补充表达,并保证每个视图都有明确的表达内容。

3. 表达方案的分析比较

表达方案一般不是唯一的，应对不同的方案进行分析、比较和调整，使最终选定的方案既能满足上述要求，又便于绘图和看图。

（二）画装配图的步骤

1. 确定比例及图幅

根据所确定的表达方案，选取合适比例，在可能情况下，尽量选取1∶1的比例。按视图配置和尺寸安排各视图的位置，要注意留出编注零件序号、标注尺寸、绘制明细栏和注写技术要求的位置。

2. 画底稿

①布置视图位置。确定各视图的装配干线和主体零件的安装基准面在图面上的位置，首先画出这些中心线和端面线。

②画主要零件的轮廓线，两个视图要联系起来画。注意，不要急于将该零件的内部轮廓全部画出，而只需确定装入其内部的零件的安装基准线，因为被安装在内部的零件遮盖的那部分是不必画出的。

③画出其他零件。

3. 编序号、填写明细栏等，检查加深图线

完成各视图的底稿后，仔细校核检查有无错漏，擦除废线；画剖面线、标注尺寸和编绘零件序号，清洁图面后再加深图线，编写技术要求和填写明细栏、标题栏，完成装配图的全部内容。

任务完成报告

姓名		学习日期	
任务名称	手动冲压机装配图绘制		
学习自评	考核内容	完成情况	
	1. 装配图的作用和内容	□好 □良好 □一般 □差	
	2. 装配图的表达方法	□好 □良好 □一般 □差	
	3. 装配图的尺寸标注及技术要求	□好 □良好 □一般 □差	
	4. 装配图的序号及明细栏	□好 □良好 □一般 □差	
	5. 画装配图的方法及步骤	□好 □良好 □一般 □差	

续表

姓名		学习日期	
学习 心得			

任务2　手动冲压机的装配

装配是指将零件按规定的技术要求组装起来，并经过调试、检验使之成为合格产品的过程，装配始于装配图纸的设计。在完成装配图的绘制任务之后，本任务要完成手动冲压机的装配。

知识目标：

①了解装配前的准备工作；

②了解装配手动冲压机的步骤；

③了解验收报告及总结报告。

能力目标：

①能够完成装配前准备工作；

②能够完成手动冲压机装配；

③能够通过验收报告检查手动冲压机；

④能够完成总结报告。

学习内容：

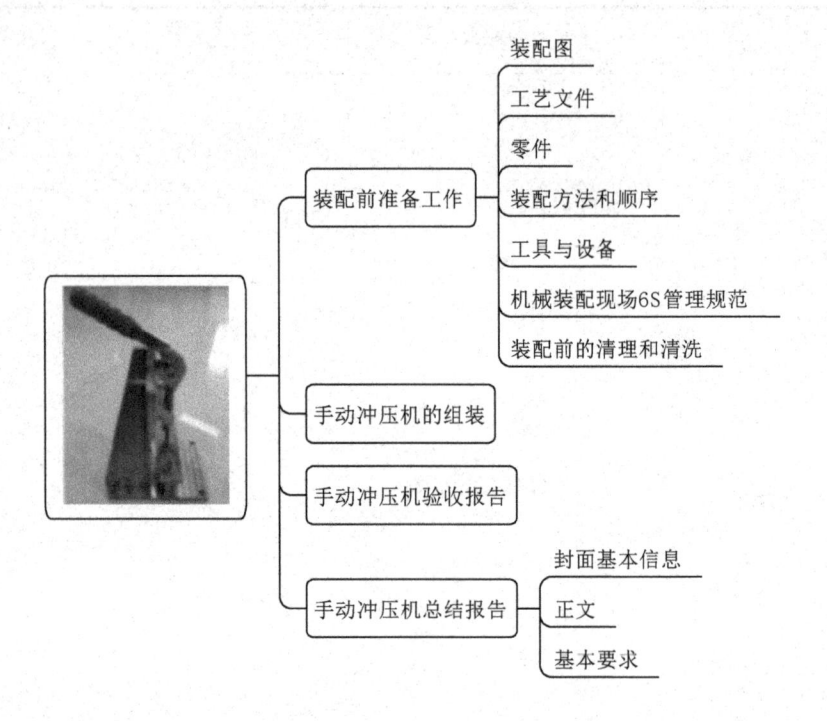

```
                                    ┌─ 装配图
                                    ├─ 工艺文件
                                    ├─ 零件
                    ┌─ 装配前准备工作 ─┼─ 装配方法和顺序
                    │                ├─ 工具与设备
                    │                ├─ 机械装配现场6S管理规范
                    │                └─ 装配前的清理和清洗
                    │
                    ├─ 手动冲压机的组装
                    │
                    ├─ 手动冲压机验收报告
                    │                ┌─ 封面基本信息
                    └─ 手动冲压机总结报告 ┼─ 正文
                                     └─ 基本要求
```

一、装配前准备工作

机械装备前有以下几个方面工作要做：

①熟悉装配图，了解产品的结构、零件的作用以及相互连接关系。

②检查装配用的工艺文件与零件是否齐全。

③确定正确的装配方法、顺序。

④准备装配所需的工具与设备。

⑤整理装配工作场地，清洗待装零件，去掉零件上的毛刺、锈斑、切屑和油污；对某些零件还需要进行修配、密封试验或平衡工作。

⑥采取安全措施。

（一）装配图

如图 6-2-1 所示手动冲压机装配图，包含一组必要的图形，显示手动冲压机零、部件间的装配连接关系及主要零件的结构特征；包含必要的尺寸，包括手动冲压机的外形尺寸；包含技术要求，说明手动冲压机装配要求；包含零件序号、明细栏和标题栏，说明手动冲压机中零、部件的代号、名称、数量、材料等。

> **思考：**
> 手动冲压机中有哪些零部件？它们分别有什么作用？跟哪些零部件有联系？

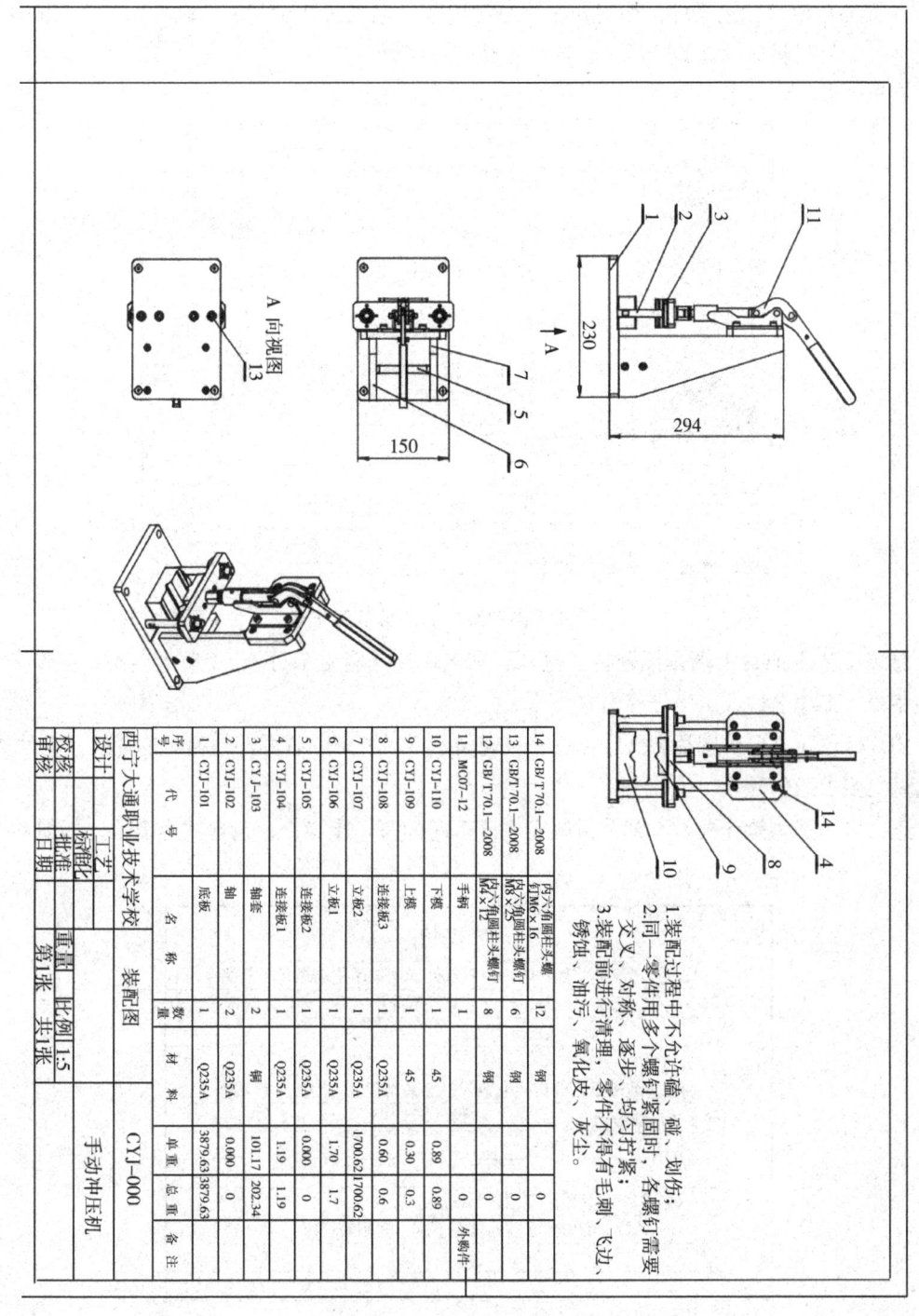

序号	代号	名称	数量	材料	单重	总重	备注
14	GB/T 70.1—2008	内六角圆柱头螺钉M6×16	12	钢	0	0	
13	GB/T 70.1—2008	内六角圆柱头螺钉M8×25	6	钢	0	0	
12	GB/T 70.1—2008	内六角圆柱头螺钉M4×12	8	钢	0	0	
11	MC07-12	手柄	1	45	0.89	0.89	外购件
10	CYJ-110	下模	1	45	0.60	0.6	
9	CYJ-109	上模	1	Q235A	0.30	0.3	
8	CYJ-108	连接板3	1	Q235A	1700.62	1700.62	
7	CYJ-107	连接板2	1	Q235A	1.70	1.7	
6	CYJ-106	连接板1	2	Q235A	0.000	0	
5	CYJ-105	立板	1	Q235A	1.19	1.19	
4	CYJ-104	轴套	2	铜	101.17	202.34	
3	CYJ-103	轴	1	Q235A	1.70	1.7	
2	CYJ-102						
1	CYJ-101	底板	1	Q235	3879.63	3879.63	

装配图 CYJ-000 手动冲压机

1. 装配过程中不允许磕、碰、划伤、交叉、对称、逐步、均匀拧紧;
2. 同一零件用多个螺钉紧固时,各螺钉需要对称、逐步、均匀拧紧;
3. 装配前进行清理,零件不得有毛刺、飞边、锈蚀、油污、氧化皮、灰尘。

图 6-2-1 手动冲压机装配图

(二)工艺文件

工艺文件,是指导工人进行生产操作,以及进行生产和工艺管理用的各种技术文件的总称。例如工艺过程卡片、工艺卡片和工序卡片等。

在手动冲压机的装配中,由于结构比较简单,在装配图各视图中可以看到所有零部件及标准件的位置,可以根据装配图完成装配,因此课本中没有编制工艺流程卡等文件,较为复杂的产品一般都会编写工艺文件，如图6-2-2是国内某厂家的总装工艺卡，包含标题栏、图片区、正文区、工具材料区、检验特性区、签批区等内容。

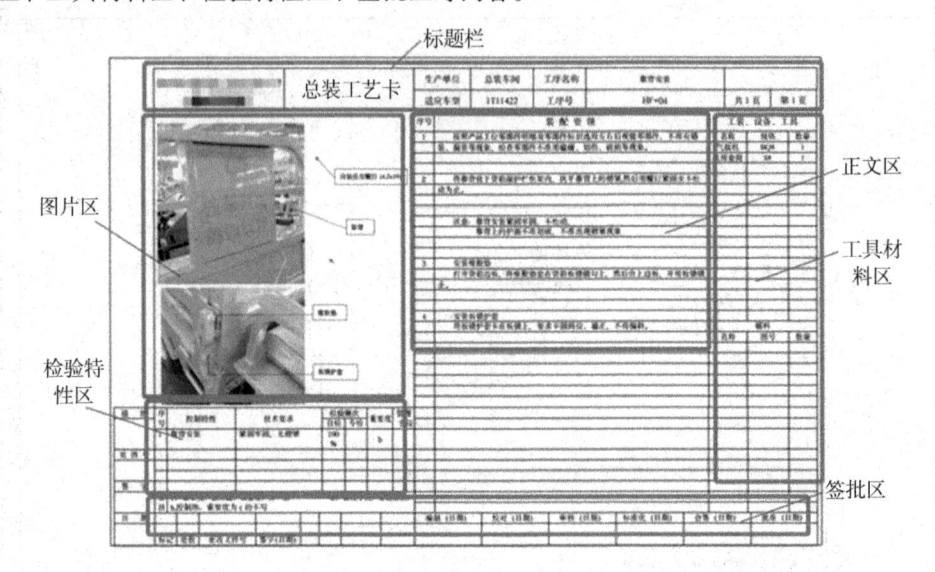

图 6-2-2　国内某厂家的总装工艺卡

总装工艺卡的最上端是标题栏，包含厂家名称（马赛克部分）、工艺卡名称、生产单位、产品型号、工序名称、工序号等内容。

图片区通过必要的图片和文字标注，直观展示产品外形、各零部件相对位置及标准件类型等信息，要求通俗易懂。

正文区一般为操作要领，细致讲解完成该工序的每一步操作，包含注意事项，如图6-2-3所示。

序号	装配要领
1	按照产品工位零部件明细及零部件标识选用货箱靠背等零部件，不准有错装、漏装等现象，检查零部件不准用磕碰、划伤、破损等现象
2	将靠背放于货箱前护栏框架内，抚平靠背上的褶皱，然后用螺钉紧固至不松动为止。 注意:靠背安装紧固牢固，不松动， 　　靠背上的护面不准划破，不准出现褶皱现象
3	安装橡胶垫 打开货箱边板，将橡胶垫套在货箱板锁锁勾上，然后合上边板，并用板锁锁止.
4	安装板锁护套 将板锁护套卡在板锁上，要求卡固到位、端正，不得偏斜.

图 6-2-3　正文区

右侧为工具材料区，上半部分为工装、设备、工具区，下半部分为辅料耗材区，需详细列举该工序使用的各种工装设备、工具耗材等物料。该工艺卡中未使用耗材，所使用的工具如图 6-2-4 中的工装、设备、工具区所示。

工装、设备、工具		
名称	规格	数量
气扳机	BQ8	1
机用套筒	S8	1
辅料		
名称	图号	数量

图 6-2-4 工具材料区

左下角为检验特性区，包含控制特性、技术要求、检验频次、重要度等内容，是该工序的检验要求，如图 6-2-5 所示。

序号	控制特性	技术要求	检验频次		重要度	管理手段
			自检	专检		
1	靠背安装	紧固牢固，无褶皱	100%		b	
备注	1.重要度：a.关键；b.重要；c.一般 2.管理手段：a.记录表；b.控制图；重要度为c的不写					

图 6-2-5 检验特性区

最下方为签批区，编制及各责任人检查无误后手写签批，完成签批后下发车间使用。另外，还包含修订区，改动较小时不需重新编写工艺卡，在卡片上划改即可，如图 6-2-6 所示。

编制（日期）	校对（日期）	审核（日期）	标准化（日期）	会签（日期）	批准（日期）

（a）签批区

标记	处数	更改文件号	签字（日期）

（b）修订区

图 6-2-6　签批区和修订区

（三）零件

手动冲压机结构较为简单，装配图的材料明细表中有详细的零部件清单，结构复杂的机械一般需要多张装配图，使用装配图清点零部件会有诸多不便，需要整理物料清单（BOM），如表 6-2-1 所示。

表 6-2-1　产品物料清单

合同号：		项目名：			编制：	
产品名：		图号：	CYJ-000		工艺：	
数量：		物料号：			日期：	
序号	图号/规格型号		名称	数量	材质	备注
1	CYJ-101		底板	1	Q235A	外购毛坯件
2	CYJ-102		导向轴	2	Q235A	外购成品件
3	CYJ-103		轴套	2	铜	外购成品件
4	CYJ-104		连接板 1	1	Q235A	外购毛坯件
5	CYJ-105		连接板 2	1	Q235A	外购毛坯件
6	CYJ-106		立板 1	1	Q235A	外购毛坯件
7	CYJ-107		立板 2	1	Q235A	外购毛坯件
8	CYJ-108		连接板 3	1	Q235A	外购毛坯件
9	CYJ-109		下模	1	45	外购成品件
10	CYJ-110		上模	1	45	外购成品件
11	MC07-12		手柄	1		外购件
12	GB/T 70.1:M4×12		内六角圆柱头螺钉	8	镀锌	
13	GB/T 70.1:M6×16		内六角圆柱头螺钉	12	镀锌	
14	GB/T 70.1:M8×25		内六角圆柱头螺钉	10	镀锌	

装配工作开始前，应先根据物料清单和图纸检查零部件种类、数量、材质等是否满足要求。

（四）装配方法和顺序

1. 装配的基本概念

装配是将若干零件或部件按规定的技术要求组装起来，并经过调试、检验使之成为合格产品的过程。机械装配通常包括产品的装配和设备修理后的装配，其中，产品的装配又包括在工厂装配工段或装配车间进行的装配和在现场进行的装配（常称为安装）。

装配是由大量成功的操作来完成的，包括安装、连接、调整、检验和测试等主要操作，以及贮藏、清洗、搬运、包装等次要操作。

2. 常见结构的装配方法

常用的装配方法有完全互换装配法、不完全互换装配法、选择装配法、修配法、调整法这五种。

（1）完全互换装配法

实质是：以完全互换为基础来确定机器中各个零件的公差，零件不需要做任何挑选、修配或调整，装配成部件或机器后就能保证达到预先规定的装配技术要求。

用完全互换装配法时，对尺寸链的基本要求是：各组成环的公差之和不得大于封闭环的公差。

完会互装配法的主要优点是：a.可以保证完全互换性，装配过程较为简单；b.可以采用流水装配作业，生产率较高；c.不需要技术水平高的工人；d.机器的部件及其零件的生产便于专业化，容易解决各零部件的供应问题。

但是，这种方法也存在一定的缺点：对零件的制造精度要求较高，当环数较多时有的件加工显得特别困难。因此，这种方法只用于生产批量较大、装配较高而环数少的情况或装配精度要求不高的多环环境中。

（2）不完会互换装配法

这种方法又称部分互配法，其实质是：考虑到组成环的尺寸分布情况，以及其装配后形成的封环的尺寸分布情况，可以利用概率论给组成环的公差规定得比用完全互换装配法时的公差大些，这样在装配时，大部分零件不需要经过挑选、修配或调整就能达到规定的装配术要求，但有很少一部分零件要加以挑进、修配调整才能达到规定的装配技术要求。换句话说，用这种装配方法，有很少一部分尺寸链的封闭环的公差将超过规定的公差范围，不过可将这部分尺寸控制在一个很小的百分率之内，此百分率称为"危率"（"冒险率"）。这样，跟封环的公差计算组成环的公差时，必须考虑到危率和组成环尺分布曲线的形状。

不完会互装配法在大批量生产中，装配精度要求高和尺寸环数较多的情况下使用得更多。

（3）选择装配法

是指将尺寸链中组成环（零件）的公差放大到经济可行的程度，然后从中选择合适的零件进行装配，以达到规定的装配技术要求。用此法装配时，可在不增加零件机械加工的难度和费用情况下，使装配精度提高。选择装配法在实际使用中又有两种不同的形式：直接选配法和分组装配法。

①直接选配法。所谓直接选配法就是从许多加工好的零件中任意挑选合适的零件来配。一个零件不合适就换另一个，直到满足装配技术要求为止。这种方法的优点是不需要预先将零件分组，但选配零件的时间较长，因而装配工时较长，而且装配质量在很大程度上取决于装配工人的经验和技术水平。

②分组装配法。这种方法的实质是将加工好的零件按实际尺寸的大小分为若干组，然后按对应组中的一套零件进行装配，同一组内的零件可以互换，分组数越多，则装配精度就越高。零件的分组数要根据使用要求和零件的经济公差决定。部件中各个零件的经济公差数值，可能是相同的，也可能是不相同的。

（4）修配法

当装配尺寸中封闭环的精度要求很高且环数较多，采用上述各种装配方法都不适合时，可用修配法。修配法的实质是：为使零件易于加工，有意地将零件的公差加大。在装配时则通过补充机械加工手工修配的方法，改变尺寸中预先规定的某个组成环的尺寸，以达到封闭环所规定的精度要求。这个预先被规定要修配的组成环称为"补偿环"。

修配法的优点是：可以扩大组成环的制造公差，并且能够得到高的装配精度，特别是对于装配技术要求很高的多环尺寸链，更为显著。

修配法的缺点是：没有互换性，装配时增加了钳工的修配工作量，需要技术水平较高的工人，由于修配工时难以掌握，不能组织流水生产等。因此，修配法主要用于单件小批量生产中解决高精度的装配尺寸。在通常情况下，应尽量避免采用修配法，以减少装配中钳工工作量。

（5）调整法

调整法与修配法基本类似，也是应用补偿件的方法。调整法的实质是：装配时不是切除多余金属，而是改变补偿件的位置或更换补偿件来改变补偿环的尺寸，以达到封闭环的精度要求。

3. 装配基准件及装配顺序

装配基准件即最先进入装配的零件或部件，其作用是连接需要装在一起的零件或部件，决定这些零部件间正确的相互位置。手动冲压机装配就是以底板作为装配基准件的装配，它涉及许多操作，如零件的准定位、紧固、固定前调整和校准等，这些操作必须以一个合理顺序进行，装配顺序的一般原则是：首先选择装配基准件，然后根据装配结构的具体情况和零件之间的连接关系，按先下后上、先内后外、先难后易、先重后轻、先精密后一般零件或其他部件的装配顺序。

4. 装配工序、装配工步

由一个工人或一组工人在不更换设备或地点的情况下完成的装配工作称为装配工序；用同一工具，不改变工作方法，并在固定的位置上连续完成的装配工作称为装配工步。

5. 装配工作的组织形式

机械装配生产类型按照生产批量分为大批量生产、成批生产和单件小批量生产，装配工作的组织形式根据产品结构特点和生产类型分为固定式装配、移动式装配和现场装配。

（1）固定式装配

固定式装配是将产品或部件固定在一个工作地点进行的，产品的位置不变，装配过程中所需的零、部件都汇集在固定场地的周围。工人进行专业分工，按装配顺序进行装配，这种方式用于成批生产或单件小批量生产，如机床、飞机的装配。

（2）移动式装配

移动式装配一般用于大批大量生产，是将产品置于装配线上，通过连续或间歇的移动使其顺序经过各装配工位以完成全部装配工作。连续移动即装配线连续缓慢移动，工人在装配时一边装配一边随装配线走动，装配完毕后再回到原位；间歇移动即在装配时装配线不动，工人在规定的时间内装配完后，产品（半成品）被输送到下一工位。对于大批量的定型产品还可采用自动装配线，如汽车、拖拉机、电子产品的装配。

（3）现场装配

①在现场进行部分制造、调整和装配。例如化工设备安装，有些零部件是现成的，而有些零件（如管道）则需要在现场根据具体尺寸要求进行制造，然后才可以进行现场装配。

②与其他现场设备有直接关系的零部件必须在工作现场进行装配。比如在带式输送机安装时，齿轮减速器输出轴与工作机输入轴之间的联轴器必须进行现场校准，以保证它们之间的轴线在同一条直线上，使轴连接后轴与轴间不会产生任何附加载荷，否则就会引起轴承超负荷运转或轴的疲劳破坏。

（五）工具与设备

在装配图和物料清单中，零部件都有详细介绍，工具根据零件和工序，尤其是标准件选择，同时需考虑空间、效率、安全等因素。

手动冲压机装配中，标准件均为内六角圆柱头螺钉，可选用一套内六角扳手，若在工厂生产，应使用气动或电动工具提高效率。

安装轴套时，轴套与连接板为过盈配合，需敲击安装，要用到铜锤。

> **思考：**
> 手动冲压机装配过程中，还需要用到其他工具或设备吗？

（六）机械装配现场 6S 管理规范

所谓 6S 就是指整理、整顿、清扫、清洁、素养、安全六个方面，6S 管理的核心是素养。

1. 整理

将工作场所中任何物品区分为必要的与不必要的，必要的留下来，不必要的则彻底清除，这是改善现场的第一步。其目的是腾出空间，发挥更大的价值。

2. 整顿

把需要的人、事、物加以定量、定位，在现代企业管理中这项工作被称为定置管理。其目的在于现场物品及标识一目了然，现场环境整整齐齐，减少找寻物品的时间，有利于提高工作效率和产品质量，保障生产安全。

3. 清扫

将生产现场清扫干净，设备如有异常则及时处理使之恢复正常，现场保持干净整齐的环境。在生产过程中，现场会产生灰尘、油污、铁屑、垃圾等；脏的环境将降低设备精度，增加设备故障，影响产品质量，甚至导致安全事故频发；另外，脏的现场也会影响人的工作情绪，降低工作质量和工作效率。因此，清扫的目的在于清除脏物，创建明快、舒畅的工作环境。

4. 清洁

将以上 3S 实施的做法制度化、规范化，并贯彻执行及维持结果。其目的在于维持以上 3S 的成果，从根源上消除发生安全事故的隐患，创造良好的工作环境，使员工能够愉快地工作。

5. 素养

素养即教养，应使员工养成好习惯，严格遵守规章制度，培养积极进取的精神。其目的在于培养具有好习惯、遵守规则的员工，提高员工文明礼貌水准，营造团队精神。

6. 安全

要重视全员的安全教育，每时每刻都有安全第一的观念，防患于未然。其目的在于建立安全生产的环境，所有的工作应建立在安全的前提下。

（七）装配前的清理和清洗

1. 金属零件的清理

①铸造零件的清理。主要是粘连的铸造型砂的去除，若零件外形不大且简单规则，可以采用喷丸、喷砂或高压水混砂清理，结构较复杂的零件则只能用手工方法进行清理。

②其他金属零件的清理与清洗。若是本体材料残留，可用刮削或打磨等方法去除，然后根据装配要求用汽油或煤油进行清洗。若是工艺过程的油垢，通常采用以下清理方法：a. 手工除油法。例如擦拭用于精度要求不高或大型其他方法不便清除的工件。b. 表面活性剂除油法。操作比较简单，除油效果好，但有些活性剂价格较高。c. 浸泡清洗法。采用有机落剂浸泡或化学介质浸泡，用于油污严重的工件。d. 火焰烤或蒸汽清洗法。主要是清理库存养护中的油膜凝固较厚的防锈油，但操作中一定控制好温度。e. 超声波清洗法。此法结合浸泡法，使洗涤溶液产生震荡，对形状比较复杂、除油难度大的零件比较适合。若是零件表面的锈蚀，一般用手工除锈法，如使用油石或砂布打磨，但只适用于局部浮锈和精度要求不高的零件。

2. 非金属零件的清理与清洗

清洗非金属零件，一定要分清材质，选用适合的清洗液，如果清洗液使用不当，则会造成零件变形或失效。

①橡胶制品的零件，如液压系统中的胶管、衬垫以及制动胶管等，最好用酒精或制动液清洗。

②制动器中的摩擦片，只能用汽油清洗而不能用煤油、柴油或碱溶液清洗。

③塑料零件，则用洗衣粉或肥皂水清洗。

二、手动冲压机的组装

手动冲压机的连接主要依靠螺纹连接，进行螺钉的装配时应注意以下要点：

①螺钉与被连接件贴合表面要光洁、平整。

②成组螺钉装配时，要依据具体情况，按一定顺序分 2~3 次逐步拧紧，如图 6-2-7 所示。存在定位销时，可先从定位销附件开始，以使被连接件均匀受压，互相贴合紧密。

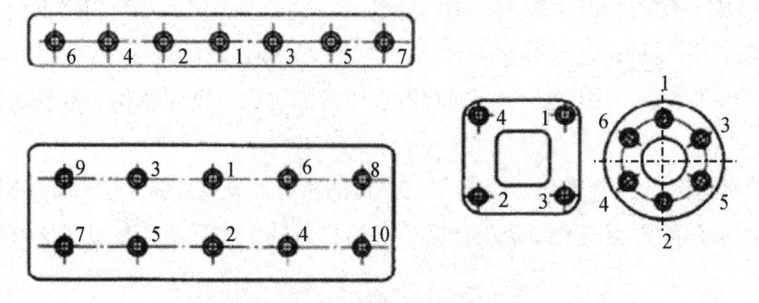

图 6-2-7 成组螺钉拧紧顺序

③保证有一定的拧紧力矩。为了达到螺纹连接的紧固和可靠，对螺纹副施加一定的拧紧力矩，使螺纹间产生相应的摩擦力矩，这种措施称为预紧。

首先确定拧紧力矩。拧紧力矩 M_A 取决于摩擦因数 f_G 和 f_K 的大小，f_G 和 f_K 的值与螺纹类型、螺纹材料及表面处理、润滑状态等有关。根据螺纹直径及性能等级即可查到在某种 f_G 值下的装配时预紧力和在某种 f_K 值下的拧紧力矩，具体数据参见表 6-2-2 ~ 表 6-2-4。

例如某螺栓连接使用 M20 镀锌（Zn6）钢制螺栓，性能等级为 8.8，经润滑油润滑，用镀锌螺母旋紧，弹簧垫圈防松，被连接材料是表面经铣削加工的铸钢，查表可知 f_G=0.10~0.18，选 f_G=0.10，同样查得 f_K=0.10，再根据螺栓公称直径、性能等级及已经确定的摩擦因数 f_G 和 f_K，查表可得预紧力 F_M=12600N，拧紧力矩 M_A=350N·m。

表 6-2-2 摩擦因数 f_G

f_G		螺纹		外螺纹（螺栓）							
—		材料		钢							
螺纹材料		表面		发黑或用磷酸处理				镀锌（Zn6）		镀镉（cd6）	粘结处理
	材料	表面	螺纹制造	滚压			切削	切削或滚压			
			螺纹制造润滑	干燥	加油	MoS$_2$	加油	干燥	加油	干燥	加油	干燥
内螺纹	钢	光亮		0.12~0.18	0.10~016	0.08~0.12	0.10~0.16	—	0.10~0.18	—	0.08~0.14	0.16~0.25
		镀锌		0.10~0.16	—	—	—	0.12~0.20	0.10~0.18	—	—	0.14~0.25
		镀镉		0.08~0.14	—	—	—	—	—	0.12~0.16	0.12~0.14	—
	GG/GTS	光亮	切削 干燥	—	0.10~0.18	—	0.10~0.18	—	0.10~0.18	—	0.08~0.16	—
	AlMg	光亮		—	0.08~0.20	—	—	—	—	—	—	—

表 6-2-3 摩擦因数 f_K

f_K 接触面				螺栓头								
接触面材料		材料		钢								
		表面		发黑或用磷酸处理						镀锌（Zn6）		镀镉（Cd6）
	材料	表面	螺纹制造	滚压			车削		磨削	滚压		
			螺纹制造润滑	干燥	加油	MoS₂	加油	MoS₂	加油	干燥	加油	干燥	加油
被连接件材料	钢	光亮	磨削	—	0.16~0.22	—	0.10~0.18	—	0.16~0.22	0.10~0.18	—	0.08~0.16	—
				0.12~0.18	0.10~0.18	0.08~0.12	0.10~0.18	0.08~0.12	—	0.10~0.18		0.08~0.16	0.08~0.14
		镀锌	金属切削	0.10~0.16			0.10~0.18		0.10~0.18	0.16~0.20	0.10~0.18	—	—
		镀镉		干燥 0.08~0.16						—	—	0.12~0.20	0.12~0.14
	GG/GTS	光亮	磨削	—	0.10~0.18	—	—	—	0.10~0.18			0.08~0.16	—
			金属切削	—	0.14~0.20	—	0.10~0.18	—	0.14~0.22	0.10~0.18	0.10~0.16	0.08~0.16	—
	AlMg			0.08~0.20						—	—	—	—

表 6-2-4 装配式预紧力和扭紧力矩的确定

确定螺栓装配预紧力 F_M 和拧紧力矩 M_A（设 f_G=0.10 时，设定螺杆是全螺纹的，且是粗牙的普通螺纹六角头螺栓或内六角圆柱形螺钉）

螺纹直径	性能等级	装配预紧力 F_M（N），当 f_G=							拧紧力矩 M_A（N·M），当 f_K=						
		0.08	0.10	0.12	0.14	0.16	0.20	0.24	0.08	0.10	0.12	0.14	0.16	0.20	0.24
M4	8.8	4400	4200	4050	3900	3700	3400	3150	2.2	2.5	2.8	3.1	3.3	3.7	4.0
	10.9	6400	6200	6000	5700	5500	5000	4600	3.2	3.7	4.1	4.5	4.9	5.4	5.9
	12.9	7500	7300	7000	6700	6400	5900	5400	3.8	4.3	4.8	5.3	5.7	6.4	6.9
M5	8.8	7200	6900	6600	6400	6100	5600	5100	4.3	4.9	5.5	6.1	6.5	7.3	7.9
	10.9	10500	10100	9700	9300	9000	8200	7500	6.3	7.3	8.1	8.9	9.6	10.7	11.6
	12.9	12300	11900	11400	10900	10500	9600	8800	7.4	8.5	9.5	10.4	11.2	12.5	13.5
M6	8.8	10100	9700	9400	9000	8600	7900	7200	7.4	8.5	9.5	10.4	11.2	12.5	13.5
	10.9	14900	14300	13700	13200	12600	11600	10600	10.9	12.5	14.0	15.5	16.5	18.5	20.0
	12.9	17400	16700	16100	15400	14800	13500	12400	12.5	14.5	16.5	18.0	19.5	21.5	23.5
M8	8.8	18500	17900	17200	16500	15800	14500	13300	18	20.5	23	25	27	31	33
	10.9	27000	26000	25000	24200	23200	21300	19500	26	30	34	37	40	45	49
	12.9	32000	30500	29500	28500	27000	24900	22800	31	35	40	43	47	53	57
M10	8.8	29500	28500	27500	26000	25000	23100	21200	36	41	46	51	55	62	67
	10.9	43500	42000	40000	38500	37000	34000	31000	52	60	68	75	80	90	98
	12.9	50000	49000	47000	45000	43000	40000	36500	61	71	79	87	94	106	115
M12	8.8	43000	41500	40000	38500	36500	33500	31000	61	71	79	87	94	106	115
	10.9	63000	61000	59000	56000	54000	49500	45500	90	104	117	130	140	155	170
	12.9	74000	71000	69000	66000	63000	58000	53000	105	121	135	150	160	180	195

续表

确定螺栓装配预紧力 F_M 和拧紧力矩 M_A（设 f_G=0.10 时，设定螺杆是全螺纹的，且是粗牙的普通螺纹六角头螺栓或内六角圆柱形螺钉）

螺纹直径	性能等级	装配预紧力 F_M（N），当 f_G=							拧紧力矩 M_A（N·M），当 f_K=						
		0.08	0.10	0.12	0.14	0.16	0.20	0.24	0.08	0.10	0.12	0.14	0.16	0.20	0.24
M16	8.8	81000	78000	75000	72000	70000	64000	59000	145	170	195	215	230	260	280
	10.9	119000	115000	111000	106000	102000	94000	86000	215	250	280	310	340	380	420
	12.9	139000	134000	130000	124000	119000	110000	101000	250	300	330	370	400	450	490
M18	8.8	102000	98000	94000	91000	87000	80000	73000	210	245	280	300	330	370	400
	10.9	145000	140000	135000	129000	124000	114000	104000	300	350	390	430	470	530	570
	12.9	170000	164000	157000	151000	145000	133000	122000	350	410	460	510	550	620	670
M20	8.8	131000	126000	121000	117000	112000	103000	95000	300	350	390	430	470	530	570
	10.9	186000	180000	173000	166000	159000	147000	135000	420	490	560	620	670	750	820
	12.9	218000	210000	202000	194000	187000	171000	158000	500	580	650	720	780	880	960
M24	8.8	188000	182000	175000	168000	161000	148000	136000	510	600	670	740	800	910	990
	10.9	270000	260000	249000	239000	230000	211000	194000	730	850	960	1060	1140	1300	1400
	12.9	315000	305000	290000	280000	270000	247000	227000	850	1000	1120	1240	1350	1500	1650
M27	8.8	247000	239000	230000	221000	213000	196000	180000	750	880	1000	1100	1200	1350	1450
	10.9	350000	340000	330000	315000	305000	280000	255000	1070	1250	1400	1550	1700	1900	2100
	12.9	410000	400000	385000	370000	355000	325000	300000	1250	1450	1650	1850	2000	2250	2450
M30	8.8	300000	290000	280000	270000	260000	237000	218000	1000	1190	1350	1500	1600	1800	2000
	10.9	430000	415000	400000	385000	370000	340000	310000	1450	1700	1900	2100	2300	2600	2800
	12.9	500000	485000	465000	450000	430000	395000	365000	1700	2000	2250	2500	2700	3000	3300
M33	8.8	375000	360000	350000	335000	320000	295000	275000	1400	1600	1850	2000	2200	2500	2700
	10.9	530000	520000	495000	480000	460000	420000	390000	1950	2300	2600	2800	3100	3500	3900
	12.9	620000	600000	580000	560000	540000	495000	455000	2300	2700	3000	3400	3700	4100	4500
M36	8.8	440000	425000	410000	395000	380000	350000	320000	1750	2100	2350	2600	2800	3200	3500
	10.9	630000	600000	580000	560000	540000	495000	455000	2500	3000	3300	3700	4000	4500	4900
	12.9	730000	710000	680000	660000	630000	580000	530000	3000	3500	3900	4300	4700	5300	5800
M39	8.8	530000	510000	490000	475000	455000	420000	385000	2300	2700	3000	3400	3700	4100	4500
	10.9	750000	730000	700000	670000	650000	600000	550000	3300	3800	4300	4800	5200	5900	6400
	12.9	850000	850000	820000	790000	760000	700000	640000	3800	4500	5100	5600	6100	6900	7500

备注：
螺栓或螺钉的性能等级由两个数字组成，数字之间有一个点。该数值反映了螺栓或螺钉的拉伸强度和屈服点。拉抻强度 = 第一个数字 ×100（N/mm^2）；屈服点 = 第一个数字 × 第二个数字 ×10（N/mm^2）

  规定预紧力的螺纹连接常用控制扭矩法、控制螺母扭角法和控制螺栓伸长法三种方法来控制拧紧力矩。

  控制扭矩法是指用测力扳手和定扭矩扳手控制拧紧力，使预紧力达到预定值，适用于中、小型螺栓；控制螺母扭角法是通过控制螺母拧紧时应转过的角度来控制预紧力，操作时先用定扭角扳手对螺母施加一定预紧力矩，使连接零件紧密地接触，然后在刻度盘上将角度设为零，再将螺母扭转一定角度来控制预紧力；控制螺栓伸长法则是要求精确时，用液力拉伸器使螺栓达到规定的伸长量以控制预紧力，螺栓不受附加力矩，误差较小。

④保证有可靠的防松装置。在冲击、振动或交变载荷的作用下，螺纹纹牙间正压力突然减小，摩擦力矩减小，螺母回转造成连接松动，故应有可靠的防松装置。

常用的防松装置有摩擦力防松、机械防松、永久性防松。

摩擦力防松主要有锁紧螺母（双螺母）、弹簧垫圈、自锁螺母、扣紧螺母及DUBO弹性垫圈防松。图6-2-8所示分别为扣紧螺母防松、DUBO弹性垫圈与杯型弹性垫圈合用防松的用法。

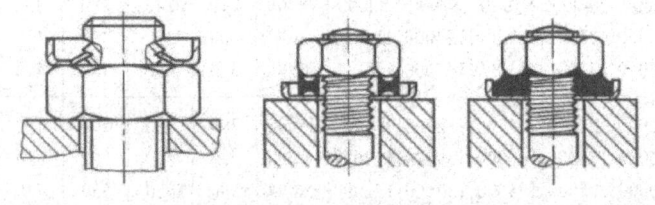

图6-2-8　扣紧螺母防松、DUBO弹性垫圈与杯型弹性垫圈合用防松

在使用扣紧螺母时，先用普通六角螺母将被连接件紧固，然后旋上扣紧螺母并用手拧紧，使其与普通螺母的支承面接触，再用扳手旋紧60°~90°即可；松开扣紧螺母时，必须再拧紧普通六角螺母使其与扣紧螺母之间产生间隙，才能松开扣紧螺母，以免划伤螺栓的螺纹。

DUBO弹性垫圈具有防回松和防泄漏的双重作用，被锁紧的螺母不可过度旋紧，且要求缓慢操作。

机械防松主要包括开口销与开槽螺母防松、止动垫圈防松、串联钢丝防松，如图6-2-9所示。

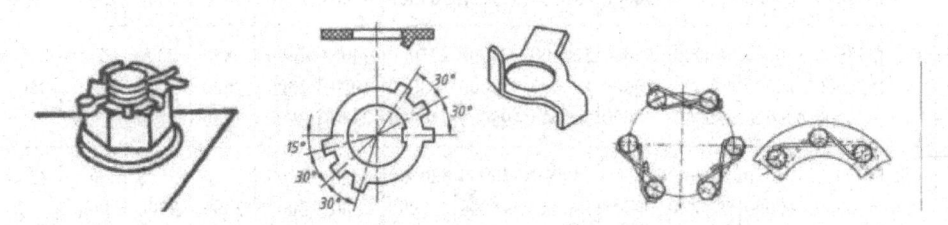

图6-2-9　开槽螺母防松、止动垫圈防松、串联钢丝防松

永久性防松包括胶接防松、冲点防松（图6-2-10）及焊接防松等，目前厌氧型胶黏剂应用广泛，如Loctite胶应用于各种机修场合。

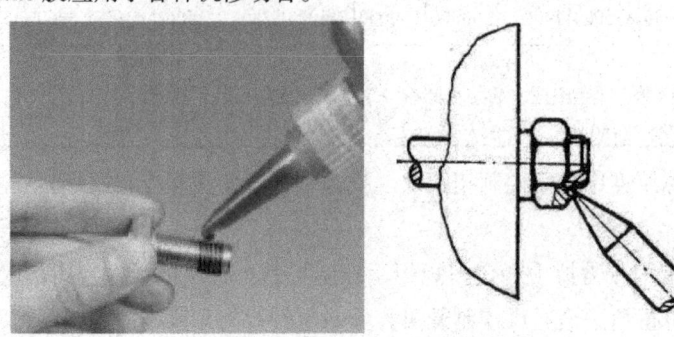

图6-2-10　胶接防松、冲点防松

实训　手动冲压机的装配

实训名称	手动冲压机的装配
实训内容	使用合适的工具，完成手动冲压机的装配
实训目标	1. 掌握装配前的准备工作； 2. 能够使用专业工具以合适的装配方法和顺序装配手动冲压机
实训课时	2课时

三、手动冲压机验收报告

验收单或验收报告是由验收部门收到商品时所编制的凭证，主要包括供应商名称、收货日期、货物名称、数量、质量、货运人名称、原订购单编号等内容。验收单或验收报告要求一式多联，一联送交供应商，一联送交仓库或请购部门，一联送交应付凭单部门，一联留存。

手动冲压机在完成装配后也应进行验收，验收过程就是检查手动冲压机装配质量的过程，验收单如表6-2-5所示。

表6-2-5　手动冲压机项目验收单

设备名称		设备型号	
供应商名称		生产日期	
生产人员			
验收项目		验收记录	
（1）外观是否完好（有无破损、锈蚀、划痕等），是否满足技术要求（有无飞边、毛刺等）			

续表

验收项目	验收记录
（2）设备名称、型号规格是否符合要求	
（3）设备数量是否足够	
（4）设备中零部件种类和数量是否齐全，材质是否符合要求，有无错装漏装	
（5）螺栓扭矩是否符合标准	
（6）附件、备件是否齐全	
（7）设备性能及技术指标是否达到要求	
（8）其他（以上未注明项目）	
验收结论	
合格（ ）	不合格（ ）
验收人	验收日期
处理意见	
同意入库（ ） 退货（ ） 更换（ ） 补齐（ ） 整改（ ）	
验收单位负责人（签字、盖章）：	
验收单位（盖章）：	

四、手动冲压机总结报告

手动冲压机验收合格后，需编写总结报告，总结报告是从绘图、零件制作到设备装配全部过程的总结，报告包含以下主要内容。

（一）封面基本信息

封面包含专业（本/专）、年级、班级、学号、姓名、指导教师、实习单位等内容。

（二）正文

正文包含实习目的、实习内容、实习时间、实习地点、实习总结等内容。

（三）基本要求

①总结必须有情况的概述和叙述，有的比较简单，有的比较详细。这部分内容主要是对工作的主客观条件、有利和不利条件以及工作的环境和基础等进行分析。

②成绩和缺点。这是总结的中心。总结的目的就是要肯定成绩，找出缺点。成绩有哪些，

有多大,表现在哪些方面,是怎样取得的;缺点有多少,表现在哪些方面,是什么性质的,怎样产生的,这些都应讲清楚。

③经验和教训。做过一件事,会有经验和教训。为便于今后工作的开展,须对以往工作的经验和教训进行分析、研究、概括、集中,并上升到理论的高度来认识。

④今后的打算。根据今后的工作任务和要求,吸取前一时期工作的经验和教训,明确努力方向,提出改进措施等。

任务完成报告

姓名		学习日期	
任务名称	手动冲压机的装配		
学习自评	考核内容	完成情况	
	1. 装配前的准备工作	□好 □良好 □一般 □差	
	2. 手动冲压机的组装	□好 □良好 □一般 □差	
	3. 手动冲压机验收报告	□好 □良好 □一般 □差	
	4. 手动冲压机总结报告	□好 □良好 □一般 □差	
学习心得			